河出文庫

脳はいいかげんにできている

その場しのぎの進化が生んだ人間らしさ

デイヴィッド・J・リンデン
夏目大 訳

河出書房新社

目次

医学博士ハーバート・リンデン氏に捧げる

脳はいいかげんにできている

その場しのぎの進化が生んだ人間らしさ

大きな脳は、大きな政府に似ていて、簡単なことを簡単にはなかなかできない。

――ドナルド・O・ヘッブ

プロローグ──「その場しのぎ」の脳が人間らしさを生んだ

脳の研究をしていて得なのは、ほんの時々だが、まるで読心術を使えるかのように見せられることだ。たとえばカクテルパーティの時。白ワインのグラスを手に立っていると、ホストが他の客に私を紹介してくれる。そういう時は、どうしても職業について触れることになる。「こちらはデイヴィッド。脳の研究者ですよ」という具合に。それを聞いて、ほとんどの人は賢明にも、すぐに背を向けてウイスキーや氷を探しに行ってしまう。だが、その場に留まる人もいて、半数くらいは、しばらく無言で天井を見つめ、やがて眉を上げて話し始めようとする。そこですかさず私はこう言うのだ。「人間が脳の一〇パーセントしか使っていないというのは本当ですか、と尋ねようとしたでしょう」──相手は目を丸くしてうなずく。これで私はもう読心術の使い手だ。

「一〇パーセントの話（この話が事実無根である、ということは言っておかなくてはならない）」が済んでも、いろいろと質問されることがあって、脳に興味を持っている人は多いのだな、とわかる。中には、かなり本質的で、答えるのが難しい質問もある。

「赤ちゃんにクラシック音楽を聴かせると脳の成長に役立ちますか?」

「夢の中の出来事は不思議なものになることが多いけれど、脳の仕組みに何か原因があるのですか?」

「ゲイの人の脳は、ストレートの人と物理的な構造が違うのでしょうか?」

「自分で自分をくすぐってもくすぐったくないのはなぜ?」

どれも良い質問だ。今の科学で明確に答えられるものもあれば、曖昧な、言い逃れのような答えしかできないものもある(スキャンダルについて話すビル・クリントンのような話し方になることもあるかもしれない。「『脳』という言葉の正確な定義が不明確なので……」などと歯切れの悪いことを言い出す可能性もある)。だが、研究者でない人と、こうしたことを話すのは楽しい。こちらが困惑するほどの難しい質問でもまったく恐れることなく尋ねるからだ。


ひとしきり話した後、「脳やその機能について、専門家でなくても読めるようなおすすめの本はありませんか」と尋ねられることもある。これも難しい質問だ。もちろん、良い本がなくはない。ジョゼフ・ルドゥーの『シナプスが人格をつくる――脳細胞から自己の総体へ(*Synaptic Self*)』(谷垣暁美訳、みすず書房)などは、科学的に見て素晴らしい業績であることは間違いない。とはいえ、生物学や心理学の学位がなければ読みこなすのは大変だろう。オリバー・サックスの『妻を帽子とまちがえた男(*The Man Who Mistook His Wife for a Hat*)』(高見幸郎・金沢泰子訳、晶文社)や、V・S・ラマチャンドラン、サンドラ・ブレイクスリーの『脳のなかの幽霊（*Phantoms in the Brain*）』（山下篤子訳、角川書店）などもいいかもしれない。いずれも、神経学史上に残る事例を基にした興味深い物語であり、目を開かれる思いをする人も多いだろう。だが、脳の機能について幅広い理解ができるという本ではない。また、分子レベル、細胞レベルの話はほぼ出てこない。逆にそのレベルのことを書いた本は、ほとんどが非常に退屈であり、最初のページを読み終わる前に、魂が体から離れてしまうようなものばかりである。

さらに問題なのは、脳についての本の大部分が、古くからある根本的な誤解に基づいて書かれていることだ。この傾向は、テレビの教育番組でより顕著だ。こうした本やテレビ番組では、脳を巧みに設計された機械、効率的にはたらく素晴らしい機械として描いている。究極の機械、という扱いだ。読者も一度は見たことがあるだろう。人間の脳に、横からドラマチックな感じの光が当てられ、カメラがさまざまな角度からそれを映し出す。まるでストーンヘンジをヘリコプターから撮影する時のように。機械処理を施したバリトンの声が、うやうやしい調子で脳の洗練された設計を褒め称える……。

まったくのナンセンスだ。脳の設計はどう見ても洗練されてなどいない。寄せ集め、間に合わせの産物に過ぎない。にもかかわらず、非常に高度な機能を多く持ち得ているというのが驚異なのである。機能は素晴らしいのだが、設計はそうではないのだ。ただ、脳やその構成部品の設計は、無計画で非効率で問題の多いものだが、だからこそ人間が今のようになったという側面もある。我々が日頃抱く感情、知覚、我々の取る行動などは、かなりの部分、脳が非効率な作りになっていることから生じているのだ。脳は、あらゆる種類の問題に対応する「問題解決機械」だが、その作りは、何億年という進化の歴史の中で生じた種々の問題に「その場しのぎ」で対応してきた痕跡をすべて、ほぼそのまま残している。そのことが人間ならでは特徴を生み出しているのである。

本書で私は脳がいかにおかしな、非論理的なものになっているかを書いていこうと思う。脳、そして神経ネットワークの奇妙な特徴、直感に反するような特性、それがどう我々の生き方に影響しているかを書いていきたい。脳は、いくつもの制約を受けて進化を遂げてきたが、それがまさに他の動物とは大きく違う人間ならではの特徴を生み出した。他の動物よりも長い子供時代を過ごすこと、記憶容量が極めて大きいこと（我々一人一人の個性は、主として記憶によって生じると言ってもよい）、特定の相手と長く夫婦関係を続けること、一貫性を持つ物語を作りたがること、文化を問わず宗教を持つこと……どれも脳の成り立ちに原因がある。

話を進めていく中では、少々、専門的なことにも触れる。読者が脳に関して「知りたい」と思うことを十分に理解するためには、ある程度、専門知識も必要だからだ。取りあげているトピックは、感情、錯覚、記憶、夢、愛とセックス、双生児など興味深いものばかりである。本質的な疑問、素朴な疑問にもできる限り答えるし、答えがわからない場合、不完全にしか答えられない場合も正直にそう書くつもりである。もし、読んでいて、知りたいことへの答えが十分に得られないと感じたら、私のウェブサイト（www.

davidlinden.org）も見て欲しい。楽しい本になるよう努力はするが、専門的なことを一切書かないというわけにはいかない。食料品のラベルのように「難しい科学理論は一切使用しておりません」というわけにはいかないのだ。

分子遺伝学の先駆者、マックス・デルブラックには「話をする時は、相手に知識はまったくなく、知性は無限にあると思って話せ」という言葉がある。本当にそのとおりだろう。そう思って書いたつもりだ。ともかく、読んでみて欲しい。

第1章　脳の設計は欠陥だらけ？

脳の作りは、案外いい加減

私が中学生だった一九七〇年代、当時はカリフォルニアに住んでいたのだが、地元で流行っていたジョークがあった。誰かに「みっともない脂肪を簡単に三キロばかり減らすいい方法があるんだけど、知りたくない？」と尋ねるのだ。相手が「知りたい」と答えたら、「頭を切り落とすんだよ！　ははは！」と言う。脳を特別に神聖視するような価値観が、クラスメートの多くになかったのは明らかだろう。中学の卒業が近づいた時は、いささかほっとしたものだ。そういう人は意外に多いに違いない。しかし、私はその後何年も経ってから、今度はそれとまったく反対の価値観に違和感を持つようになった。特に本や雑誌を読んだ時、テレビの教育番組などを見た時には、脳に対する「信仰」のようなものがあることに驚いてしまう。脳についての話は、たいてい神妙な、かしこまったような調子で語られることになる。そういう話の中で脳は「大規模なスーパーコンピュータをもしのぐ驚くべき機能を秘めた一・五キロの組織」だとか「知性の宿る場所。生物史における最高傑作」などともてはやされる。こういう表現には、いささか問題があるのではないかと私は見ている。脳に知性が宿っているのが驚異であることは確かだし、その認識は誤っていない。だが「知性は脳に宿っている。知性は素晴らしいものだ。だから、脳はきっと洗練された仕組みを持っていて、極めて効率的に機能しているに違いない」と思ってしまっていいものだろうか。脳を「非常に良くできた機械」のように思っている人が多いようだが、それはどうも問題ではないか。

脳は実際には「良くできた機械」などではまったくない。むしろ「その場しのぎ」という言葉がぴったりの機械である。効率的に機能するわけでもないし、設計は洗練されてもいない上、理解に苦しむ妙な部分も多い。それでもとりあえず、用はなしている。軍事歴史家、ジャクソン・グランホルムの言葉を借りてさらに言えば、脳は「互いにほとんど調和しない部分の集合が、悲惨な全体を形作っている」という具合になるかもしれない。

ここでわかってもらいたいのは、脳がその組織のあらゆるレベルにおいて、まったく「洗練されている」とは言えず、各要素がとても「効率的」とは言えないかたちで組み合わされているにもかかわらず、驚くほどうまくはたらいていることだ。脳はいくつかの部位に分かれ、「回路」のようなものが組み込まれている。また、当然、細胞、分子から構成されているわけだが、どのレベルで見ても、その作りはエレガントとは言えないのに、なぜかうまくはたらいているのである。脳は、究極の汎用スーパーコンピュータなどではない。天才の手によって、白い紙の上でゼロから一度に設計された、というようなものでもない。むしろ、何億年という進化の歴史によってできあがった、歪《いびつ》な形をした建物のようなものといったほうが正確だろう。遠い過去から存在した問題に対応するために採用した手段を、他の目的のために再利用していることも多い。そして、そのために、今後さらに変化し得る可能性をかなり制限してしまっていることもある。分子生物学の草分け的存在であるフランソワ・ジャコブも言っているとおり、「進化は技術者というより、下手な細工師のようなもの」ということなのだろう。

私は単に、脳の設計が一般に言われているほどには優れていない、ということだけを主張したいわけではない。脳の作りが案外「いい加減」であると知れば、私たちの最も「人間らしい」特徴について、より深く知ることができる、というのも大事なポイントだ。日々の生活の中で私たちが体験すること、あるいはケガや病気の時に体験することの背後に何が隠れているのかを知ることにもつながる。

さて、こうしたことを踏まえて、次に「脳」というものをじっくり見てみよう。何が見えてくるだろうか。その「設計」はどうなっているだろうか。どんな「方針」で作られているだろうか。まずは、私たちの目の前に、取り出したばかりの成人の脳があると思って欲しい（図1－1）。見えるのは、グレーがかったピンクの物体。少し横長で、重さは一・五キロくらいだ。「大脳皮質」と呼ばれる表面部分は、太い皺、深い溝で覆われている。この溝、皺のパターンには、指紋のように、人によって違いがあるようにも見えるが、おおむね、人間の脳であれば誰のものでも非常に似通っていると言っていいだろう。後ろの方に、野球のボールを押しつぶしたような、少し斜めの皺が入ったものがあるが、これは「小脳」である。読んで字のごとく「小さい脳」という意味だ。脳の下から、やや後ろに向かって伸びている太い棒のようなものは、「脳幹」と呼ばれて

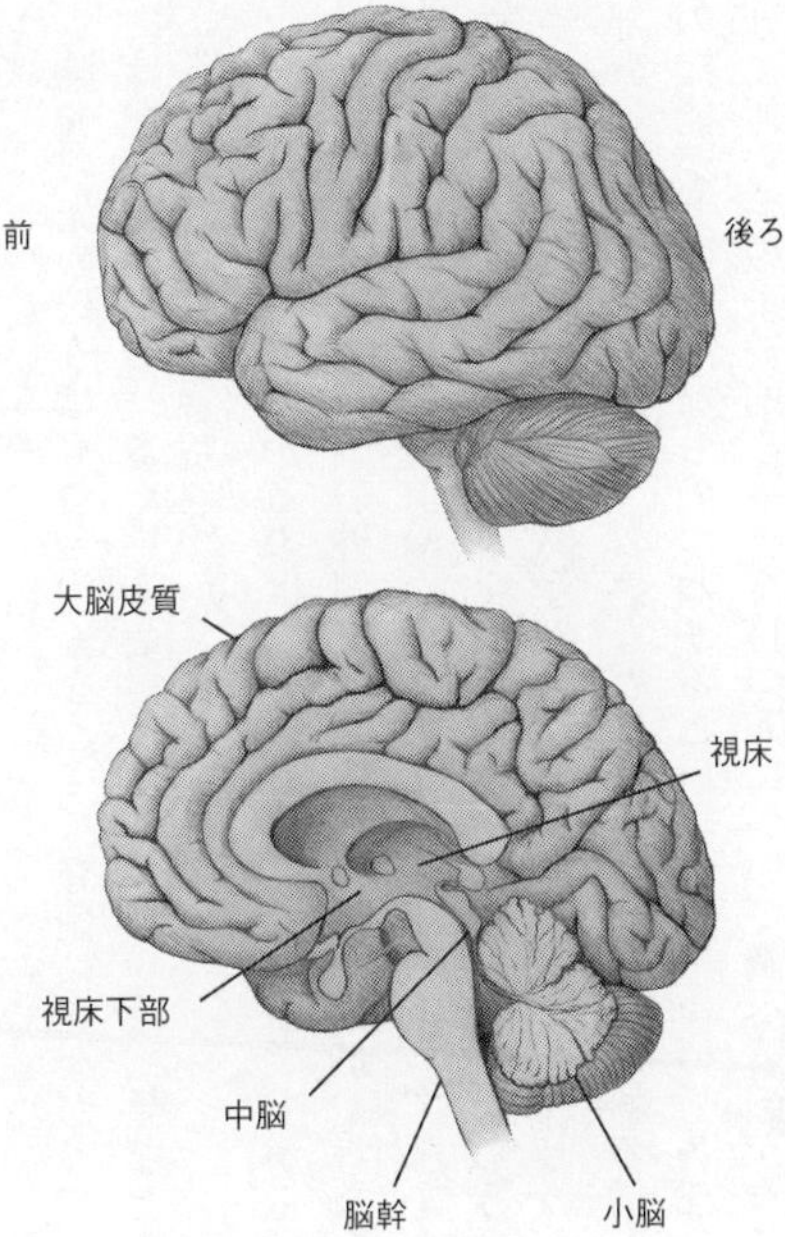

図1-1　人間の脳。上は、脳を左側から見たところ。下は、脳を中央で分割し、右半分の断面を見たところ。
（イラスト：Joan M. K. Tycko）

いる。

脳幹の先のほうはもっと細くなって、脊髄につながっているのだが、その部分はここには載せていない。よく見ると、目や耳、鼻、舌、顔などからの情報を脳幹に送る神経（脳神経）の存在が確認できる。

脳を見てすぐにわかるのは、その対称性である。上から見ると、前端から後端まで続く長い溝によって、脳の外側を厚く覆う大脳皮質が、ちょうど左右半分に分割されているることがわかる。この前端から後端までの溝にそって脳を真っ二つに切り、右半分の断面を見たとしたら、図１－１の下の絵のようになるだろう。

この絵を見ると、脳というのは、全体がすべて均一というわけではないことがわかる。部分によって、形や色、質感などにはかなり違いがある。ただし、それを見て、各部分の機能がどのようなものかわかるということはない。各部分の機能を知るには、その部分に何らかの永続的な障害を持つ人について調べるのが有効な方法である。そうした調査に加えて、動物実験を行う。外科手術か薬品の投与によって、動物の脳の一部だけを破壊し、その後の身体のはたらきや行動を注意深く観察するのだ。

スイッチが入ったままの小脳

脳幹には、私たちが自分では意識することのない、身体の非常に基本的な制御を集中的に行う部位がある。たとえば、心拍数、血圧、呼吸の速さや、体温の調整、消化など、生命維持に関わる制御を担う部位。その他、くしゃみや咳、嘔吐など、重要な反射に関する制御を担う部位もある。皮膚や筋肉から脊髄を通って脳に送られる感覚情報、脳から体中の筋肉に送られる命令信号の中継所も備えている。また、「眠い」「目が覚めている」という感覚を作り出すことに関与する部位も、この脳幹に存在する。睡眠薬や全身麻酔薬、またその反対のカフェインやアンフェタミンといった、覚醒状態に影響を与える薬物は、脳幹のこの部位に作用するわけだ。（事故や腫瘍、梗塞などにより）脳幹の一部に損傷を受けると、昏睡状態になる、どのような刺激を与えても目が覚めないといったことも起こり得る。ただし、脳幹の損傷が広範囲に及ぶと、まず確実に死に至ることになる。

小脳は、脳幹と相互に強く結び付いている部位で、体の動きを調整する役割を担う。具体的には、感覚器から得られる「体が現在、空間内をどのように動いているか」という情報（フィードバック）を利用して、筋肉の動きのわずかな修正を行っている。これによって体の各部をうまく連携させ、滑らかでよどみのない動きができるようになる。小脳のこの「微調整」機能は、野球のバッティングやバイオリンの演奏などの非常に難しい運動に際して有効に機能するだけでなく、日常生活における何気ない動作にも欠かすことはできない。小脳を破損したとしても、その影響は、一見よくわからない。体が麻痺するようなことはないからだ。ただ、日頃、当たり前のようにこなしている簡単な動作がぎこちなくなるといったことが起きる。たとえば、コーヒーカップを持ち上げる、普通の速度で歩くなどの動作がうまくできなくなるのだ。この現象は「運動失調」と呼ばれる。

小脳は「得られた感覚が予期したとおりのものかどうか」を知る上でも重要な役割を果たす。体を動かすと、通常はそれによって何らかの感覚が得られるが、もしその感覚が予期したとおりのものであれば、さほど注意を払う必要がない。たとえば、道を歩いていれば、服が体に擦れることになるが、その感覚は、ほぼ無視しても問題のないものだろう。それに対し、じっと立っているだけの時に、同じような摩擦を体に感じた場合には、おそらく相当の注意を払う必要が出てくる。多分、素早く振り返って、誰かが自分の体をまさぐってはいないかと確かめることになる。総じて言えば、自分の体の動きによって生じた感覚ならば無視でき、自分以外の外界から生じた感覚には注意しなくてはならない。脳には、体に対し「動け」と命令する信号を出す部位があって、小脳はその信号を受け取る。小脳では、「体の動きによってどのような感覚が生じ得るか」を予測するのに、この信号を利用する。また、感覚器からの情報のうち、予測どおりの感覚に関するものは無視するよう伝える抑制信号を、脳の他の部位に対して送る。このため、予測どおりの感覚は、私たちの意識にはのぼらなくなる。

こう書いただけだと、やや抽象的過ぎるかもしれないので、例をあげてみよう。自分で自分をくすぐっても、くすぐったく感じないのは皆知っている。これは何も特定の国や地域にだけ当てはまることではない。世界中の人について言えることだ。他人にくすぐられれば、とてもくすぐったく感じるのに、自分でくすぐった場合はそう感じないのは、いったいどのような違いがあるからだろうか。ダニエル・ウォルパートの研究チーム（ロンドン大学ユニバーシティカレッジ）は、脳の中でどの部位が活動しているか、また活動がどの程度活発かを映像化できるｆＭＲＩ（Functional Magnetic Resonance Images＝機能的磁気共鳴映像法）装置を使って実験を行った。この実験では、被験者が他人にくすぐられた場合には、触覚に関わる体性感覚皮質と呼ばれる部位に活発な活動が見られたが、小脳には目立った活動は見られなかった。一方、被験者が、自ら同じ場所をくすぐった場合には、小脳の一部が活動するのを確認できたが、体性感覚皮質の活動は活発ではなかった。自分をくすぐる場合には、手の動きを起こすための命令が出されることになり、それが小脳に送られる。すると小脳は、予測どおりの感覚が得られた場合に、それを無視するよう伝える信号を送る。その結果、自分で自分をくすぐった際の体性感覚皮質の活動は抑制されることになる。体性感覚皮質の活動の活発さが一定以上のレベルにならないと、たとえくすぐられても「くすぐったい」とは感じなくなる。「くすぐったい」と感じるためには、くすぐられた時の体性感覚皮質の活動の活発さが一定以上のレベルになる必要があるわけだ。興味深いのは、小脳に損傷を受けた人の中には、得られる感覚を予測できなくなったために、自分で自分をくすぐっても「くすぐったい」と感じる人がいる、ということだ。

ダニエル・ウォルパートのチームは、この他、殴り合いのケンカがなぜ次第にエスカレートしてしまうのか、その理由を説明する簡単な実験を行っている（図1－2を参照）。二人の人間がお互いをたたき始めると、最初は軽くたたいていたのが、次第にエスカレートしてたたく力が強くなり、ついには本格的な殴り合いに発展してしまうことが多い。通常、私たちは、これについて単に社会的な側面からのみ解釈しようとする。つまり、双方とも「引き下がることで弱いと思われるのを嫌っているから」と解釈するわけだ。これは、ケンカが終わらずに続くことの説明にはなっても、なぜ殴り合ううちに殴る力が徐々に強くなっていくのかの説明には必ずしもなっていない。

ウォルパートたちの実験は次のようなものだった。まず二人の被験者（いずれも大人）に向かい合わせになってもらう。どちらも、左手を手のひらを上にして前に出し、そのまま手を固定する。その上で、ヒンジ（ちょうつがい）に取り付けた小さな金属棒の先を、お互いの左手の人差し指に交互に軽く押しつけ合う。ヒンジには、金属棒が押された時にかかる力を計測するためのセンサーを取り付ける。二人の被験者にはまったく同じ指示をしておく。自分の指が押された時に感じたのとまったく同じ強さの力で相手の指も押すこと、である。ただ、両者に同じ指示がなされていることは、どちらにも言わないでおく。

この実験では、交互にお互いの指を押し合ううち、その力は必ず明らかに強くなっていく。そうしてはならないとわざわざ指示しているにもかかわらず、である。校庭や酒

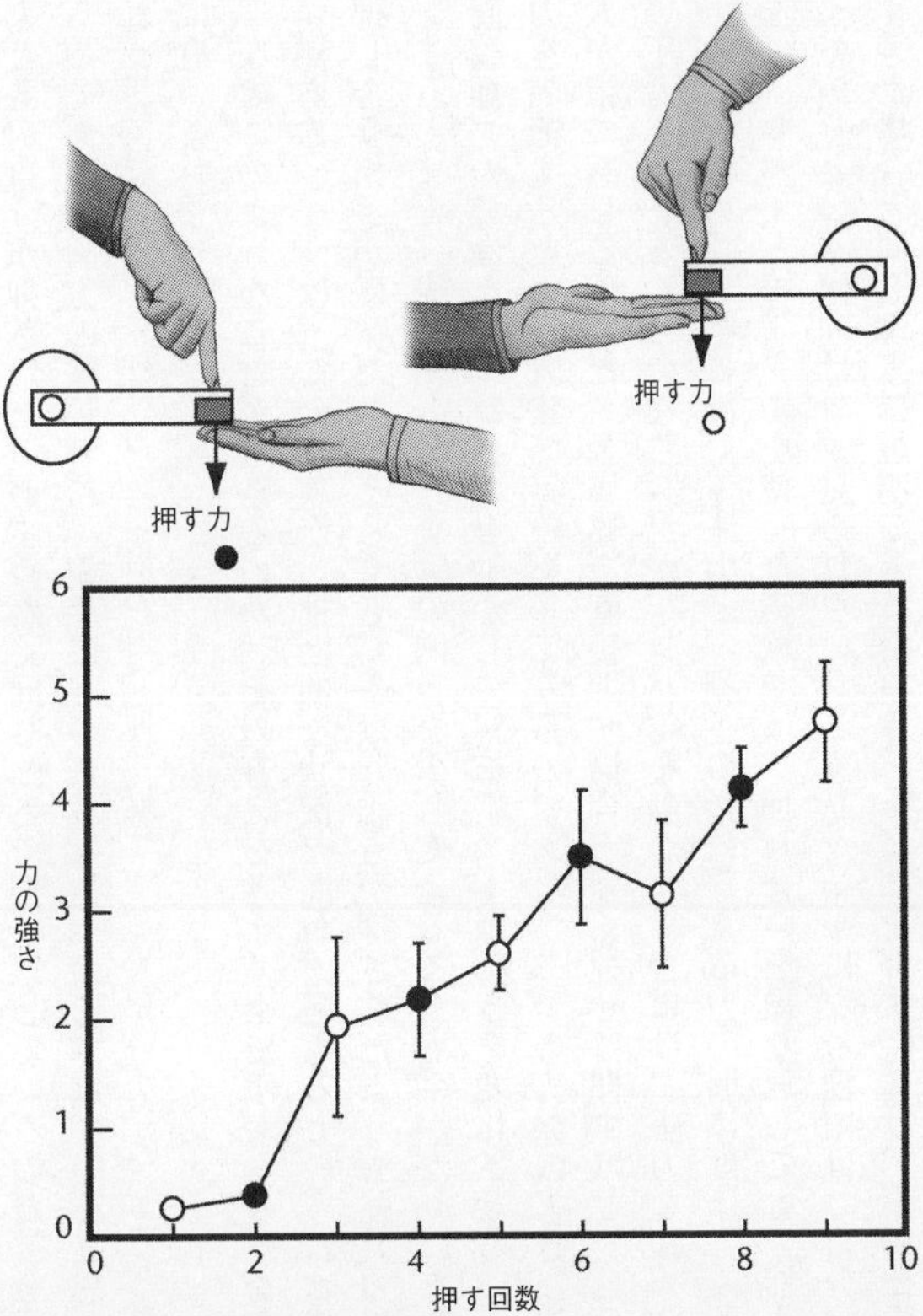

図1-2　二人が互いを押し合う実験。押す力が徐々に強くなっていく。白い丸、黒い丸は、いずれも被験者の押す力を示す。実験では、9回押し合ったところ、強さは20倍ほどにも強くなった。

出典：S. S. Shergill, P. M. Bays, C. D. Frith, and D. M. Wolpert, Two eyes for an eye: the neuroscience of force escalation, *Science* 301: 187 (2003); copyright 2003 AAAS.（イラスト：Joan M. K. Tycko）

場で誰かがケンカをする時に起きているのも、まさにこれと同様のことなのだろう。二人とも、自分が押されたのとまったく同じ強さで押し返しているのだ、と信じきっているのである。両方の被験者に「相手にどのような指示がなされていると思うか」と尋ねれば、「自分が押された力の二倍の力で押し返せ」じゃないか、などとどちらも答えるに違いない。

なぜこのようなことが起きるのか。その答えを考える上で手がかりになることはいくつかある。一つは、この現象が、社会的な状況を問わず起きるということだ。たとえ、押し合う相手が機械だったとしても、やはり誰もが押されたよりも強い力で押し返してしまう。また、先に紹介した実験の内容を少し変えることも手がかりになる。金属棒を直接押すのではなく、レバーを動かして、モーターの動きを変化させることで、押す圧力を調節するという方法で実験をしてみるのである。二つの実験の大きな違いは、押す人が指に感じる圧力だ。金属棒を直接押す場合、強く押せば押すほど、自分の指にも強い圧力を感じることになる。だが、レバーを動かす場合には、圧力を強めるのはモーターの役目なので、指に感じる圧力と、相手の指に与える力の間にはほとんど相関関係はない。レバーとモーターを使った実験では、押し合いを繰り返しても、押す力が強くなっていくという傾向はまず見られない。こうした結果になる理由は、自分で自分をくすぐった場合と同じように説明できるだろう。金属棒を押す時には、金属棒を押すための指の動きを起こす命令が出される。小脳はそれを受け取り、加えた力に応じた圧力を指から感じるだろうと予測する。指から感じる圧力が予測どおりである限り、体性感覚皮質の活動は抑制され、金属棒を押す指への圧力はあまり意識にはのぼらなくなる。つまり、自分が相手から押された時に感じた力と釣り合うくらいの圧力を金属棒を押す指に感じるためには、この「抑制」に打ち勝たなくてはならない。抑制に打ち勝つには、自分が押された時に感じた力よりも強い力で押す必要がある。これによってお互いが押し合う力はどんどん強くなっていくというわけだ。

小脳があるおかげで、自分の動きによって生じた感覚にはあまり注意を払わず、外界によって生じた感覚に注意を払うことができるのは、多くの場合、有益である。だが、八歳くらいの子供がアザを作って帰宅するなり「だってママ、向こうの方が強く殴ったんだよ！」と言うのを聞けば、小脳のこの機能には、デメリットもあるのだなということがわかる。これはある意味で、脳の設計における欠陥と言えるし、この種の欠陥は実は脳には結構ある。自分の動きに起因する感覚を抑制する小脳の機能もそうだが、脳には、「常にスイッチが入ったままでオフにできない」という機能が多いのだ。たとえ、機能が害をもたらすような場合でも、オフにすることはできないのである。

脳はアイスクリームコーンのようなもの

小脳より上、やや前には「中脳」と呼ばれる部位がある。これは原始的な部位で、視覚、聴覚にとって大切な中枢を含む。カエルやトカゲといった生物の場合は、ここが主要な感覚中枢となる。たとえば、カエルが舌を伸ばして飛んでいる虫を捕まえる時には、中脳の視覚中枢が重要な役割を果たす。しかし、人類を含めた哺乳類の場合は、中脳の視覚中枢に加えて、脳のさらに外側（大脳皮質）に、より精巧な機能を備えた部位があり、それが中脳の視覚中枢の機能を補っている。また、かなりの程度、中脳の視覚中枢にとって代わっていると言ってもよい。人間の場合、中脳の、いわば「カエルのような」視覚中枢は、限られた範囲しか利用していない（ほとんどは、ある種の刺激に反応して、刺激の発生源に目を向けるという場合に利用される）。だが、進化的に古い脳の機能そのものは、今も人間の脳の中に残っている。その証拠は、「盲視」という不思議な現象に見ることができる。

盲視は、脳の中でも進化的に新しい視覚機能に対応する部位に損傷を受け、盲目になってしまった人に見られる現象である。本人も「自分にはまったく視力がない」と自覚している。この視力がまったくないはずの人の「視野」に、何か、たとえばペンライトのような物を置き、「これを手に取ってくれませんか」と頼んだとする。当然、視力がないわけだから「それはどういう意味ですか？　私には何も見えないんですよ」という答えが返ってくるだろう。しかし、「まあちょっとしばらく考えて、とにかくやってみて欲しい」とあえて頼むと、たいていの場合うまく手に取ることができる。少なくとも、単なる偶然よりは、かなり高い確率でうまくいくのである。九九パーセントの確率でペンライトを手に取れるという人も中にはいるのだが、尋ねてみると、やはり「どこに置いてあるのかさっぱりわからないから、当てずっぽうにやっているだけ」と答える。この現象には、古い視覚システムが関わっているようだ。人間にも昔のまま残る古い視覚システムのおかげで、物を手に取ることができる。ただ、この視覚システムは、脳の中の進化的に新しい部位と接続されていないため、意識の上では、ペンライトの位置をまったく把握していないように感じられるのだ。この話は、ここでの重要なテーマに大いに関係する。脳の中でも、脳幹や中脳などの進化的に古い部位の機能は、通常、自動的にはたらき、私たちがそれを意識の上で自覚することはない。これが、脳の外側、つまり進化的に新しい部位に向かうにつれ、その機能は意識にのぼることが多くなるのだ。

中脳の視覚システムの存在は、現在の私たちの脳が、確たる方針もなく場当たり的に、古いものに新しいものが追加されてできたことを示す格好の証拠とも言える。中脳は古くから存在する脳で、今では機能がかなり制限されているにもかかわらず、いまだに人間の脳に残っている。その機能の存在が目に見えるようになるのは、脳に損傷を負った場合くらいだ。たとえて言えば、最新型のMP3プレーヤーの中に、一九六〇年代くらいの8トラックテープデッキが使われないにもかかわらず、まだ内包されているようなものだ。そんなものは、どれほど派手でおしゃれな広告キャンペーンをしたところで、あまり売れそうもない。

中脳より少し上、やや前方には、「視床」「視床下部（文字どおり、視床の下、ということ)」と呼ばれる部位がある。視床は、大規模な「中継所」である。感覚信号を、脳のさらに上部に送るための中継所であると同時に、また、脳の上部からの命令信号を外へ送り出す(この命令信号により筋肉が動かされる)ための中継所となるのだ。視床下部は、いくつかの部分に分かれ、それぞれ違った機能を持つが、この部位は全体として、体の状態を一定に保つ(これを「ホメオスタシス」と呼ぶ)のに寄与している。たとえば、体温が下がり過ぎたら、体は反射的に震え始める。筋肉の動きによって熱を発生させようとするわけだ。この震えの反射を起こすのが、視床下部である。

ホメオスタシスでよく知られているのは、飢えと渇きのコントロールだ。食べたい、飲みたいという気持ちは、社会環境や精神状態、向精神薬など、さまざまな要因によって影響を受けるが(食事は十分に摂っているのに、精神状態によってやたらにスナック菓子を食べたくなる、などの現象はよく知られている。また、マリファナやアンフェタミンなどの薬物も食欲に影響を与える)、飢えと渇きは基本的には視床下部で引き起こされる。ラットの視床下部の一部(外側核。脳において「核」という言葉は、脳細胞のグループというほどの意味で使われる)に外科手術を施して小さな穴をあけてやると、ラットは食べることも飲むこともしなくなり、手術後何日経ってもその状態が続く。逆に、視床下部の別の部位(内側核)を破壊すると、今度は食べ過ぎるようになる。空腹感、満腹感を引き起こしている化学物質は何なのか、それを突き止めるために大変な努力がなされているのは、驚くには当たらないだろう。それがわかれば、安全で効果的なダイエット薬ができるかもしれないからだ。ただ、今のところそれは、予想されたよりもはるかに難しいとわかっている。空腹感、満腹感ともに、それを起こすのにいくつもの物質が同時に関わっているからである。

ホメオスタシス、生物リズムなどに関与するほかに、視床下部は、最も基本的な「人付き合い」であるセックス、戦いなどにおいても重要な役割を果たす。この機能については後で詳しく述べるが、要点だけはここで述べておいたほうがいいだろう。視床下部は、まずホルモンを分泌することで、こうした行動に影響を及ぼしている。ホルモンは、血流によって体中に運ばれ、さまざまな反応を引き起こす強力なメッセンジャー分子である。視床下部は二種類のホルモンを分泌する。そのうちの一つは、体に直接作用するものである（例――バソプレッシン＝腎臓に作用して利尿を妨げ、それによって血圧を上げるホルモン）。もう一つは「マスターホルモン」と呼ばれるホルモンで、他の分泌腺に、それぞれのホルモンを出させるはたらきをする。たとえば、成長期の子供の「成長ホルモン」は下垂体から分泌されるが、下垂体に成長ホルモンの分泌を促すのは、視床下部から出るマスターホルモンである。詳細な研究が行われた結果、このマスターホルモンには、「成長ホルモン放出ホルモン」という非常にわかりやすい名がつけられた（内分泌学者をはじめ科学者というのは、意外に言葉の才能に富んでいるのだが、その事実はあまり知られていない）。

ここまでは脳を縦に半分に割った図を見ながら話をしてきた。この図を見ると、脳の内部にどのような部位があるかがよくわかるが、外から見ても、縦に割った図を見ても見えない部位というのもある。そうした中でも特に重要なのが、扁桃体（「扁桃」とはアーモンドのこと）、海馬といった部位だ。いずれも、脳の中央あたりの「辺縁系」と呼ばれる大きな組織の構成要素である（辺縁系には、視床、大脳皮質の一部も含まれる）。辺縁系は、感情や、ある種の記憶にとって重要な部位だ。また、脳の内側から外側に向かって順に機能を見ていった場合、私たちの意識の外で自動的、反射的にはたらく機能と、はたらいていることが私たちに意識される機能が、この辺縁系から連携し始めることになる。

扁桃体は、感情に関する処理において中心的な役割を担う部位だ。特に、恐怖や敵意といった感情に関する処理には大きな役割を果たす。大脳皮質によってすでに高度の処理を施された感覚情報と、視床下部や脳幹によって引き起こされる攻撃・逃避反応（発汗、脈拍数の増加、口の渇きなど）を結びつけることなども、この部位の役目だ。たとえば、暗い夜道から突然、目出し帽をかぶった男が現れたとしたら、それを知らせる感覚情報はおそらく喜ばしいものではないから、扁桃体はそれを攻撃・逃避反応に結びつける。扁桃体だけに損傷を受ける人というのはめったにいないが、損傷を受けた場合には、感情に不調を抱えることになったり、他人が怖い顔をしてもそれを怖いと認識できなくなったりする。また、扁桃体に（神経外科で時々行われるように）電気刺激を与えると、被験者は恐怖を感じる。そのほか、恐怖を感じた出来事の記憶にも、扁桃体が関わっているようだ。

海馬（字は「海の馬」と書くが、脳から海馬だけを取り出してみると、その外見はむしろ羊の角に似ている）は、記憶を司る部位である。扁桃体と同様、上部に位置する大脳皮質から、すでに高度な処理を施された感覚情報を受け取る。ただし、扁桃体のように、恐怖などの感情に関わる処理をするわけではない。海馬には、事実や出来事に関する記憶を貯蔵するという独自の役割がある。海馬に貯蔵された記憶は、一～二年くらいの間、海馬にとどまった後、他の組織に移される。これには非常に強力な証拠がある。海馬、そしてその両脇の一部の組織に損傷を受けた人の話だ。中でも特に有名なのは、〝H・M〟という患者（プライバシーを守るためイニシャルにしている）の事例である。

H・Mは男性で、一九五三年に、海馬とその両脇の組織の一部を切除する外科手術を受けた。てんかんによるひどい発作を抑えることが目的だった。他の治療に効果がなかったことからやむなく行われた手術だ。手術は発作を抑えるという意味では成功だったし、運動や言語の能力、認知能力一般が損なわれることもなかったが、ひどい副作用が二つほどあった。一つは、H・Mが、手術前の二～四年間の記憶をすべて失ってしまったことである。それ以前の出来事の記憶は豊富で、いろいろなことを詳しく正確に覚えているのに、手術前の数年間の記憶だけが、永遠に失われてしまったのだ。もっと悲惨なのは、手術以来、事実や出来事についての記憶を新たに蓄えられなくなったことだ。月曜日に会ったばかりの人に火曜日に会っても思い出せない。毎日同じ本を読むこともできる。すでに読んだ本も彼にとっては初めて読む本と同じだからだ。一〇分くらいなら持続が可能な短期記憶はあるのだが、事実や出来事について新たに恒久的な記憶を蓄える能力はなくなってしまった。

H・Mの症例からは記憶と海馬との関わりが推測されたが、それが正しいことは、その後も繰り返し確認された。さまざまな理由からH・Mと同じような損傷を受けた患者によって確かめられたこともあるが、動物の海馬を外科手術で切除するか、薬物で機能を阻害するという研究によって確かめられたこともある。いずれの場合も、得られるのは一つの明快な結論だった。海馬がなければ、事実や出来事に関して新たな記憶を蓄える機能が著しく損なわれるということだ。

脳の内側から外に向かっていくと、最後に大脳皮質に到達する。人間の大脳皮質は巨大なものである。機能については、すでによくわかっている部位もあれば、まだまったくわかっていない部位もある。大脳皮質には、感覚器からの情報を解析する部位がある。視覚の情報がはじめに届くのは、最後部に位置する部位だ。また皮膚や筋肉からの感覚情報は、脳の側面の大きな溝（中心溝と呼ばれる）のすぐ後ろの細長い組織に最初に伝えられる。その他の感覚情報についても同じような部位が存在する。電極で刺激することで、まるで感覚器から情報が送られてきたかのように装うこともできる。たとえば、第一視覚野を刺激すると、閃光のようなものが見える。中心溝のすぐ前には、筋肉の収縮、ひいては体の動きを作り出す命令信号を起こす部位がある。この部位は「運動皮質」と呼ばれるが、ここに電気的な刺激を加えると、筋肉の収縮が起きる。大脳皮質に外科手術が必要なときには、この電気的な刺激を与えるという手法がよく使われる。それによって、脳の機能の地図を作るのである。大脳皮質で面白いのは、その機能が明らかに感覚にも運動にも直接には関係がない部位があるということだ。研究者はこうした部位を「連合皮質」と呼んでいる。連合皮質は、人間の脳で大きく発達した脳の前部（前頭葉）の多くを占める。

脳のいずれかの部位に損傷を受けた人（あるいは実験動物）がどうなるかについては、これまでにもいくつか例をあげてきた。記憶の蓄積ができなくなる場合、過食になる場合などをすでに見てきた。だが、これまでの例では、確かに損傷による影響はひどいものだったが、損傷がその人の性格、人格の根本まで変えてしまうということはなかった。たとえば、先述のH・Mは、てんかんの手術後も、性格に変化は見られない。だが、前頭葉に損傷を受けた場合にはまったく様相が違ってくる。

最も有名なのは、フィニアス・ゲージの例だろう。ゲージは、一八四八年、アメリカのヴァーモント州で鉄道工事の現場責任者をしていて、大きな事故に遭った。鉄道建設の工事では、当時も今も発破を使う。それで障害物を取り除き、路盤を平らにするわけだ。二五歳だったゲージは、長い金属棒を使って火薬を突き固めるという、あまりうらやましくない仕事をしていた。それでどうなったのか、すでに想像がついている読者も多いだろう。彼は火薬を詰める穴を見下ろすようにして立っていたのだが、そこに火花が起きて、爆発を引き起こしてしまった。爆発によって金属棒はゲージの頭蓋骨に上向きに突き刺さり、左頬と左の眼窩を貫通して、頭蓋骨の上部から外に出た。その際に左前頭葉に大きな穴があいてしまったのである。図1－3は、ゲージの死後かなり経ってから撮影されたスキャン画像をもとに、金属棒を付け加えて描いた絵だ。驚いたことに、ゲージは何週間か床に伏しただけで回復した。傷による感染症もだいぶ軽くなった。歩くことも、話すこともできたし、暗算さえすることができた。長期記憶にも問題はなかった。変わってしまったのは、人格、そして判断力であった。伝えられている話によれば、事故の前の彼は優しく人当たりが良く、常に冷静な人間で、皆から尊敬もされていたという。ところが、事故から戻ってきた彼は、傲慢で頑迷で、衝動的で、粗暴でわがままな人間になってしまった。あまり適切な言い方ではないかもしれないが、前頭葉に損傷を受けたことで、ゲージは人格者から「ろくでなし」に変わってしまった、と言ってもいいかもしれない。以前からの仕事仲間は、変身した彼にとても耐えられなかった。「あれはもうゲージじゃない」と言っていた友人もいたようだ。

その後、彼はカーニバルなどで自ら見世物になってしまったが、それも悲惨な話だ。見物人傷は癒えていたとはいえ、まだ残っていた頭の大穴に金属棒を通すのを見せて、見物人のの「怖いもの見たさ」に訴えたのだ。ゲージは事故から一二年後に亡くなった。

フィニアス・ゲージや、その後の数多くの例で示されているとおり、前頭葉は私たちの人格の根幹を決めている部位である。社会との関わり方、態度、おそらくは「道徳観念」などを決めているのは前頭葉だ。脳の最も外側には、人間の認知能力だけでなく、いわば「人間が人間であるために必要な能力」を司る部位が存在しているのだ。

これで、脳の内側から外側まで、それぞれの部位がだいたいどのようなものか、ざっと一通りは話したことになる（触れていない部位もいくつかはあるが）。脳というものが、全体としてどのような設計方針で作られているか理解いただけただろうか。脳の全体的な設計について次に簡単にまとめておこう。脳の設計について一つ言えるのは、意識、意思決定といった高度な機能に関わる部位は、外側や前部の大脳皮質に存在すると

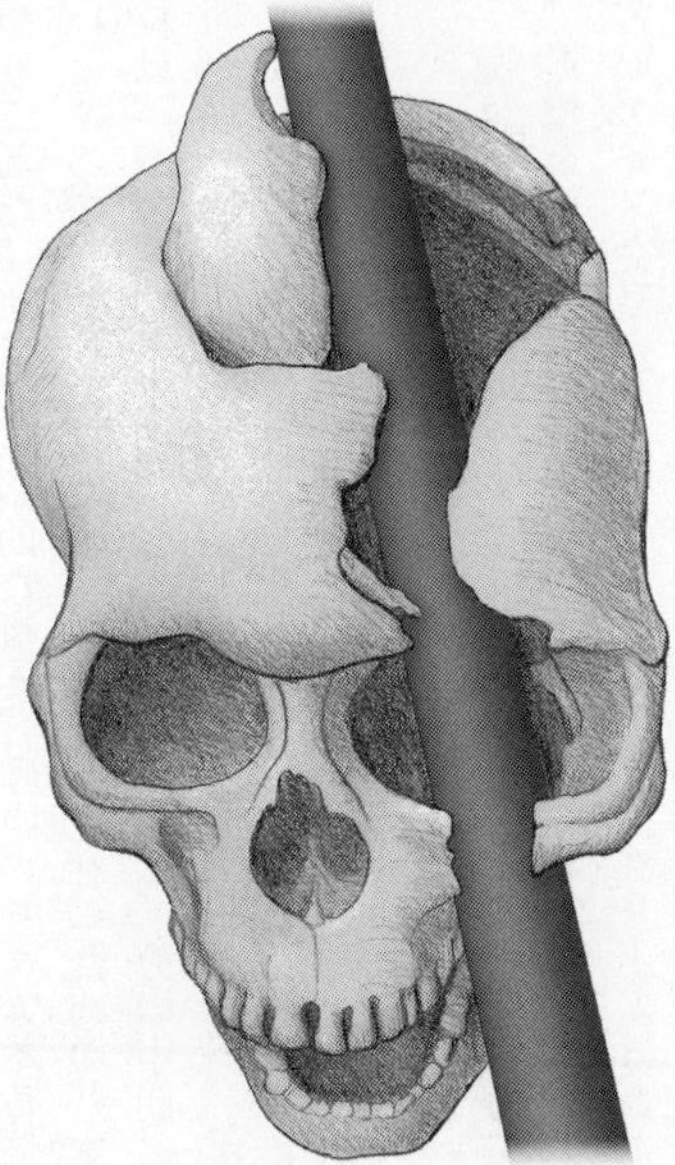

図1-3　フィニアス・ゲージの頭蓋骨に有名な金属棒が刺さっているところを、彼の死後撮られたスキャン画像をもとにコンピュータで再現した図。

出典：P. Ratiu and I.-F. Talos, Images in clinical medicine: the tale of Phineas Gage, digitally remastered, *The New England Journal of Medicine* 351: e21 (2004) より、許可を得て転載。（イラスト：Joan M. K. Tycko）

いうことだ。逆に、原始的な機能、呼吸のリズムや体温の調整など、私たちの意識しないところで自動的にはたらくような、生存のための基本的な機能に関わる脳幹などの部位は、脳の内側、下側、後ろ側に位置する。その中間に位置するのは、原始的な感覚情報処理の機能を担う部位（中脳）、ホメオスタシス、生物リズムに関わる部位（視床下部）、体の動きの調整を担う部位（小脳。感覚器から得られる情報をもとに体の動きを修正）などである。そして扁桃体や海馬などを含む辺縁系は「意識」と「無意識」の交差点だと言える。記憶の貯蔵という役割もある。

脳は「アイスクリームコーンのようなもの」ということもできる。時間が経つにつれて進化を遂げ、コーンの中に、ひとすくいずつアイスクリームが積み上げられていった。古いアイスクリームは下、新しいアイスクリームほど上にある。上に行くほど進化的に新しいが、新しいアイスクリームが上にのせられても、古い方はほとんど変化せずにそのまま残った。これは、私たち人間の脳幹や小脳、中脳の作りが、カエルのそれとほとんど変わらないことを意味する。ただ、カエルの場合、それより高度な機能がほとんど加えられていないというだけだ（ここまででアイスクリームひとすくいと少し、くらいである）。視床下部、視床、辺縁系までの構造は、ネズミでも人間でもそう変わりはない（ここまででアイスクリーム二すくいくらいだ）。ただ、ネズミでは小さく単純なものだった大脳皮質が、人間では巨大で複雑なものになったというくらいだ（これで三すくい）。新しく高度な機能が加えられても、脳全体の設計がゼロから見直されることにはならない。単に新しい部分が上に積み重なるだけのことだ。中脳の視覚中枢などの部位は、過去の脳の名残のようなものである。こうした構造は、脳が「その場しのぎ」で作られてきたことの証明と言っていいだろう。

次ページの図（図1-4）は、一九世紀に描かれた古いものだが、見たことのある読者もいるのではないだろうか。この図では、脳の表面が多数の領域に明確に分けられていて、それぞれがどのような認知機能（例——計算）に対応するのか、あるいはどのような性格要素（例——攻撃性）や感情に対応するのかが示されている。骨相学では、この図を使っていたが、それは人間のさまざまな認知機能や性格要素が、それぞれ脳の特定の領域に対応すると信じられていたからだけではない。加えて、どの機能や要素が優勢かで領域の発達具合が違い、そのことが頭蓋骨のかたちに影響すると考えられていたのである。一九世紀から二〇世紀初頭には、頭のかたちを触って調べて人の性格や素質を分析することを職業にしている人がかなりいて、皆、喜んで金を払った。彼らはこうした図のほか、頭の石膏模型を使っており、中には機械仕掛けで頭のかたちを調べられるようになっているヘルメットを使う者もいた。

骨相学は二つの点で間違っていた。一つは、頭蓋骨の凹凸は、その下の脳組織について何かを語るものではないということ。そしてもう一つは、脳の部位と、認知機能、性格要素を一対一に対応させるという考え方がまったく幻想に過ぎなかったことだ。ただし、脳が「あらゆる機能に全体が対応する」というような均質的な組織ではないと考えた点では間違ってはいなかった。脳のさまざまな機能は、確かに特定の部位にかたよっているることが多いのである。

機能と部位の対応関係は、原始的な部位、たとえば嘔吐など自動的、反射的にはたらく機能に関係する部位ほど明快でわかりやすいと言える。感覚情報の処理も、最初の段階がどこで行われているかは簡単にわかる（視覚、聴覚、嗅覚の情報が、それぞれ大脳皮質のどこに最初に伝えられるか、といったことはすでに明確になっている）。

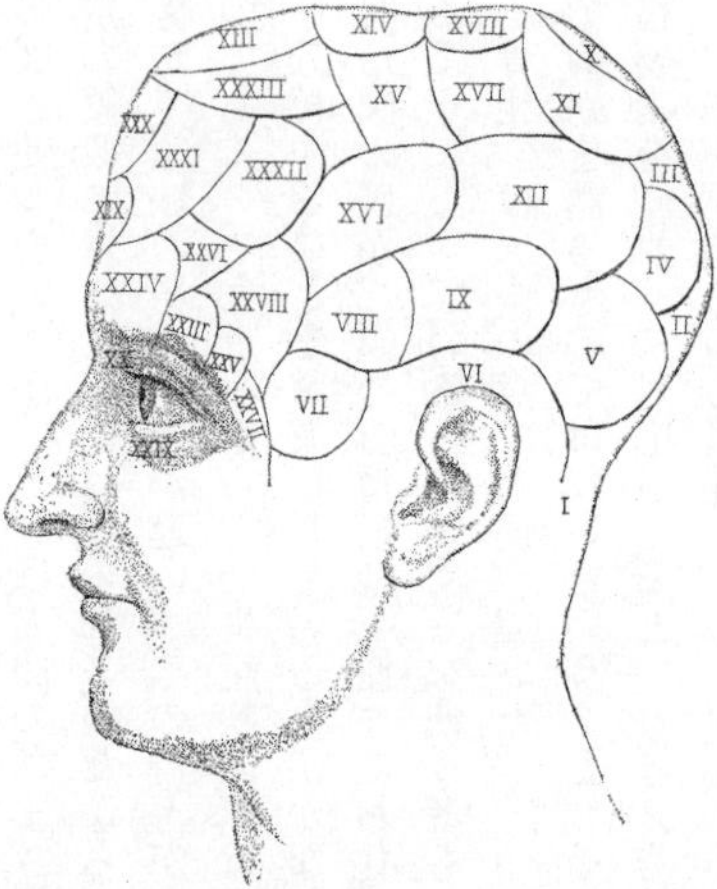

図 1-4　19世紀の骨相学で使われていた図。骨相学では、頭の凹凸をもとに人の性格や組織を推測した。認知機能や性格要素、感情と部位の対応関係は、たとえば次のようになっている。XIV＝尊敬の念、XVII＝希望、XIII＝博愛心、XXI＝模倣、XIX＝想像力、VIII＝貪欲さ、XVIII＝驚き、XX＝機知。

出典：W. Mattieu Williams, *A Vindication of Phrenology*（Chatto & Windus, London, 1894）.

機能と部位の対応づけは、事実や出来事の記憶といった複雑な機能に関しては、もっと困難になる。意思決定など、最も高度な部類に属すると思われる機能に関しては、特に対応づけが難しい。中には、時間の経過とともに対応する部位が変わるため、余計に事態が複雑になっているケースもある。たとえば、事実や出来事についての記憶は、最初の一〜二年の間は海馬や、海馬に隣接するいくつかの部位に蓄積されるのだが、その後は別の、大脳皮質中の部位に移され、保存される。そのほか、意思決定のように、さまざまな種類の情報を必要とする、ある種「総合的」な機能の場合はまた事情が違う。こういう場合は、機能をいくつかに細分化して、個々の部分を、それぞれ大脳皮質の中の別の部分が担当することになる。脳の各部位の担当機能については、今後、さらに詳細に研究していく必要があるだろう。

人間の脳を賢くしているもの

脳の設計がどのようなものかは、これで大体わかってもらえたと思うが、では、人間の脳がこれほど「賢い」のはいったい、なぜなのだろうか。私たちの脳は、言語を操ることや、他人の気持ちを推し量ることなどもできる。これは他の動物の脳にはない能力である。人間の脳を、これほど高度なものにしているのは何なのだろうか。

人間の脳は、あらゆる生物の中で最も大きいわけではない（大きいというだけなら象の方が上だ）。体重比で言っても、人間の脳は生物の中で最大というわけではない（小型の鳥には、この点で人間を上回るものがいる）。脳の表面の皺も、人間が最も多いということはない（クジラやイルカの脳の方が皺は多い）。私たちの脳は「人類」の中でさえ、最大とは言えない。頭蓋骨の容量から推測してみると、ネアンデルタール人の脳は、平均して現代の人類の脳より幾分大きかったようだ。ここまでは触れてこなかったが、脳細胞の形状、化学組成は、どうやら人間でもネズミでも基本的にはそう変わらないこともわかっている（この点については後に詳述する）。人間の脳で本当に特徴的なのは、連合皮質がどの生物よりも大きいということだ。連合皮質の機能は一つには特定されない。単に感覚情報を処理するとか、運動を制御するといったことにはとどまらないのである。連合皮質の大部分は、脳の前半分に存在している。人間の認知能力が他の生物より高度なものになっているのは、一つには、このように連合皮質が発達しているからのようだ。

さらに、人間の持つ認知能力には、人（個体）によってばらつきがあるということも検討されるべきだろう。人の認知能力を、脳のサイズ、あるいは脳の特定の部位のサイズから推測することは可能なのだろうか。病気（先天的なものと後天的なものがある）や精神的なショックによって脳が解剖学的に損傷した場合などには、認知に明らかな障害が起きることがある。そういう種類の差異なら説明は簡単だ。だが、そんな不幸に見舞われたわけではない、「健常な」人の差異はどう説明すればいいのだろうか。脳のサイズや形状と、認知能力の関係について、健常な人を対象に調べる際には、以前は頭の形状を外から見るしか方法がなかった。しかし、最近では、いくつかの映像化技術を駆使して、より精確に研究できるようになっている。そうした研究の結果を総合すると、脳のサイズ（体重の個人差を考慮して調整したサイズ）と、その人の認知能力の間には、統計的に有意な相関関係があると言える。だが、健常者の認知能力の差異のうち、この相関関係で説明がつくのは全体の四〇パーセントほどにすぎない。したがって、脳のサイズが標準の範囲の下限（一〇〇〇立方センチほど）くらいであっても、知能テストで高得点をあげる人は珍しくない。逆に、異常に大きい脳（一八〇〇立方センチほど）の持ち主であっても、平均を下回る得点になってしまうことも十分にあり得る。

脳のサイズや形状と、認知能力との関係は、このように、そう単純なものではない。歴史上、有名な人物の中には、死後も脳が保存されている人がいて、その脳の解剖学的な分析が話題になることが今もよくある。たとえば、レーニンの脳は、一九二〇年代末にドイツで調べられた。その重さは標準的なものだったが、一部（第三層皮質錐体細胞）だけが、他の遺体のものに比べて異常に大きかったと言われている。アインシュタインの脳は、実は平均よりも小さかった（と言っても正常の範囲内）。近年では、下頭頂葉と呼ばれる部位が、同年齢のほかの男性の標本に比べて（一五パーセントほど）大きいという主張も見られる。下頭頂葉は、アインシュタインが明らかに他人より秀でていた空間認知や数学の能力に関係があるとされている部位なので、この主張には関心を示す人もいる。しかし、この種の発見の解釈は慎重にしなくてはならない。少なくとも言えるのは、標本一つ（アインシュタイン）のみで、何らかの主張をするのは、本来、非常に困難ということだ。より説得力のある研究をしようとすれば、数学や空間認知に優れた天才全員と、年齢や生活様式といった属性を慎重に揃えた対照群とを比較しなくてはならない。また、より重要なのは、どちらが原因で、どちらが結果なのかの判断である。仮に、アインシュタインと適切な対照群の間で、空間認知や数学的思考に関わる脳の部位の大きさに有意な差が実際に見られるとしても、本当にその大きさの違いがアインシュタインに優れた能力をもたらしたのか、ということはわからない。もしかすると、アインシュタインが生涯、数学的思考や空間認知の能力を使い続けたことが、対応する部位を他の人より少し発達させることにつながったのかもしれない。

現在までのところ、脳の解剖学的な個人差を、認知能力の個人差に結び付けて考えようとする試みは成功しているとは言えない。ただ、だからといって、認知能力の個人差と、脳の物理的な構造の個人差との間に、まったく相関関係がないかと言えばそうではないだろう。そういう相関関係は、存在する可能性が非常に高い。とはいえ、単に脳のサイズを測るといった大ざっぱな調べ方では、相関関係が明確にわかる見込みは少ないと言わざるを得ない。顕微鏡レベルでの脳の個人差、脳細胞の接続パターンや、脳の電気的活動のパターンの違いを調べない限り、それはわからないだろう。

この章では、脳が全体としてどのような設計になっているのかということを見てきた。

脳は、けっして「系統だった」作りにはなっていない。私たち人間の脳には、（哺乳類にもならない頃の）遠い過去の祖先が持っていた組織がほぼそのまま存在している。そして、その上に、より新しい高度な組織が積み重ねられている。古くから存在する原始的な組織は、脳の下側、内側に存在しており、そのことが、「盲視」と呼ばれる不思議な現象の原因にもなっている。この章では、脳の作りが案外「いい加減」であるとも言ったが、そのことは、小脳などのはたらきを見てもわかる。小脳は、自分の動きに起因する感覚情報を抑制してくれるなど、役立つことも多い部位である。ただ問題は、小脳の機能がかえって害になるような場合にも、絶対に「スイッチを切る」ことができない、ということだ。おかげで殴りあいの喧嘩がどんどんエスカレートしてしまう事態にもなる。

脳の設計のおかしさを理解するには、たとえば、車を同じようなやり方で設計したらどうなるかを考えてみればよい。読者がエンジニアで、最新鋭、高性能な車の設計を担当するよう命じられたとする。ただ、その仕事を進めるにあたっては、実に奇妙な条件が二つ課せられている。一つは、必ず一九二五年式の「T型フォード」をベースにして、その上に新たな部品を付け加えていく、という方法で作らねばならないという条件だ。古い車の部品は、ほとんどどれも取り去ることができない。もう一つは、車に新たな制御装置を加える時には、その機能は常に「オン」になるように作らなくてはならない、という条件だ。アンチロックブレーキシステム（ブレーキを踏み込む、緩めるという動作を自動的に繰り返し行うことで、タイヤのロックを防ぐシステム）を追加するのなら、スリップの危険がないような道でも「オフ」の状態にはならず、常に「オン」になるようにしなくてはならないのだ。人間の脳も、進化の過程で、これと同じような制約を受けたことになる。それが脳の仕組みに影響を与えている。脳は、言うなれば「最善というより次善」「とりあえずはこうするのが簡単だから」という作り方をされているのだ。脳には、第2章、第3章で触れるような、脳細胞自身の持つ「工学的欠陥」や「組立工程の不備」など、ほかにもいくつか問題はあるが、この「最善というより次善」という設計思想も大きな問題と言えるだろう。進化によって生み出された「脳」という組織の、この異様とも思える作り、非効率な作りは、私たち人間の生活のあらゆることに影響を与えている。愛、記憶、夢、宗教思想、何でもいい、ともかくあらゆることが今のようになっているのは、ほぼすべて脳の作りのせいなのだ。本書を最後まで読んでもらえれば、それが理解できるはずである。

第2章　非効率な旧式の部品で作られた脳

燃費が悪い脳

人間の脳のミクロな構造について誰かが語る時には、決まって「畏怖の念を感じる」といった類の言葉が使われる。この種の話をする科学者の耳には、小さな脳細胞を称えるカール・セーガンの優しい声が絶えず聞こえているのかもしれない。脳が驚くべきものであるのは確かだ。まず、脳を構成する細胞の数は恐ろしく多い。脳を構成する細胞は主に二つの種類に分けられる。一つは「ニューロン」である。ニューロンは、電気信号の伝達（これが脳の最も重要な仕事）を担う。もう一つは「グリア細胞」だ。グリア細胞は「主婦」のような役割を担う。ニューロンがはたらきやすいよう、その環境を整えるのだ（ただし、場合によっては、電気信号の伝達に直接関わることもある）。大人の脳には、よく知られているとおり、約一〇〇〇億個のニューロンがあり、約一兆個のグリア細胞がある。一人の人間が持つニューロンを地球上の人類すべてに均等に配ったとしたら、一人あたり一四個ほどのニューロンを受け取ることになる。

ニューロンは進化上、それほど新しいものではない。柔らかく化石には残りにくいため、最初のニューロンがいつ頃生まれたのかは定かではない。しかし、現代に生きるクラゲ、昆虫、カタツムリといった生物は皆、ニューロンを持っている。海綿などがニューロンを持たないことを考えれば、どうやら、クラゲの仲間、つまり刺胞動物が現れたあたりでニューロンがはじめて生じたと考えるのが妥当のようだ。これは先カンブリア時代、約六億年前である。信じがたいことかもしれないが、ニューロンにしろグリア細胞にしろ、ほぼ例外なく、その作りは小さな虫でも、我々人間でも本質的な差はない。この章では、我々の脳細胞の設計がいかに「古めかしい」ものなのか、いかに信頼性に欠け、処理が遅く、信号伝達という点で能力の低いものかということを話していきたい。

ニューロンの形状、サイズにはいくつか種類があるが、どれも構造はだいだい共通している（図2－1を参照）。どのニューロンも、他のあらゆる細胞と同様、細胞膜（原形質膜とも呼ばれる）で外の世界と隔てられている。ニューロンはどれも細胞体を持ち、その中に細胞核を持っている。細胞核の中には、遺伝情報を持ったDNAが収められている。細胞核には丸いものもあれば、三角形、紡錘形のものもあり、大きさは幅四～一〇〇ミクロンくらいである（二〇ミクロンくらいが普通）。平均的なサイズのニューロンを横に五つほど並べると、髪の毛の太さと同じくらいの幅になると言えばわかりやすいだろうか。ニューロン、グリア細胞は、ごく狭い場所に、ほとんど隙間なくぎっしり

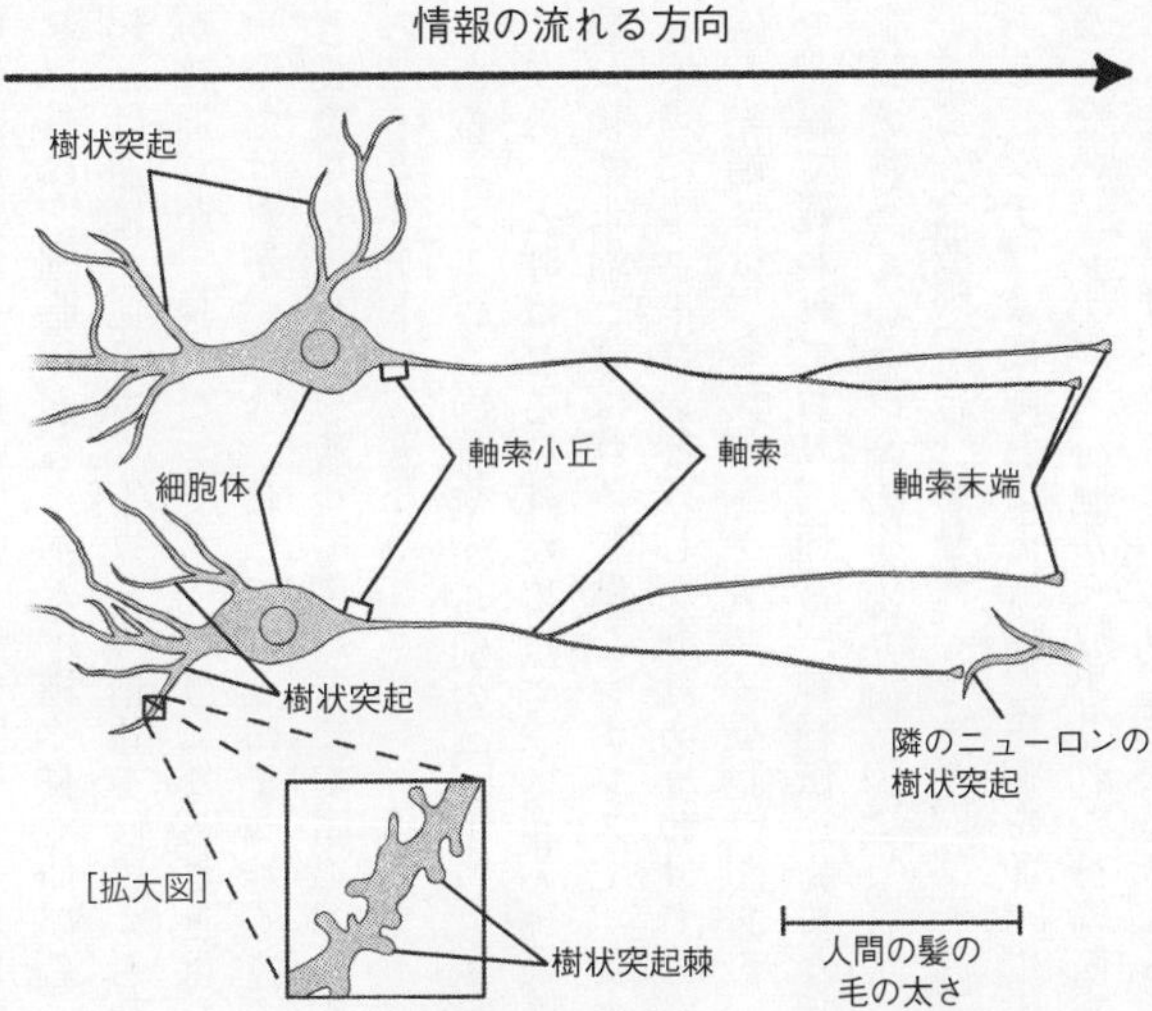

図 2-1　ニューロンの構造。（イラスト：Joan M. K. Tycko）

と詰め込まれている。

ニューロンの細胞体からは、「樹状突起」と呼ばれる、細長い芽のようなものが伸びている。隣り合うニューロンから送られる信号（化学物質）は、この樹状突起で受け取る。この信号の受け渡しについては、もう少し後で詳しく述べる。樹状突起には短いものも長いものもある。森のように密集していることも、まばらにしか存在しないことも、まったくないこともある。大きく拡大して見ると、表面が滑らかな場合もあるが、中には「樹状突起棘」と呼ばれる小さなこぶで覆われているものもある。樹状突起は通常、一つのニューロンに複数あり、途中でいくつもに枝分かれしていることが多い。ニューロンは樹状突起以外に、細胞体から一本だけ細く長く伸びる「軸索」を持っている。これは、樹状突起とは逆に、他のニューロンに情報を伝達する役割を担う。軸索は樹状突起より細いのが普通だが、長くなっても先細りになることはない。軸索は、一つのニューロンにつき一つだけだが、枝分かれして個々にまったく違う方向に伸びることもある。時に驚くほど長くなり、脊柱を通って足の先まで届くこともある（人間なら一メートル、キリンなら三・五メートルにもなる）。

あるニューロンの軸索から別のニューロンの樹状突起（あるいは細胞体）へは、「シナプス」と呼ばれる特殊な接点で、情報が受け渡される（図２‐２を参照）。軸索の先端（軸索末端と呼ばれる）は、シナプスで、隣のニューロンに接することになる。ただし本当にニューロンどうしが触れあうわけではなく、ほんの少し隙間があいている。軸索の先端には、多数の「シナプス小胞」がある。シナプス小胞は小さなボール状の組織で、膜で覆われており、通常、神経伝達物質と呼ばれる特殊な化合物の分子を二〇〇〇個ほど持っている。軸索末端と樹状突起のわずかな隙間は、塩水で満たされており、「シナプス間隙」と呼ばれる。ここでいう「わずかな隙間」とは本当にわずかなものである。シナプス間隙およそ五〇〇〇個を並べても、ようやく髪の毛の太さくらいにしかならない。シナプス小胞から放出された神経伝達物質が、シナプス間隙を通って渡されることで、信号が隣のニューロンに伝えられる。

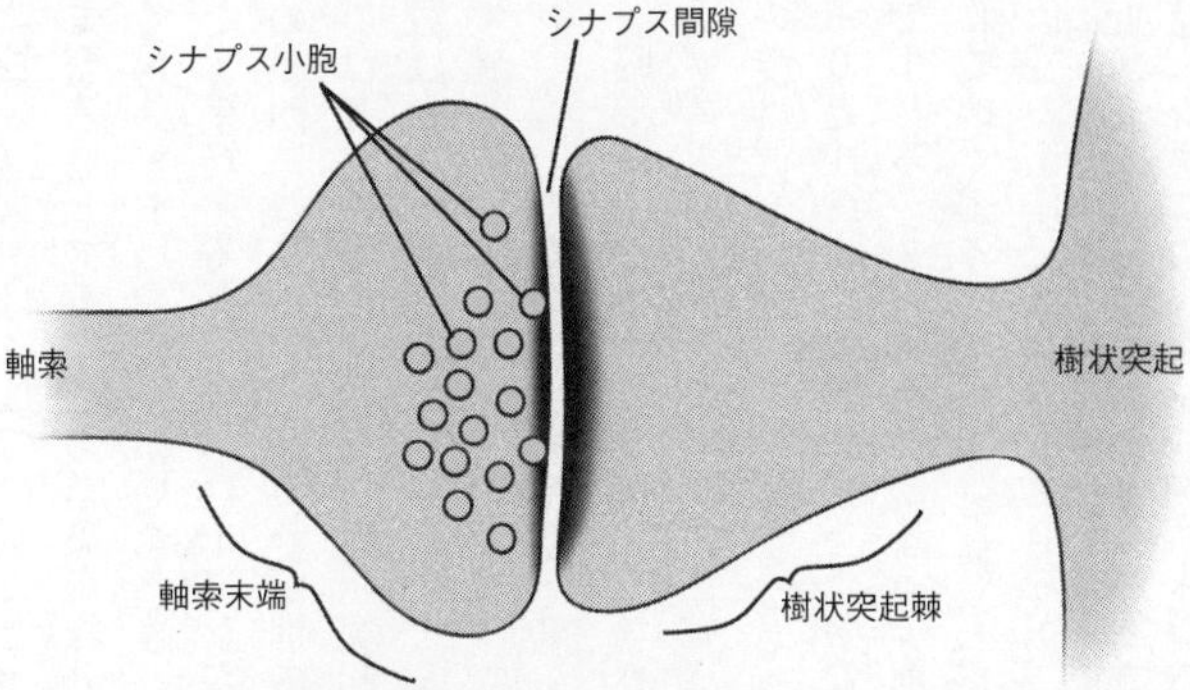

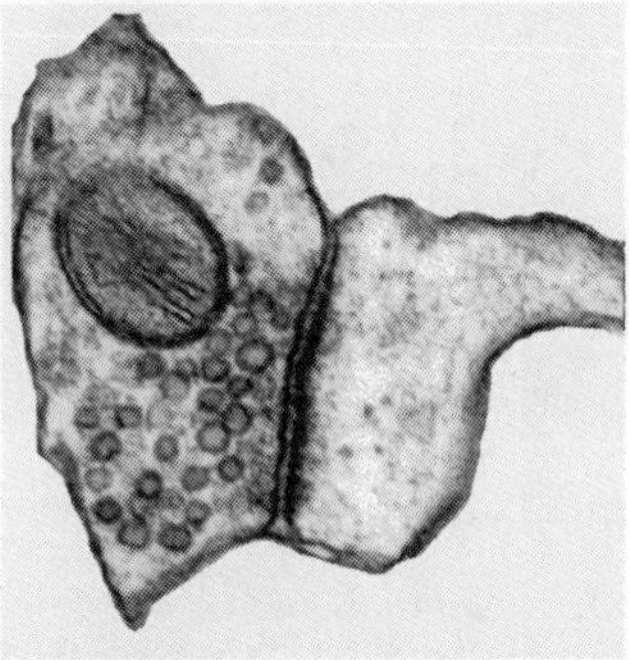

図2-2　シナプスの構造図（上）と電子顕微鏡写真（下）。
出典：電子顕微鏡写真は、ジョージア医科大学のクリスティン・ハリス教授の厚意により提供された。教授のWebサイト（synapses.mcg.edu）は、シナプスの詳細な構造を知る上で非常に役立つ。（イラスト：Joan M. K. Tycko）

「シナプス」はここでの話にとって重要な意味を持つ。記憶、感情、睡眠……何について語る場合でも、この言葉を繰り返し使う。なので、もう少し、シナプスについて詳しく書いておいた方がいいだろう。第一に言えるのは、シナプスの数が驚くほど多いことだ。平均すると、各ニューロンが対応するシナプスの数は、五〇〇〇ほど（〇～二〇万の範囲）になる。それぞれが別のニューロンの軸索末端と接しているわけだ。シナプスでは多くの場合、軸索と樹状突起が接する。ただ、軸索と細胞体が接することもあれば、数は少ないが軸索どうしが接するシナプスもある。ニューロンごとに五〇〇〇のシナプスが存在し、脳に一〇〇〇億のニューロンが存在するとすれば、概算でなんと五〇〇兆（五〇〇〇〇〇〇〇〇〇〇〇〇〇〇〇）のシナプスが存在することになる。

脳では、化学物質と電気インパルスという二種類の信号が情報伝達に使われるが、シナプスでは、両者間の変換という重要な処理が行われる。電気インパルス（電気信号）の受け渡しでは、「スパイク」と呼ばれる瞬間的な電気的変動が、コンピュータにおける0と1のような情報の単位となる。スパイクは、細胞体と軸索が接する「軸索小丘」で生じる。スパイクは、まるで海を波が伝わっていくように（またはドミノが次々に倒れていくように）、軸索を通って軸索末端にまで伝わっていく。これが脳を流れる電気信号の正体である。電気信号が、軸索末端にまで到達すると、そこでいくつかの化学反応が続いて引き起こされ、化学物質の構造が劇的に変化する（図2‐3を参照）。この時、シナプス小胞が、軸索末端の細胞膜と結合して、内包されている神経伝達物質の分

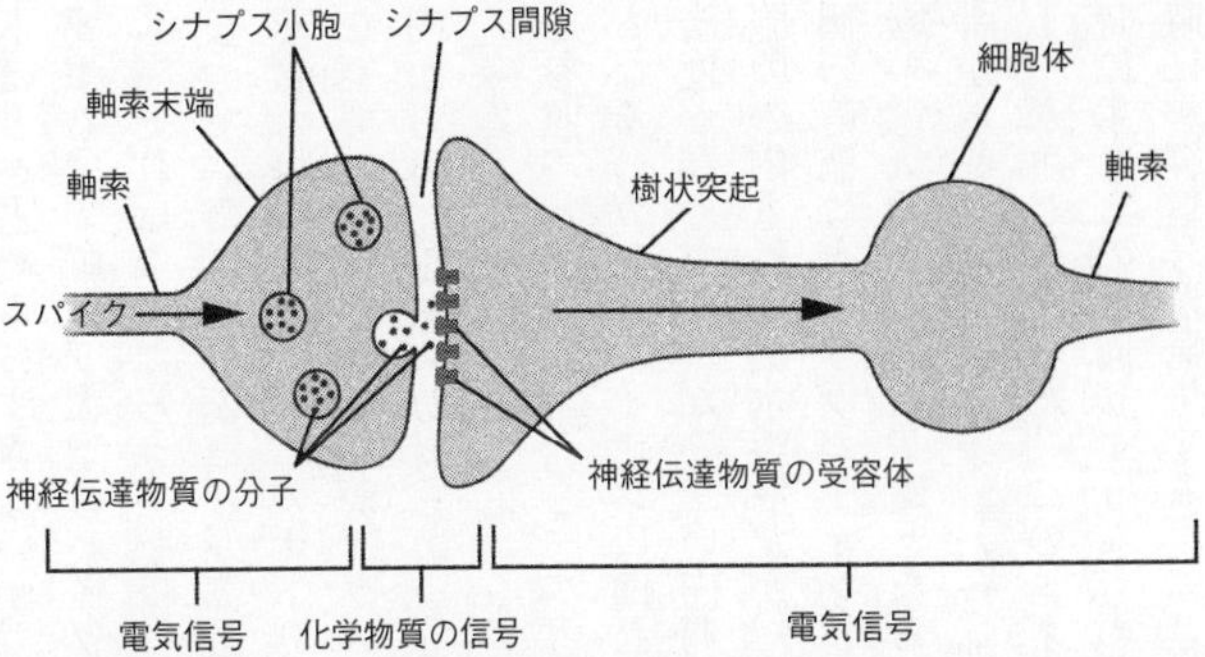

図2-3　シナプスは、電気信号が化学物質の信号に変換され、化学物質の信号が再び電気信号に変換される重要な場所である。この図では、左から右に信号が伝達されることになる。（イラスト：Joan M. K. Tycko）

子が、シナプス間隙に放出される。放出された分子はシナプス間隙を移動し、隣接するニューロンの、神経伝達物質受容体と呼ばれる特殊なタンパク質に接することになる。神経伝達物質受容体は、ニューロンの樹状突起に存在し、化学物質（神経伝達物質）によって伝えられた情報を、再び、電気信号に戻すはたらきをする。この電気信号は、樹状突起を通って、ニューロンの細胞体にまで到達する。一定以上の電気信号が同時に届いた場合には、新たなスパイクが発生し、それがまた別のニューロンに送られることもある。

ここまでの話は、あくまで概略である。これだけわかっただけではとても十分とは言えないので、次にもう少し詳細に、具体的に見てみることにしよう。脳は重さ一・五キログラムほどで、全体重の二パーセントほどを占めるにすぎないが、消費するエネルギーは全体の二〇パーセントにもなる。要するに、脳は、大型のバイクや自動車のように極めて「燃費」が悪いのである。しかし、それはなぜだろう。脳は、常に、脳脊髄液と呼ばれる特殊な塩水に浸された状態になっている。脳脊髄液は、高濃度のナトリウムと、それよりかなり低い濃度のカリウムを含む塩水溶液だ。このナトリウムとカリウムの原子は電荷を帯びた状態（イオン）になっており、それぞれがプラス1の電荷を持っている。脳はナトリウムイオンを細胞の内から外に出し、カリウムイオンを細胞の外から内に入れる作業を絶えず行う一種の「分子機械」となっており、この作業が実に多くのエネルギーを消費するのだ（図2−4を参照）。作業の結果、ニューロンの外側のナトリウムイオン濃度は、内側の一〇倍にもなる。カリウムイオンに関しては、その反対にニューロンの内側の方が、外側よりも濃度が高くなる。だいたい内側の濃度は、外側の四〇倍くらいである。ニューロンの細胞膜の内も外も塩水溶液だが、その塩水溶液は内と外ではまったく違うものなのだ。外側の溶液はナトリウムイオン、内側の溶液はカリウムイオンの濃度が高い。このことが、脳の電気的な活動の基礎となる。ナトリウムとカリウムの濃度差により、濃度の高い場所から低い場所へイオンが移動しようとする位置エネルギー（ポテンシャルエネルギー）が生じるからだ。このエネルギーはちょうど、子供のおもちゃのゼンマイを巻いた時に生じるのと同じようなものだ。位置エネルギーは、一定の条件下で解放され、その時に神経信号が発生する。ニューロンが活動していない時、ニューロン内部は、外部に

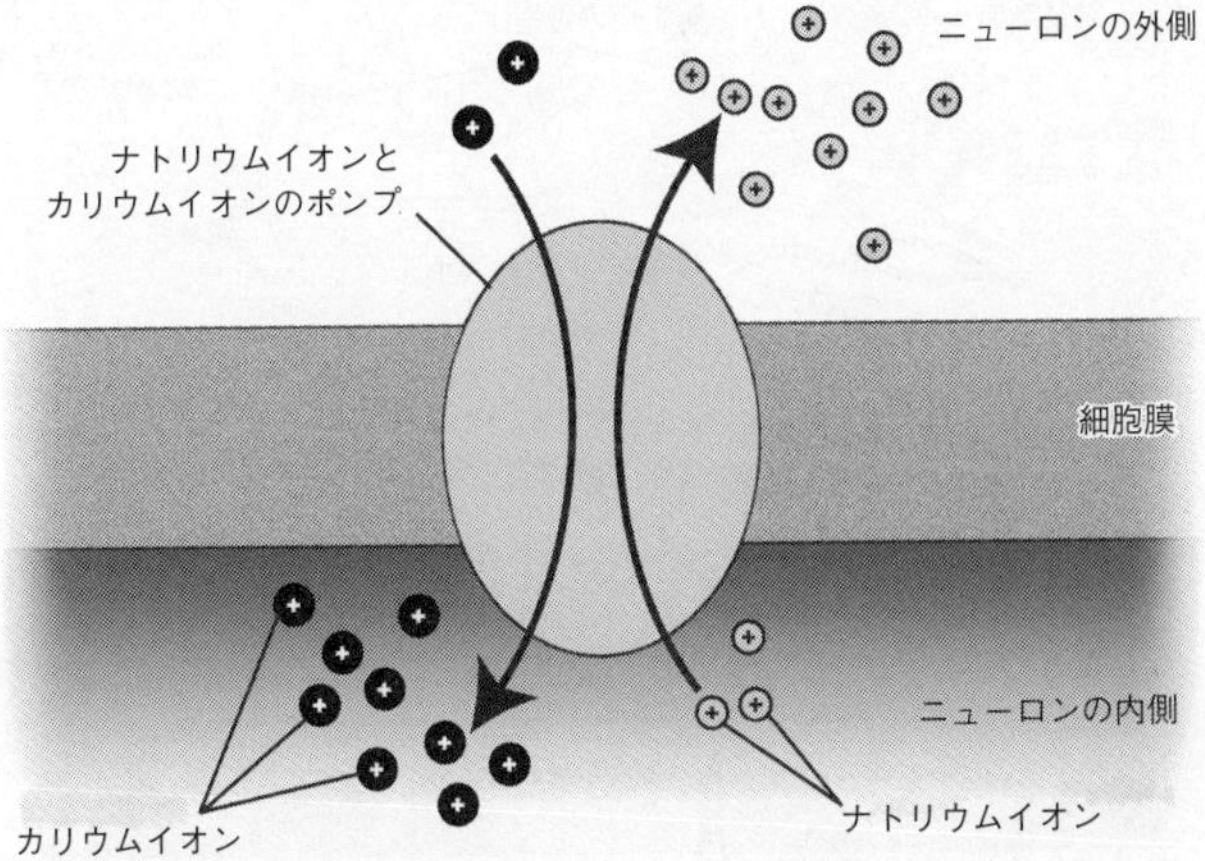

図2-4　ナトリウムイオンはニューロンの内から外に出され、カリウムイオンは外から内に入れられる。それによって生じる「位置エネルギー」が情報伝達に利用される。（イラスト：Joan M. K. Tycko）

比べ、マイナスの電荷を多く持つ。

　ニューロンにおける電気信号の伝達の様子は、次のような実験によって観察できる。まずペトリ皿に、ラットから取り出したニューロンを置き、脳脊髄液を模した特殊な溶液の中で培養する。これは「神経系細胞培養」と呼ばれ、脳研究ではよく使われるテクニックである。この実験では、次ページの図2－5のように、ニューロンに電極を挿入して、細胞膜を通る電気信号を測定する。使用する電極は、先が非常に細くなった中空のガラス針で、ニューロン内部の環境を模した塩水溶液（カリウム濃度が高く、ナトリウム濃度が低い）で満たされている。電極の一

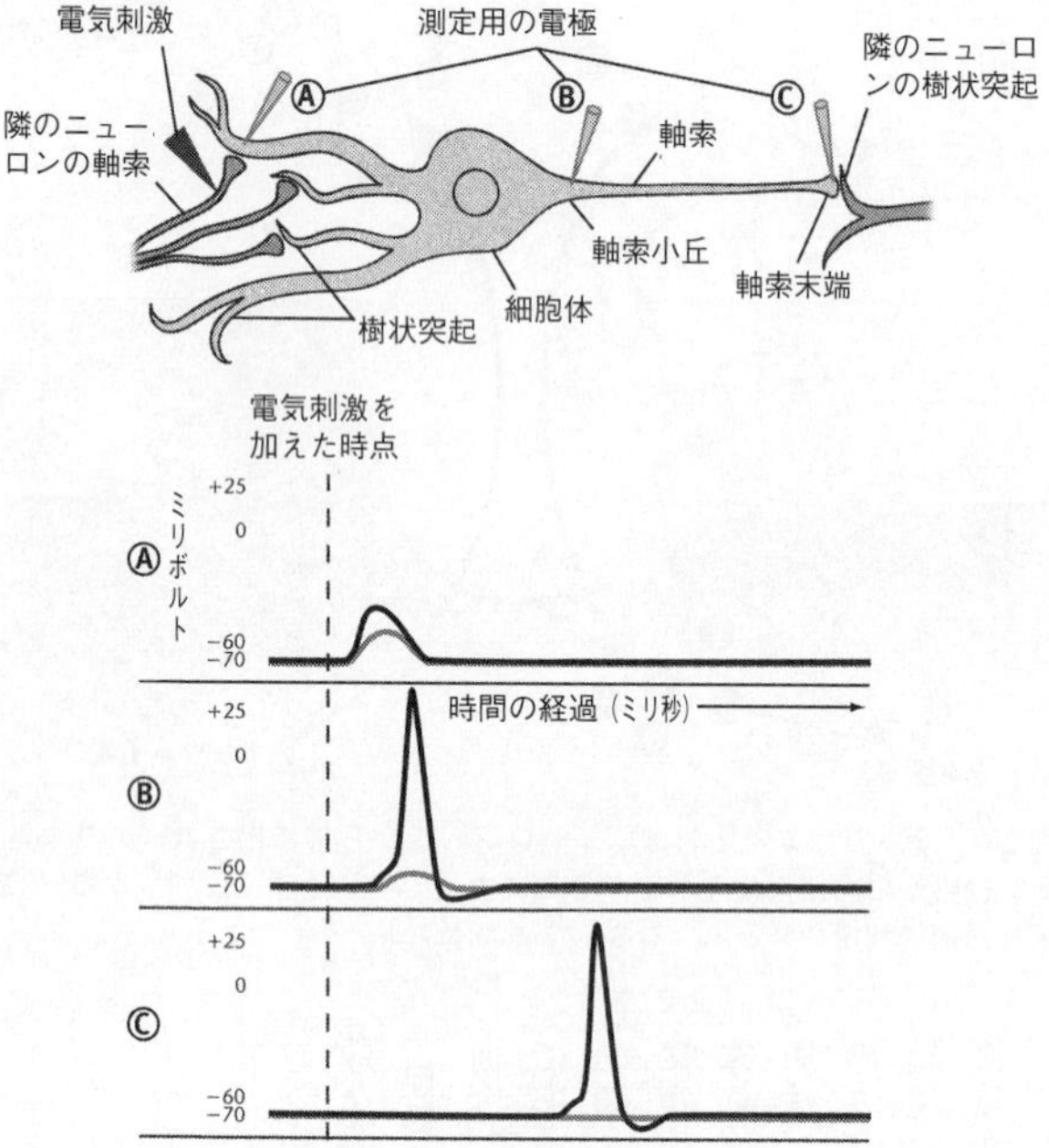

図 2-5　ニューロンでの電気信号伝達の様子を観察する実験。軸索末端に電気刺激を加えると、グルタミン酸塩の分子が放出される。分子はシナプス間隙を移動して受容体と結合し、下のグラフに示すような反応を引き起こす。軸索末端に加えた電気刺激が弱く、樹状突起での電気的な変動が小さい場合には、それが軸索小丘ではさらに小さくなり、新たなスパイクは発生しない（グラフではグレーの線で表されている）。電気刺激が強い場合には、樹状突起での電気的変動も大きくなる。変動は軸索小丘では小さくなるが、それでもスパイクを引き起こすことはできる（グラフでは黒い線で表されている）。このスパイクは軸索を通って軸索末端にまで伝えられる。確かに伝わっていることがグラフからもわかる。（イラスト：Joan M. K. Tycko）

つは、シナプスから神経伝達物質を受け取る樹状突起に挿入し、もう一つは軸索小丘（軸索の付け根の部分）、そしてもう一つは軸索末端に挿入する。電極はさらにもう一つ使用するのだが、これは測定用ではない。図に示したように、別のニューロンの軸索末端に電気刺激を加えるためのものだ。

実験を開始する前には、情報を受け取る側のニューロンの細胞膜の電荷を計測し、記録する。ニューロンが活動していない時、この電荷は先に書いたとおり、マイナスになるはずである。電位（電圧）は、何千分の一ボルト（ミリボルト）という単位になる。通常はマイナス七〇ミリボルトほどで、これは単三電池の二〇分の一程度だ。実験では、最初に、一方のニューロンの軸索末端に電極を使って電気刺激を加える。すると、シナプス間隙に神経伝達物質の分子が放出される。この神経伝達物質は、グルタミン酸塩であることが多い。放出されたグルタミン酸塩は、二つのニューロンを隔てる狭いシナプス間隙で拡散する。グルタミン酸塩は「力ずく」で拡散されるわけではない。水の入ったグラスに赤ワインを一滴落とした時と同じように、自然にゆっくりと広がっていくのだ。ただし、シナプス間隙は非常に狭いので、ゆっくりとは言っても、軸索末端（シナプス前軸索末端）から放出されたグルタミン酸塩が、隣のニューロンの樹状突起の細胞膜（シナプス後膜）に達するまでに、五〇マイクロ秒（マイクロ秒は一〇〇万分の一秒）くらいしかかからない。グルタミン酸塩のほとんどは、放出後、ただ拡散するだけで、他に何の影響ももたらさないが、そのうちの一部が、シナプス後膜の受容体タンパ

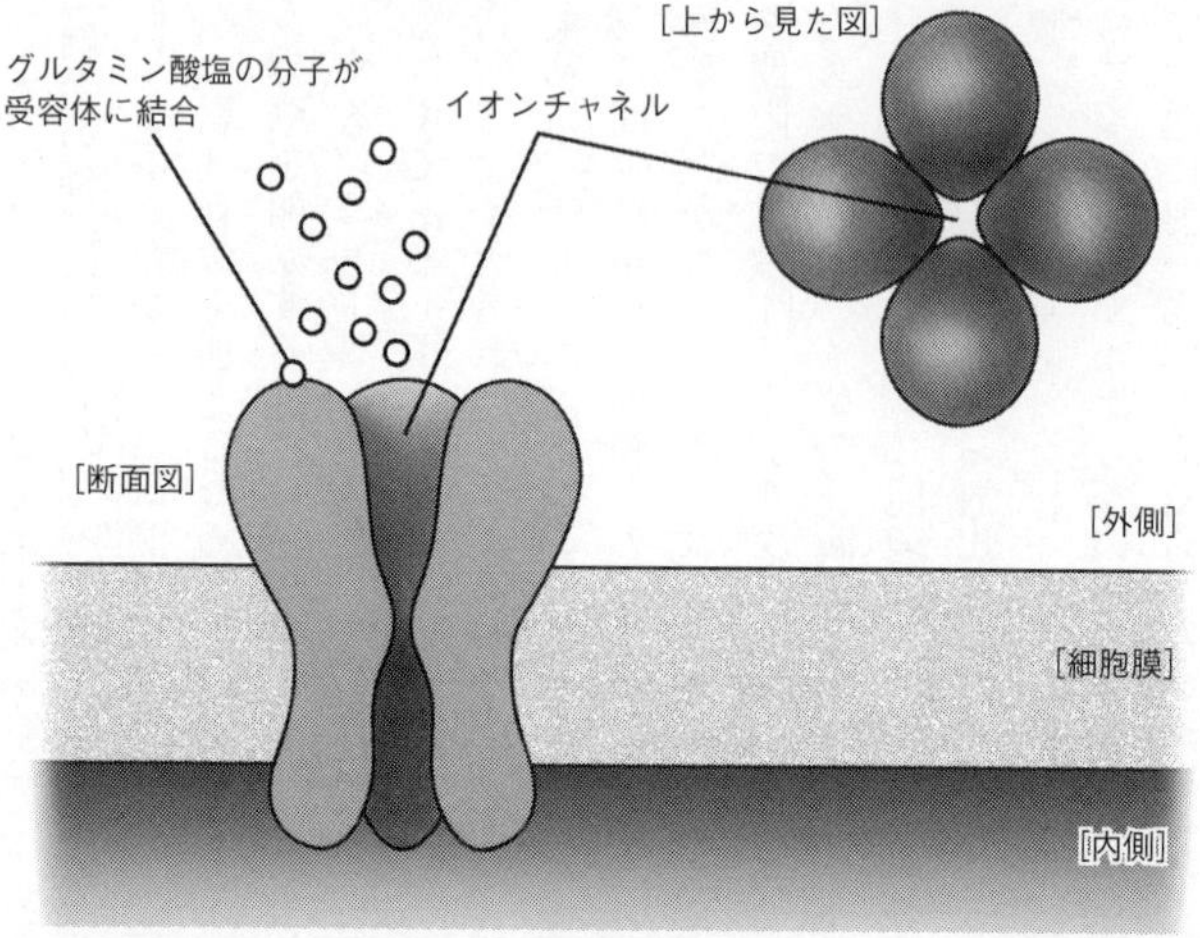

図2-6　グルタミン酸塩受容体の概略図。グルタミン酸塩が受容体に結合すると、中心の穴（イオンチャネル）が開く。（イラスト：Joan M. K. Tycko）

ク質と結びつく。脳の神経伝達物質には他にも多くの種類がある。グルタミン酸塩が最も一般的なものだが、他にも重要な物質は数多くあるので、この後、脳の機能について解説していく中で、そうした物質にも触れることになるだろう。

グルタミン酸塩の受容体タンパク質は、非常に複雑な機械のようなものだ。似たような四つの部品から成り、中央に穴のあいたドーナッツのような形状をしている（図2-6を参照）。ニューロンが活動していない状態（静止状態）の時、この穴は堅く閉じている。だが、グルタミン酸塩が受容体に結合すると、普段は閉じている門が開き、イオンが出入りできるようになる。受容体の穴を通り抜けることのできるのは、特定のイオンに限られる。穴が非常に小さく、化学的特性も、特定のイオンしか通さないようなものになっているからだ。この穴は「イオンチャネル」と呼ばれている。グルタミン酸塩の受容体の場合、イオンチャネルは、ナトリウムイオンとカリウムイオンの両方を通す。穴が開くと、ナトリウムイオンは（濃度の高い）外側から（濃度の低い）内側へ流れ込む。またカリウムイオンはその逆に、（濃度の高い）内側から（濃度の低い）外側へ流れ出す。量としては、内側に流れ込むナトリウムイオンの方が、外側に流れ出すカリウムイオンよりも多い。つまり、元よりも内側のプラスの電荷が増し、樹状突起の細胞膜の内と外の電位差（これを「膜電位」と呼ぶ）も大きくなるわけだ。静止状態でマイナス七〇ミリボルトだったものが、マイナス六五ミリボルトに上昇するようなことが起きる。グルタミン酸塩の分子が受容体から離れてしまうと、受容体のイオンチャネルは再び閉じ、膜電位も静止状態のレベルに戻る。こうした、はじめから終わりまですべてを含めてもわずか一〇ミリ秒の間に起きる一連の出来事を、「興奮性シナプス後電位（EPSP = Excitatory Postsynaptic Potential）」という、少々、難しい名前で呼ぶ。

ただ、このようにわずかな時間、電位に変化が起きても、ほとんどの場合はすぐに元に戻ってしまう。結局、何事も起きなかったのとほぼ同じことになる。脳内で起きたわずかな変化に数多くのニューロンが逐一反応していたら大変なことになってしまうが、「ノイズ」とみなしてよいようなわずかな変動は結果的に無視されるということだ。小さな変動があっても、その影響はあまり広がらない。状況が大きく変わるのは、複数の軸索末端から同時にグルタミン酸塩が放出された場合だ。これによって、軸索小丘に届く信号の強さが一定レベル（マイナス六〇ミリボルト）以上になると、驚くようなことが起きる。この場合は、単にすぐ静止状態に戻るのではなく、軸索小丘の膜電位が急激に大きくなった後、再び急激に戻るという現象が起きるのだ。これは、要するに、軸索小丘で新たなスパイクが生じることを意味する。他のニューロンから信号を受け取ったニューロンが、新しく信号を発生させるのである。

軸索は水漏れする庭のホースのよう

スパイクはそもそもなぜ起きるのだろうか。なぜ軸索小丘で起きるのか。答えは軸索小丘の細胞膜の構造にある。軸索小丘には、多数のイオンチャネルがあるのだ。このイオンチャネルは、グルタミン酸塩が結合した時に開くわけではない。そうではなく、その場の膜電位の変動を感知して開くのである。そのためのセンサーを備えている。静止状態（マイナス七〇ミリボルト程度）の時は閉じているが、膜電位がプラスに振れた（マイナス六〇ミリボルト以上になった）時には開く。多数のシナプスで同時にＥＰＳＰが起きた時、その影響を受けた軸索小丘の膜電位がマイナス六〇ミリボルト程度にまで上がると、多数のイオンチャネルがそれを感知していっせいに開くことになる。このイオンチャネルの中央の穴は、ナトリウムイオンだけを通すので、ナトリウムイオンだけが流入し、膜電位はさらにプラスになる。また、これに反応して、さらに多くのイオンチャネルが開き、さらにそれに反応して……というような「ポジティブ・フィードバック」と呼ばれる現象が起きる。これが、新たなスパイクを生じる原因になるのだ。

スパイクが生じた場合、電位は最高でプラス五〇ミリボルト程度にまでなるが、その後は急激にマイナスに振れて静止状態に戻る。このように、一気にピークに達して一気に元に戻るのには、主に二つの理由がある。一つは、ナトリウムイオンを通すイオンチャネルの開いている時間が、一ミリ秒ほどと極めて短く、すぐに閉じてしまうということ。これで、スパイクが生じる時間も、ごく短く制限される。もう一つは、この反応に関わるイオンチャネルが一種類ではないことである。実は、もう一種類、やはり膜電位のプラスへの変動を感知するイオンチャネルが関与する。ただし、こちらは、開く速度がゆっくりで、開いた時に、カリウムイオンがニューロンの外に出るのが特徴だ。プラスの電荷を持ったカリウムイオンが細胞の外に出れば、膜電位はその分、マイナスになり、静止状態に近づくことになる。スパイクの発生も抑制される。

スパイクは、軸索小丘で生じてから、軸索末端まで、遠い道のりを旅しなくてはならない。幸い、ナトリウムイオンを通すイオンチャネルのポジティブ・フィードバックにより、スパイクはその旅を全うできる。ナトリウムイオンが流入すると、細胞膜の電位は、軸索小丘だけでなく、軸索の細胞体から少し離れた部分でも、プラスに振れることになる。この部分でも、細胞膜にはやはりイオンチャネルがあり、電位の変化を感知して開くようになっている。イオンチャネルが開けば、そこからまたナトリウムイオンが流れ込み、電位の変動が、軸索のさらに先まで伝わっていく。これが繰り返されるわけだ。ある地点に火がつくと、その火が横へ横へと次々に燃え移っていくような具合に、スパイクが軸索末端にまで伝わっていく。

植物や動物の中には「神経毒」と呼ばれる毒を持つものが多くいるが、この神経毒は主にイオンチャネルに作用する。電位の変動を感知して開き、ナトリウムイオンを取り入れるイオンチャネルに作用するのだ。そして脳（神経系）での信号伝達を、ほぼすべて止めてしまうのである。そうした毒の中でも、最もよく知られ、悪名高いのは、フグの毒だ。これは「テトロドトキシン」と呼ばれる毒で、その分子は、イオンチャネルの中央の穴を、ちょうど「栓」のように塞いでしまい、何も通らないようにする。テトロドトキシンは、シアン化物の一〇〇〇倍以上強力で、フグ一尾の毒で、三〇人殺すことができるという。日本ではフグはごちそうとされているので、過去、フグを食べて亡くなる人は多数いた。今では、飲食店などで、毒の集中している部分を取り除いてから提供するよう、法律で厳しく規制されているため、犠牲者はかなり減っている。とはいえ、現在でも、天皇や皇室の人はフグを食べることを禁止されている。

もちろん、ここで着目したいのは、神経毒などで阻害されていない場合のスパイクの伝達である。仮に、軸索が絶縁された導線のようなものだとすれば、話はとても簡単だ。

しかし、現実にはまったくそうではない。ニューロンははるかに「非効率」なものである。銅線の場合は、電気信号を通すのに特に何の工夫もいらない。銅は優れた導体であり、抵抗が低いからだ。電荷が外に逃げないよう、絶縁体で周囲を覆われてもいる。銅線中では、電気信号が、時速約一〇億キロメートルという、光に近い速さで進む。一方、軸索はスパイクを伝えるために、可動部分（電位の変動に反応して開閉するイオンチャネル）を備えた一種の「分子機械」を必要とする。銅に比べると、軸索は導体としてはかなり劣る。軸索内の塩水溶液は、銅のように電気をよく通すわけではない。その上、細胞膜は、銅線の被覆のような優れた絶縁体ではないので、電荷は外に逃げやすい。

軸索での電気信号の流れについては、水の流れにたとえるとわかりやすいかもしれない。絶縁体の被覆のついた銅線は直径が三メートルほどもあって一度に大量の水を流せる、水漏れしない金属製の水道管のようなものと言えるだろう。それに対し、軸索は盛大に水漏れする直径三センチメートルほどの、一度に流せる水が少ない庭の水まきホースのようなものだ。小さな穴もいたるところにあいていて、そこからどんどん水が漏れる。一度に流せる量が少なく、漏れも多いということは、水まきホースでは水の流れる速度が遅いということだ。軸索での電気信号の速度が遅いのも同じような理由からだ。一度に流せる量が少なく、途中でかなり外に漏れてしまうのである。軸索での電気信号の速度は、結局、だいたい時速一五〇キロメートルほどになってしまう。この速度には幅があり、軸索の最も細く、外への漏れの多い部分では、速くても時速一・五キロメートルほどになるし、太くて漏れの少ない部分（周囲のグリア細胞が良い絶縁体になっている部分）では、時速六〇〇キロメートルにも達することがある。最も速度が高いのは、熱いストーブに触れてしまった手を思わず引っ込めるというような「反射」に関わる軸索だが、それでも銅線に比べれば、一〇〇万分の一以下の速度しか出ない。

脳はサイコロを振る

ニューロンを、コンピュータをはじめとする人工の電子機器と比較することは多いが、両者の間には大きな違いがある。信号の伝送速度が大きく違うため、情報伝達に要する時間も大きく異なってくる。ニューロンにおいては、スパイクの発火パターンが情報として扱われる。だから、スパイクの発火に要する時間が重要な意味を持つわけだ。パソコンのCPUは（二〇〇六年現在では）、一秒間に約一〇〇億の演算を行うことができる。だが、ニューロンのスパイクは、一秒間に四〇〇回ほど発生するに過ぎない（中には、聴覚系の、高周波数の音の情報を伝達するニューロンのように、一秒間に一二〇〇回もスパイクを発生するものもある）。その上、ニューロンの多くは、この頻度を長く維持できない。長くて数秒で静止状態に戻ってしまう。スピードにこれほどの制約がありながら、脳がこれだけの仕事をこなしているのは驚異としか言いようがない。

軸索を無事に伝わっていったスパイクにも、いずれ最期の時は訪れる。最期を迎えるのは軸索末端に到達した時だ。その時、膜電位は急激にプラスに振れることになる。ただ、軸索末端で起きることはそれだけではない。ナトリウムイオンを取り入れるイオンチャネルが電位を感知して開く、というのはすでに述べたとおりだが、それに加え、カルシウムイオンを通す別の種類のイオンチャネルも開く。ナトリウムイオンと同じように、カルシウムイオンもプラスの電荷（プラス2の電荷）を持ち、細胞の内側よりも外側の方がはるかに濃度が高い。そのため、ナトリウムイオンの場合と同様、チャネルが開くと、かなりの量のカルシウムイオンが細胞内に流入する。

カルシウムイオンが軸索末端に流入すると、膜電位がプラスに振れるというだけでなく、それによって、また別の生化学的反応が引き起こされる。神経伝達物質を収容するシナプス小胞には、カルシウムイオンを感知する特殊なセンサータンパク質が組み込まれている。このセンサーがカルシウムイオンと結合すると、複雑な反応がいくつも立て続けに起きるのである。その結果、シナプス小胞（前シナプス小胞）が、細胞膜の遊離部位と呼ばれる部分と接触、融合することになる。この融合によって、ギリシャ文字の「オメガ（Ω）」に似た形状の構造が作られ、シナプス小胞の中のグルタミン酸塩分子がシナプス間隙に放出されて、受容体（後シナプス受容体）と結合する（図2－3を参照）。これでEPSP、スパイク発生、グルタミン酸塩の放出、再びEPSP、という信号伝達に関わる一連の流れが完結し、ニューロンからニューロンに信号が伝わることになる。

アルバート・アインシュタインが、ヴェルナー・ハイゼンベルクの不確定性原理を批判して、「神はサイコロ遊びをしない」と言ったというのは有名な話である。現在の物理学では、アインシュタインの方が誤っていたとわかっている。もし私がアインシュタインの言葉を借りて「脳はサイコロを振らない」と言ったとしてもやはり間違いになるだろう。スパイクが軸索末端に到達し、カルシウムイオンが流入したとしても、シナプス小胞の遊離部位との融合や神経伝達物質の放出が必ず起きるというわけではない。ただ、そういうことが「起きる可能性がある」としか言えないのである。スパイクの際、神経伝達物質が放出される確率は、通常のシナプスで三〇パーセントほどだろう。中には、この確率が一〇パーセントくらいになるものもある。一度のスパイクで何度も神経伝達物質が放出される（つまり放出率は一〇〇パーセント）シナプスもあるが、それはあくまで例外だ。大部分のシナプスは「こうなれば必ずこう機能する」と断言できるものではなく、確率で論じるしかないものなのである。

出来の悪い部品に、何が素晴らしい能力を与えるのか?

ここまでの説明で、ニューロンで電気信号の伝達がどのように行われているかは、ほぼわかったと思う。脳では種々の現象が起きるが、これだけのことを知っていれば、その多くを理解できるはずだ。とはいえ、現実に起きることは、これまでに話したより、少し複雑である。グルタミン酸塩によってイオンチャネルが開かれ、細胞内にプラスの電荷を持つイオンが流入する、ということはすでに述べた。この時、膜電位はスパイクが発生するレベル近くにまでプラスに振れる（この状態を「興奮」と呼ぶこともある。「興奮性シナプス後電位（ＥＰＳＰ）」という時の「興奮」と同じ）。問題なのは、神経伝達物質には、グルタミン酸塩とは反対の作用、つまりスパイクを抑制する作用をするものもある、ということだ。この物質により、スパイクの発生する確率は低下する。このように、スパイクを抑制する神経伝達物質の例としては、γ－アミノ酪酸（ＧＡＢＡ＝Gamma-Aminobutyric Acid）などがあげられる。ＧＡＢＡが受容体に結合すると、塩素イオンをニューロンに流入させるチャネルが開く。塩素イオンはマイナス（マイナス1）の電荷を持っているため、その流入によって膜電位はマイナスに振れる。想像のついている読者も多いだろうが、これを「抑制性シナプス後電位（ＩＰＳＰ＝Inhibitory Postsynaptic Potential）」と呼ぶ。

あるニューロンが特定のタイミングでスパイクを発するかどうかは、その時点で、関連する多数のシナプスの状態がどのようになっているかで決まる。ＥＰＳＰが生じているシナプスと、ＩＰＳＰが生じているシナプスの両方あるのが普通だが、そうした現象がすべてあいまって個々のニューロンの動きが決まるわけだ。平均すると、ニューロンはそれぞれ、五〇〇〇のシナプスから神経伝達物質を受け取るようになっているが、そのうちの四五〇〇がスパイクを促すはたらき（興奮性シナプス）を、残りの五〇〇が抑制するはたらき（抑制性シナプス）をすると考えられる。ただ、同時にはたらくのは、そのうちのごく一部だ。いずれにしても、ニューロンは、興奮性シナプスがたった一つ活動したくらいではスパイクを発生させない。スパイクを発生させるには、五〜二〇（またはそれ以上）のシナプスが同時に活動する必要がある。グルタミン酸塩やＧＡＢＡは、いわゆる「即効性」の神経伝達物質だ。受容体に結合すれば、数ミリ秒の間に電荷の変動が起きる。グルタミン酸塩、ＧＡＢＡは、即効性の神経伝達物質として特に多く見られるものだが、他にも同様の物質はある。たとえば、グリシンはＧＡＢＡのように、スパイクを抑制する神経伝達物質だ。やはり、受容体に結合することで、塩素イオンを流入させるイオンチャネルを開くはたらきをする。推理小説によく出てくる毒物のストリキニーネには、このグリシンの受容体をブロックし、そのはたらきを止めてしまう作用がある。スパイクを促進する神経伝達物質としては、他にアセチルコリンがあるが、これはグルタミン酸塩と同じように、ナトリウムイオンを流入させ、カリウムイオンを流出させるイオンチャネルを開くはたらきをする。この物質は、脳で機能するだけでなく、ニューロンと筋肉の間のシナプスでも機能する。南米の先住民が狩猟用の毒矢に利用したクラーレという毒は、この物質の受容体をブロックする。クラーレを塗った矢が当たった動物は、筋肉が完全に弛緩してしまう。筋肉を収縮させるための命令が伝達されなくなるからだ。

神経伝達物質は、グルタミン酸塩やGABA、グリシン、アセチルコリンなどのような即効性のものばかりではない。中には、もっとゆっくり作用が現れる「遅効性」のものもある。そうした神経伝達物質は、即効性のものとはまた違った種類の受容体に結合する。そして、イオンチャネルを開くのではなく、ニューロン内に、ある種の生化学反応を引き起こす。この生化学反応による変化は、起きるのは遅いものの、影響は長く（二〇〇ミリ秒から一〇秒程度）持続する。遅効性の神経伝達物質の多くは、即効性の物質とは違い、電位を直接、変動させるわけではない。受容体に結合しても、その後に膜電位をプラスにしたりマイナスにしたりするわけではないのである。細胞の電気的特性を変化させるのだが、その変化は、即効性の神経伝達物質が作用するまで表面には現れない。遅効性の神経伝達物質の例としては、ノルアドレナリンがあげられる。ノルアドレナリンは、スパイクの発生する電位レベルを変化させるはたらきをする。普通であれば、マイナス六〇ミリボルトでスパイクが発生するところを、マイナス六五ミリボルトで発生するようにするのだ。ノルアドレナリンが放出されただけでは、何かが変わったようには見えないのだが、その後に即効性の神経伝達物質が放出されると、違いが明らかになる。グルタミン酸塩が放出されると、膜電位がプラスに振れるが、この時、マイナス七〇ミリボルトがマイナス六五ミリボルトになっただけでも、スパイクが発生するようになる（スパイクが発生しやすくなるということ）。ノルアドレナリンが放出されていない時に、同様の膜電位変動が起きたとしても、スパイクは発生しない。生化学の用語を使うと、「ノルアドレナリンは、スパイク発火に対する修飾作用を持たない」ということになる。スパイクを直接引き起こすわけではないが、他の神経伝達物質の起こすスパイクに影響するということだ。まとめると、即効性の神経伝達物質は、何らかの情報を運ぶのに使われ、遅効性の神経伝達物質は、情報が運ばれる環境を設定するのに使われる、ということになる。

神経伝達物質はシナプス間隙に放出された後、徐々に拡散し、最終的には、濃度が極端に下がることになる。すでに書いたとおり、水の入ったグラスに赤ワインを一滴落としたようなものである。ワインは拡散して、赤は非常に薄いピンクになる。神経伝達物質が放出されるのが、もし一度限りならば、このたとえでまったく問題はない。しかし、神経伝達物質というのは、繰り返し放出されるものである。一回の量はわずかでも、何度も放出されているうちに、濃度が高すぎる状態になる恐れがある（濃度が高すぎると、受容体が絶えずはたらき続けることになり、ニューロンが死んでしまう危険がある）。したがって、濃度が上がる前に、脳脊髄液から神経伝達物質を取り除くメカニズムが必要になる、ということだ。グラスの水にワインを一滴ずつ落とした場合でも、落とし続けるうちに、薄いピンクだった水が次第に濃いピンク、そして赤に変わっていくのと同じである。

放出された神経伝達物質は、誰かが掃除しなくてはならない。物質によっては、単に「破壊してしまう」という、いささか乱暴な方法で除去されることもある。たとえば、シナプス間隙のアセチルコリンは、まさにその目的のために作られる酵素によって破壊される。その他、もっと丁寧な処理、いわば「リサイクル」される神経伝達物質も多い。グルタミン酸塩の分子は、細胞膜の特殊な輸送タンパクのはたらきにより、グリア細胞に取り込まれ、そこで生化学的処理を受けた後、ニューロンに送られて再利用される。ドーパミン、ノルアドレナリンといった遅効性の神経伝達物質の多くは、直接、軸索に戻され、シナプス小胞に取り込まれて再利用される。面白いのは、GABAが、二通りの方法で処理されることだ。軸索に取り込まれるものも、グリア細胞に取り込まれるものもある。向精神薬（「プロザック」をはじめとする抗鬱薬など）の中には、神経伝達物質の輸送タンパクに作用するものもある。輸送タンパクをブロックすることで、神経伝達物質をシナプスに長くとどまらせ、濃度を上げるわけだ。

脳の中で伝達される情報は、シナプスによって緊密に相互接続されたニューロンの海の中では、どれも同じように表現される。バラの香りだろうが、ビリヤードで腕を動かすための命令だろうが、裸で学校に行く夢だろうが、すべて「スパイクの発火」で表現されるのだ。本章では、このスパイクが脳の中でどのように伝えられていくかを話してきた。その仕組みは、とても効率的と言えるものではない。だが、私たちの知的能力のすべては、その非効率な仕組みから生み出されているのである。問題はいくつもある。一つは、スパイク発火の速度に制約があることだ。ナトリウムイオンやカリウムイオンを通すイオンチャネルの開閉にどうしても一定の時間を要するため、速度が制限されてしまうのだ。すでに述べたが、通常、一つのニューロンが一秒間に発生させることのできるスパイクは、最大でも四〇〇回くらいである（現在のパソコンが、一秒間に一〇〇億回の演算を行えるのと比べると極めて遅い）。二つ目の問題は、軸索での信号伝達の速度が非常に遅いことだ。軸索は優れた導体とは言えない。途中で電荷がかなり外に逃げてしまうというのも難点だ。スパイクの伝達速度は、せいぜい時速一五〇キロメートル程度ということが多い（電気信号が時速約一〇億キロメートルで進む銅線と比べれば遅さがよくわかる）。三つ目の問題は、発生したスパイクをせっかく軸索末端まで運んでも、かなりの確率（平均すると約七〇パーセント）でその努力が無駄になってしまうということだ。結局、神経伝達物質がまったく放出されないことも多いからだ。何ともひどい話である。昆虫やクラゲの脳であれば、こなす仕事もそう複雑ではないので、こうしたことは問題にならないかもしれないが、人間の脳となると話は別だ。脳の信号伝達システムの基本的な仕組みは遠い祖先のものとほとんど変わらないのだが、その「旧式」のシステムを使って高度で複雑な仕事をしようとすれば相当な困難が伴うことになる。

いったい、脳はこんなに性能の悪い部品（ニューロン）を使ってどうやってこれだけの仕事をしているのだろうか。これほど出来の悪いコンピュータで、どうやってやすやすと複雑な処理をこなしているのだろうか。たとえば、前から見たロットワイラーの写真と、後ろから見たティーカッププードルの写真を見て、どちらも犬であると瞬時に認識する、などということはなぜ可能なのか。これは非常に難しい問題であり、神経生物学にとって最も重要な問題でもある。今のところ、明確な答えは得られていない。だが、おそらくこうであろう、ということくらいなら言える。ニューロンは、一つ一つを見ると、遅く信頼性もなく、非効率なプロセッサだ。しかし個々には性能が悪いとはいえ、脳にはそのプロセッサが一〇〇〇億も集まっているのである。しかも、五〇〇兆ものシナプスによって相互に接続されている。多数のニューロンが同時に処理をし、連携することでさまざまな仕事をこなしている、と考えればそう間違いではないだろう。脳は、非常に性能の悪いプロセッサが多数集まり、相互に協力しあって機能することで、驚異的な仕事を成し遂げるコンピュータである、ということだ。

脳内のニューロンの相互接続の仕方は遺伝子によっておおまかには決まるものの、細かい部分に関しては、その人の生まれた後の活動によってさまざまに変化し得る。ニューロンどうしのシナプスによる結び付きの強さや結び付きのパターンは、経験によって変わっていく。これを「シナプス可塑性」と呼ぶ（シナプス可塑性については第3章、第5章でも触れる）。このように、柔軟に変化できる脳の特性こそが、出来の悪い部品の集まりに素晴らしい能力を与えているのだと考えていいだろう。

第3章　脳を創る

遺伝子ではできないこと

脳をもし自分の手で作るとしたら……それは気が遠くなるほど大変な作業である。最初は単なる小さな受精卵でしかないのだ。それを基に、神経系という極めて複雑なシステムを作り上げなくてはならない。しかも、その作業には恐ろしいほどの高い精度が要求される。たとえば、「シノラブディティス・エレガンス」という線虫がいるが、このくらいの単純な生物であっても、神経系を構成するニューロンは三〇二個（常に正確にこの数字である）にものぼる（図3-1）。このニューロンを正確に配置し、接続しなくてはならない。シナプスの数も約七八〇〇ほどになる。三〇二個のニューロンは、前駆細胞と呼ばれる細胞の急速な分裂によって作られる。作られたニューロンがそれぞれ、体内の適切な位置に移動するわけだ。神経伝達物質（タンパク質）とその受容体、イオンチャネルなども必要である。さらに、ニューロンどうしを結び付ける軸索や樹状突起

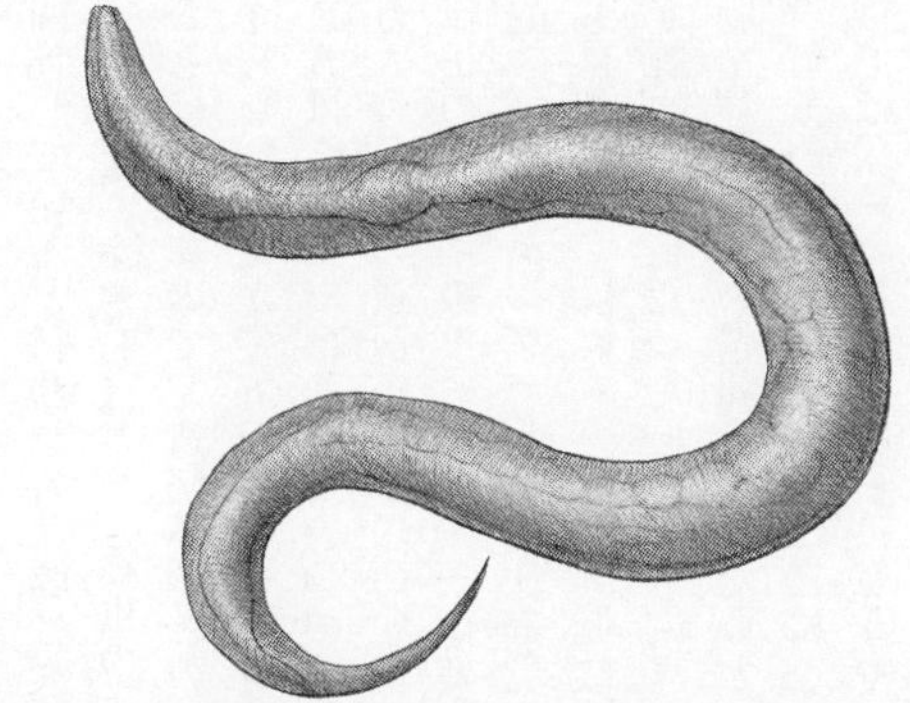

図3-1　線虫「シノラブディティス・エレガンス」。長さは１ミリほどで、透明な体をしており、302個のニューロンを含めた内部の構造を外から見ることができる。（イラスト：Joan M. K. Tycko）

も正しく作らねばならない。この製作作業にもし失敗すれば、線虫は土の中で動き回ることも、食べ物を見つけることも、危険を回避することもできなくなるだろう。ニューロンをどう作るか、どうつなぐかを記したレシピは非常に複雑なものだ。線虫の場合、約一万九〇〇〇個の遺伝子から成るＤＮＡの持つ情報がレシピとなる。

人間の脳を作ることが、線虫に比べてはるかに困難だろうということは容易に想像がつく。一〇〇〇億個のニューロン、五〇〇兆のシナプスを正しく作り、適切に配置し、接続しなくてはならない。そのための方法がすべてＤＮＡに記されているのだとしたら、私たちの遺伝子の数は、線虫とは比較にならないほど多いだろうと予測できる。しかし、ヒトゲノム・プロジェクトで現在までにわかっているところでは、人間の遺伝子の数は二万三〇〇〇個ほどである。人間の遺伝子は、そのおよそ七〇パーセントまでが脳を作ることに関与していると言われる（脳は大量のエネルギーを必要とするだけでなく、大量の遺伝子も必要とするわけだ）。線虫のニューロンは非常に小さく、まばらで、細かく調べることは困難なので、遺伝子のどのくらいの割合が神経系に関与しているのか正確にはわからないのだが、五〇パーセントくらいというのが妥当なところだろう。おおざっぱに言えば、線虫では約九〇〇〇の遺伝子で三〇二個のニューロンが作られ、人間では約一万六〇〇〇の遺伝子で一〇〇〇億個のニューロンが作られていることになる。人間の遺伝子の場合、線虫に比べ、一つの遺伝子から複数の産物（遺伝子産物）ができる「選択的スプライシング」と呼ばれる現象が起きることが多いらしく、確かにそうである証拠も見つかってはいる。ただ、仮にこの選択的スプライシングによるニューロンへの影響が線虫の三倍だったとしても、ニューロンあたりの遺伝子産物の数（これは、遺伝子が脳を作るための情報をだいたいどのくらい持っているかを示す尺度となる）は、線虫の一億分の一くらいということになってしまう。

では、私たちの遺伝子にどうやってこんな仕事ができるというのか。人間の脳のように巨大で複雑な構造物の作り方を、どうやって完璧に指示できるというのだろうか。答えは簡単だ。「そんなことはできない」である。脳の大きさ、形、各部位の接続パターン、部位を構成する細胞の種類などはおおまかに遺伝子によって指示されるのだが、細かい部分については遺伝子が指示するわけではない。脳の詳細な構造、ニューロンの接続の仕方などは、環境など、遺伝子以外の要因（「後成的要因」と呼ばれる）によって決まるのだ。後述するが、ここで言う「環境」には、子宮内の化学環境や、胎児から乳幼児にかけて脳が成長する間の感覚的経験などが含まれる。

「脳の形成への影響に占める遺伝子あるいは後成的要因の比率」などと言うと難しげに感じるかもしれない。だが、話の要点だけならば、ダーウィンの時代よりずっと以前から何度も繰り返され、時にかなりの悪意がこめられることもあった議論と変わらない。つまり「氏か育ちか」ということだ。個人の知的能力や性格を決めるのは、果たして遺伝子なのか、それとも生まれ育つ環境なのか、と言い換えてもいい。過去一五〇年以上にもわたり、科学は、両極端の間を大きく揺れ動いてきた。一方の極には行動主義心理学の創始者、B・F・スキナーなどがいる。スキナーは「人間の脳は、何も書いていない石板のようなもの」と主張した。認知能力や性格は、完全に経験、特に幼い頃の経験によって決まるもので、遺伝子による制約は受けないとしたのである。もう一方には「生まれ」を非常に重要視する人たちがいる。歴史的な人物とも言えるウィリアム・ジェームズもその一人だ。彼らは、知性や人間性はほとんど遺伝子によって決まるとした。真っ暗な部屋に長い間閉じ込められる、などということがあれば別だが、そうでもない限り、幼い頃の経験はあまり影響しないと主張していた。

論争は今日でも終わったわけではないが、だいたい両者の中間あたり、と考えるのが主流になってきてはいる。どちらかの極に偏った意見を持つ科学者はほとんどいない。その理由としてはまず、知的能力や性格への遺伝子の影響を示す明らかな証拠が多数見つかっていることがあげられる。そうした証拠の中には、遺伝子が完全に同一の双子（一卵性双生児）の研究から得られたものも含まれる。生まれてからすぐに引き離され、それぞれに違う家族に育てられた双子を比較した研究である。たとえば、外向性、誠実さ、寛大さといった性格を調べる心理検査をしてみると、一緒に育てられたか否かに関係なく、一卵性双生児の場合は、共通する部分が多くなる。この種の研究はこれまで、多くの国で実施されている。先進諸国のほとんどで実施されたと言っていいだろう。

双子に関しては、「知力一般」を比較するような検査も行われているが、当然のことながら、これには異論も多い。初期の検査には作りがずさんなものが多く、科学的に見て「まやかし」としか言いようのないものもあるからだ。ただし、近年になって、より注意深く、大規模に行われた検査でも、得られている結果がさほど異なるわけではないのも事実である。中流から上流家庭で育った、子供から若年層の成人までの一卵性、二卵性双生児に関して行われた検査によれば、知力の五〇パーセントまでが遺伝子によって決まり、残りの五〇パーセントが環境によって決まると考えられる。総じて言えば、性格の方が知力よりも遺伝子の影響を強く受ける、ということになるだろう。

そのことは双子についての知能検査をよりきめ細かく行うとよくわかる。一卵性双生児の片方が極端に貧しい家庭で育てられた場合、知能検査の結果が、双子のもう片方に比べて悪くなる傾向がはっきりと見られるのだ。片方が貧しい家庭で育ち、もう片方が中流家庭で育った場合には、検査結果に差が生じるが、一方が中流家庭、一方が上流家庭で育ったという場合には差がない。知力には遺伝子と環境の両方が影響するが、特に「貧しい家庭」という環境の悪影響は、遺伝子の影響を大きく上回ると考えられる。

行動の癖、好みなどには、遺伝子の影響があまり強く見られない。たとえば、食べ物の好き嫌いなどは、かなりの部分、幼い頃の経験で決まるようだ（これは人間だけでなくネズミにも言える）。一卵性双生児でも、別々に育っていれば共通しているとは限らないからだ。ユーモアのセンスについても同様のことが言える。一卵性双生児であっても、育ちが違えば、同じことを面白がるわけではない。逆に、元は他人であっても、同じ家庭で兄弟として育てば、ユーモアのセンスが似通ってくる。こうした例を見ていくと、知力や性格などへの遺伝子の影響をすべて一律に論じることは不可能だとわかる。個々の能力、特性について個別に考えることが重要である。

離れて育った一卵性双生児は、長らく、遺伝子と環境の影響の大きさを比較する際の材料として有効とされてきた。しかし、それも完璧とは言えない。まず問題なのは、環境の影響は胎児の時から始まっているということだ。仮に母親が強いストレスを抱え、それによって、ある種のホルモンが大量に分泌されたとしたら、ホルモンは血流を通して双子両者の成長に影響を及ぼすことになる。この影響は遺伝的な影響でもないが、といって「非遺伝的」とも言い切れない。また、「生まれてすぐに引き離された」と言っても、厳密には本当にすぐに引き離された双子が極めて少ないのも問題だ。子供はたとえどこかに引き取られるにしても、生後数日から数週間（時には数ヶ月）を経過した後というのが普通だ。それまでの間、双子は同じ環境を共有するわけだ。その上、研究の対象となる双子の中には、研究に参加する前にすでに再会を果たしていて、何らかの交流のある人も少なくない。これは、離れて育った一卵性双生児と一緒に育った一卵性双生児を単純に比較すれば、遺伝子の影響を過大評価してしまうことになるかもしれない、ということである。ただ、離れて育った一卵性双生児と二卵性双生児（同性）を比較する際には、そういう先入観を持つべきではないだろう。どちらのグループにも同様の影響があり得るからだ。すでに述べたとおり、性格の面では、離れて育てられていても、一卵性双生児の方が二卵性双生児よりも共通する点がかなり多くなる傾向が見られるのは確かだ。遺伝子がその人の個性に与える影響が小さくないことは、現時点でもすでに明らかである。

「氏か育ちか」の論争で、極端な意見を持つ人が減ったのには、脳を形成する上で、遺伝子、環境、行動がどのように関係し合うかについての理解が深まった、という理由もある。かつては、遺伝子と行動の関係は「一方通行」のものと捉えられがちだった。もっぱら、遺伝子が行動に影響を与えると考えられたのである。現在では、行動（あるいは置かれている環境）が、逆に遺伝子のはたらきに影響を与えることもあると考える人が増えている。言い換えれば、「育ち」が「氏」に影響することも「氏」が「育ち」に影響することもあるということだ。脳における因果関係は「双方通行」になっているわけだ。

「育ち」や「氏」がどのように影響し得るかを知るには、分子遺伝学の知識が少し必要になる。人間の体を構成する細胞は、どれも約二万三〇〇〇の遺伝子から成る完全な「ヒトゲノム（人間の全遺伝情報）」を持っている。遺伝子はＤＮＡ塩基から成り、細胞核内の二三対（父親からのものと母親からのものとで一対）の染色体にまとめられている。ＤＮＡ塩基から成る遺伝子はそれぞれ、アミノ酸の鎖、つまりタンパク質を作るのに必要な情報を提供する。タンパク質は、細胞の構造、機能にとって非常に重要なものだ。すでに触れてきた、脳に関わる主要な物質はいずれもタンパク質からできている。イオンチャネル（電位の変動に反応してナトリウムイオンを取り入れ、スパイクを引き起こすイオンチャネルなど）や、神経伝達物質を作る、あるいは分解する化学反応を引き起こす酵素（アセチルコリンを分解するアセチルコリンエステラーゼなど）、神経伝達物質の受容体（グルタミン酸塩の受容体など）を作っているのはすべてタンパク質だ。また、ニューロンを形作っているのもタンパク質である。

細胞はどれも、体に必要なあらゆるタンパク質を作るための情報を持っている。しかし、各細胞がその情報を一度にすべて使うわけではない。どの細胞も使用する情報は、持っているうちの一部でしかない。一部の情報だけを使ってタンパク質を作るのである。体内で絶えず必要になるタンパク質を作る遺伝子は、ごく少数だけだ。こうした遺伝子は、「メンテナンス担当」の遺伝子と言えるかもしれない。メンテナンス担当の遺伝子は常にスイッチが入った状態になっていて、途切れることなくタンパク質を作るための命令を出している。遺伝子には、細胞のタイプによってスイッチが入ったり入らなかったりするものもある。胃を構成する細胞では、髪の毛の成長に関わる遺伝子のスイッチは入らないし、髪の毛を構成する細胞では、胃酸の分泌に関わる遺伝子のスイッチは入らない。中には、特定のタイミングでのみスイッチが入る遺伝子や、何らかの信号に反応してスイッチが入る遺伝子もある。ここでの話に最も関係が深いのは、その種の遺伝子である。

遺伝子のスイッチが入り、対応するタンパク質が作られることを、「遺伝子が発現する」と言う。遺伝子発現の分子レベルでのメカニズムは非常に複雑であり、それだけで生物学の一分野と言ってもよいほどだ。だが、簡単にまとめてしまえば、遺伝子の発現は「プロモーター」と呼ばれるＤＮＡ（あるいは複数のＤＮＡの集合）のはたらきと言える。このプロモーターと、それに隣接する遺伝子の情報が組み合わさることが必要だ。プロモーターは、転写因子と呼ばれる分子によって「起動」される。通常、プロモーターには、それに対応する転写因子があり、両者は一対一の関係になっている。しかし、すべてがそういうわけではなく、複数の転写因子と複数のプロモーターが同時に対応関係になっている場合もある。あるタンパク質を作るのに、いくつかの段階を経なくてはならない場合などは、複数の転写因子が同時に機能し、複数のプロモーターが同時に起動される必要がある。

転写因子は、何通りかの方法ではたらかせることができる。たとえば、ラットを何週間も同じケージの中に入れた後で、眺めも、においも違う別のケージに移したとする。この時、大脳皮質と海馬では、新たな環境に反応して、ニューロンが盛んにスパイクを発生させる。このスパイク発生による電位の変化によって、カルシウムイオンを通すイオンチャネルが開くため、細胞内にはカルシウムイオンが流入することになる。カルシウムイオン濃度が上がると、何種類かの信号（「生化学信号」と呼ばれる）が発生する。そのことが最終的に、転写因子の「起動」につながる。転写因子の例としては、〝SRF（血清応答因子＝Serum Response Factor）〟などがあげられる。SRFは、さまざまな遺伝子に存在する〝SRE（血清応答エレメント＝Serum Responsive Element）〟と呼ばれるプロモーターと結合し、プロモーターを起動させる。SREプロモーターが起動しただけでは、遺伝子のスイッチが入らないことも多いが、少なくともそのきっかけにはなる。プロモーターの起動後、いくつかの反応が続いて発生し、その結果、遺伝子のスイッチが入ることもある。転写因子の中には、細胞の外から来るものもある。細胞膜を通って中に入り、直接、細胞核内のプロモーターと結合するのである。女性ホルモン（エストロゲン）や、甲状腺ホルモンといったホルモンは、そのようにはたらく転写因子である。

実は、この転写因子とプロモーターの関係が、「育ち」が「氏」に影響を与え得る原因、つまり環境や行動（経験）が遺伝子に影響し得る原因になっている（図3－2参

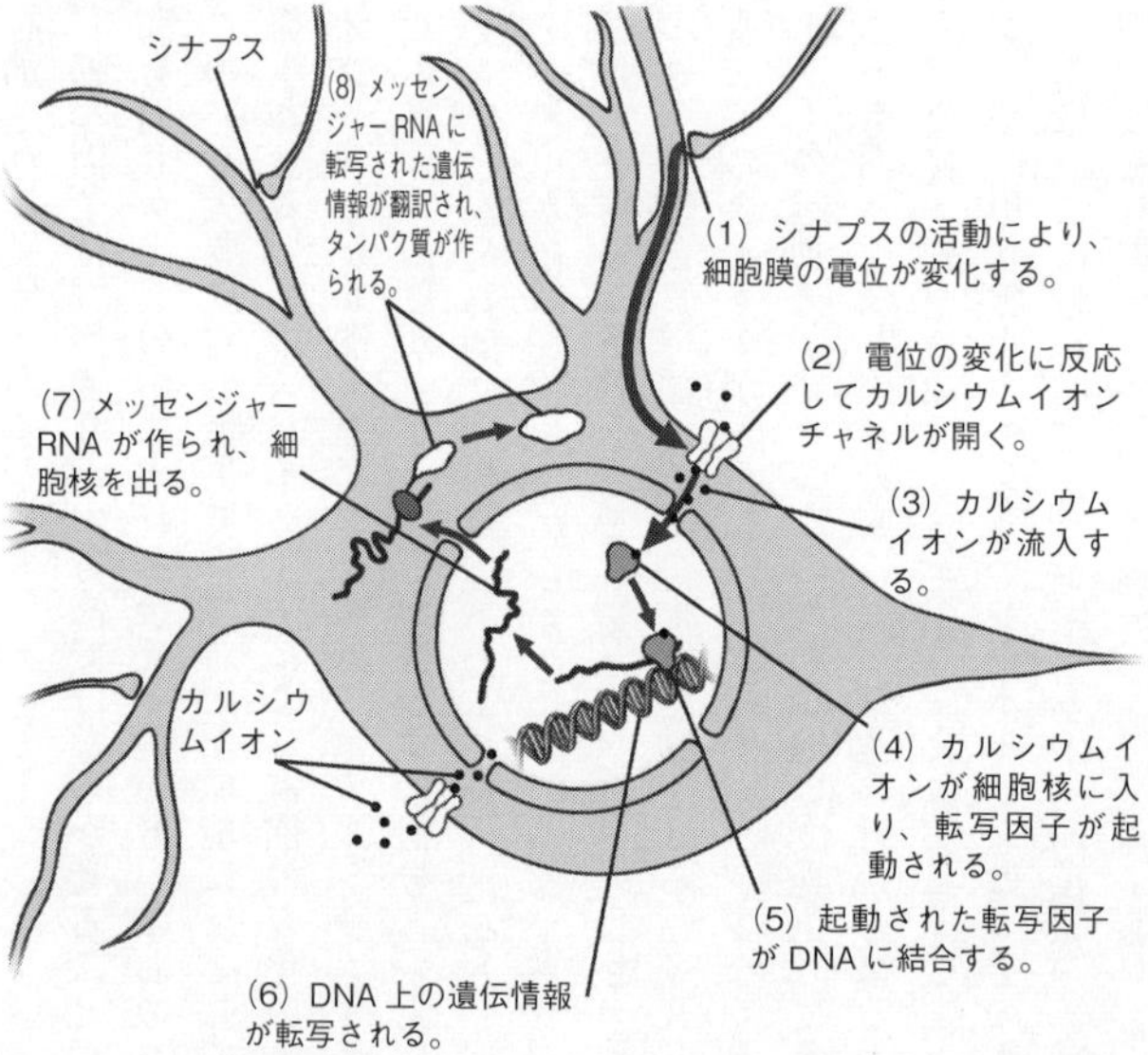
シナプス
(8) メッセンジャー RNA に転写された遺伝情報が翻訳され、タンパク質が作られる。
(1) シナプスの活動により、細胞膜の電位が変化する。
(2) 電位の変化に反応してカルシウムイオンチャネルが開く。
(7) メッセンジャーRNA が作られ、細胞核を出る。
(3) カルシウムイオンが流入する。
カルシウムイオン
(4) カルシウムイオンが細胞核に入り、転写因子が起動される。
(5) 起動された転写因子が DNA に結合する。
(6) DNA 上の遺伝情報が転写される。

図 3-2 「育ち」が「氏」に影響を与える分子レベルのメカニズム。環境や経験によって感覚系が機能すると、ニューロンが活動し、シナプスが発火する。それにより、細胞内にはカルシウムイオンが流入して一時的にカルシウムイオン濃度が上がり、何種類かの信号（「生化学信号」と呼ばれる）が発生する。そのことが、転写因子の「起動」につながる。転写因子は、遺伝子に存在する「プロモーター」と呼ばれる領域に結合し、それを起動させる。プロモーターの起動によって遺伝子のスイッチが入り、遺伝情報が転写されたメッセンジャー RNA が作られ、その翻訳によってタンパク質が合成される。これが、「遺伝子の発現」過程の最終ステップである。
（イラスト：Joan M. K. Tycko）

照)。ただし別に遺伝子の持つ情報を変化させるわけではなく、遺伝子が発現するタイミングを変化させる点に注意しなくてはならない。そして、重要なのは、遺伝子の発現をコントロールするのが転写因子だけではないということだ。遺伝子のスイッチが入ってからタンパク質が作られるまでの間には、いくつもの段階を経ることになる。各段階で具体的に何が起きるかは、他からの影響を受けて変わる可能性がある。個々について詳しく触れることはしないが、そのようにたくさんの段階が存在するということが、環境や行動(経験)が遺伝子の発現に影響する余地を生んでいることだけは確かだろう。

ニューロンの運命

ここまでの話で、脳というものの作られ方が何となくはわかってもらえただろうか。次に、胎児の時期、あるいは生後間もない時期に脳がどのようにして作られていくのか、ということを少し細かく見ていくことにしよう。人間は一つの受精卵から始まる。受精卵ができると、多数の細胞へと分裂していく。数日後、ある程度分裂したところで、ボール状の細胞の集まりは、子宮内膜に着床する。着床後は、平たい、パンケーキのような形(直径一ミリメートルほど)の「胎盤」に変化する。胎盤の表面を構成する細胞の層は、「外胚葉」と呼ばれる。その後、数日の間に、外胚葉の一部が周囲の組織からの化学信号を受け取ると、胎盤の中央部に「神経板」と呼ばれる構造が形成される。胚全体が成長すると、神経板の縁の部分が巻き上がり、それが最終的にはチューブ状になる。これを「神経管」と呼ぶ。この神経管の一方の端が後に脳になり、もう一方の端が後に脊髄になる。神経管の中心の空洞部分は、後に「脳室」になる。これは、脳や脊髄の中心の、液体で満たされた部分である。このあたりでだいたい、受胎後一ヶ月ということになる。

この時点の神経管は、まだニューロンそのものではなく、一二万五〇〇〇個ほどの「神経前駆細胞」と呼ばれる細胞で構成される。この細胞は、すさまじい速さで分裂するため、その結果、さらに多数の神経前駆細胞が作られる。分裂の速度は、人間の神経システムの場合、驚くべきもので、妊娠期間の前半には、一分ごとに二五万もの細胞が作られるほどである。細胞分裂の大半は、成長する脳の奥深い部分、液体で満たされた脳室のそばで起きる。神経前駆細胞は、生まれた後は何通りかの違った運命をたどる。さらに分裂して新たな前駆細胞を作るものもあれば、ニューロンあるいはグリア細胞になるものもある。前駆細胞の運命を決定する因子は、脳の最終的なサイズ、各部位の相対的なサイズを決定する上で重要な役割を果たす。

人間の脳のサイズが遺伝子の影響を強く受けることは、かなり以前から知られていた。最近では、脳走査装置が進歩したおかげで、脳のサイズを以前より正確に計測できるようになっただけでなく、脳の中でも大部分が軸索の束で構成される部分（白質）と、大部分が神経細胞体と樹状突起で構成される部分（灰白質）とを分けて計測できるようになった。面白いのは、一卵性双生児の場合、一緒に育てられても、別々に育てられても、灰白質の体積の一致率は同様に九五パーセントほどになるということだ。ところが、普通の兄弟姉妹や二卵性双生児（遺伝子類似性は普通の兄弟姉妹と同様）の場合だと、体積の一致率は五〇パーセントほどになる。

この事実からは、当然のように、脳が成長する際に前駆細胞が分裂する回数、つまりは脳のサイズを決めている遺伝子を特定することはできるのか、という疑問が生じる。これに関しては、近年の研究で、いくつか候補となる遺伝子が見つかっている。そうした遺伝子の機能は、「小頭症」という治療不可能な障害が家族の中に見られる人々の調査を通じて明らかになった。小頭症は、ごく稀ではあるが深刻な遺伝的疾患で、患者の脳は、通常のサイズの三〇パーセントほどにしか成長しない。「普通」と呼べるサイズーの下限より、はるかに小さいということだ。そのサイズは大人になっても、チンパンジーくらいにしかならない。あるいは、二五〇万年前の人類「アウストラロピテクス・アフリカヌス」くらい、と言えば実に示唆的かもしれない。

小頭症の患者を調べてみると、この障害にはいくつかの遺伝子の変異が関わっていることがわかる。そのうちの一つ、ＡＳＰＭ遺伝子については現在でもかなりのことがわかっている。ＡＳＰＭ遺伝子は、細胞分裂に関与するタンパク質を作る。このタンパク質は、細胞の分裂にとって重要な「紡錘体」と呼ばれる構造の生成を助け、分裂でできる新たな細胞の両方に染色体が正しく行き渡るようにする。ＡＳＰＭ遺伝子によって作られるタンパク質の中でも重要なのは、「カルモジュリン」と呼ばれるメッセンジャー分子を結合する部分である。カルモジュリンの結合に関わる領域は、線虫のASPM遺伝子に、同じものが二揃い存在する。ショウジョウバエだと、同じものが二四個、人間では七四個存在する。人間、チンパンジー、ゴリラ、オランウータン、マカクザルのASPM遺伝子を、塩基一つ一つについて丹念に調べると、ASPM遺伝子の進化、特にカルモジュリンの結合に関わる領域の進化が、とりわけ大型類人猿で加速されていることがわかる。そして、ASPM遺伝子の変異の程度は、類人猿の中でも、人類へとつながる系統が最も大きくなっている。したがって、ASPM遺伝子や同種の遺伝子が、人間の脳を大きくする進化において重要な役割を果たしている可能性は高いだろう。今後は、ASPM遺伝子とその関連遺伝子が、正常とされる範囲の中での脳のサイズの違いにも関係しているのか、注意深く調べられるはずだ。

胎内で脳が発達する際には、ただ無秩序に脳細胞の数が増え続けていくというわけではない。その間には、脳全体の形状も大きく変化していくし、脳を構成するいくつもの部位も形作られていく（図3－3を参照）。妊娠二ヶ月目の終わり頃には、神経管から「こぶ」のようなものが三つできる。そのうち、前方のものは、最終的に内側に織り込まれたような構造を持つ、巨大な大脳皮質（とそのそばのいくつかの組織）になる。神経管の下部は、細胞の増える速度が一様でないために、直角を成すように曲がっていく。脳の下部組織が正しい場所に配置されるには、この「曲がり」が必要になる。中には、

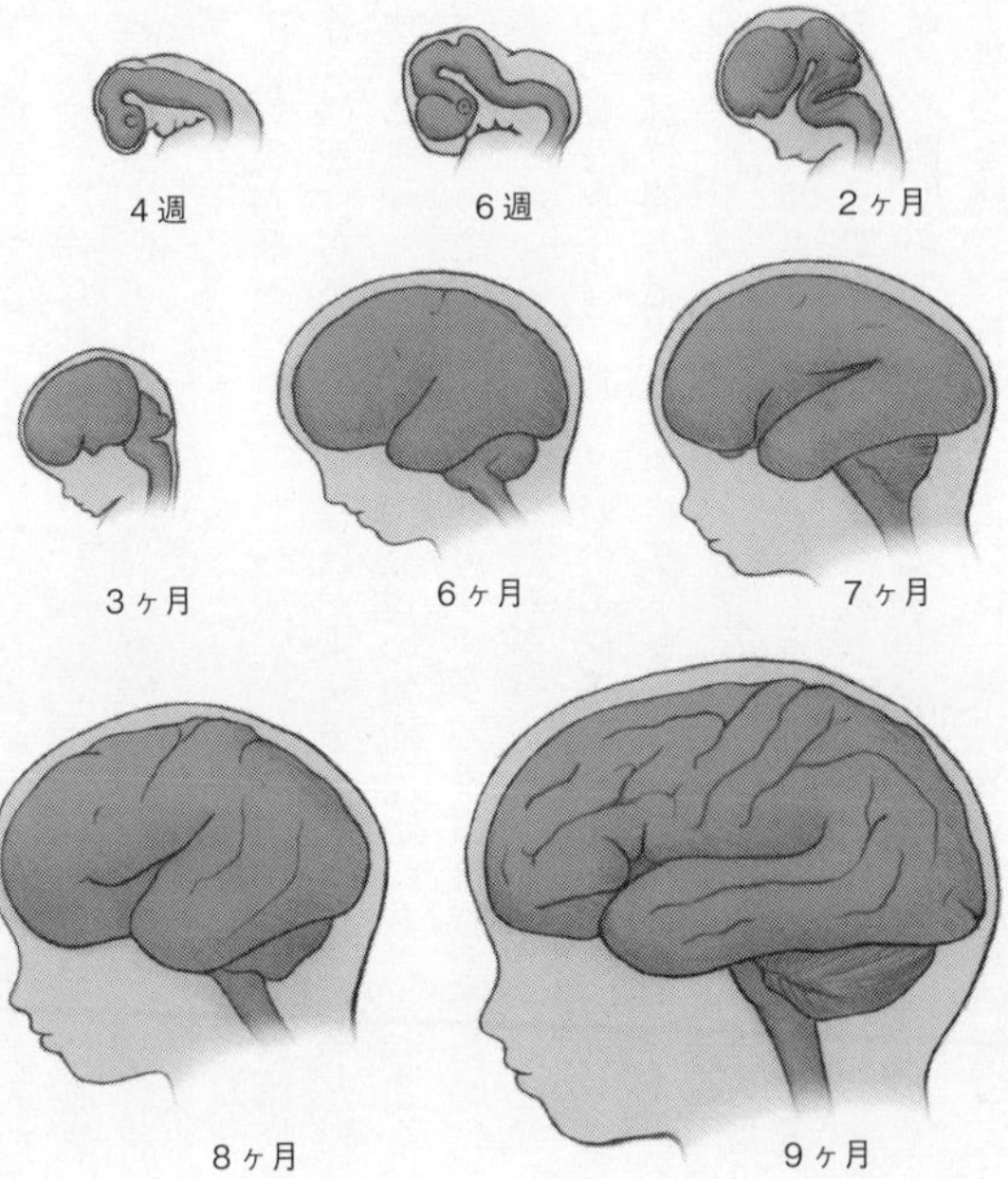

図3-3　妊娠4週目以降の脳の発達。4週目では、まだ神経管が作られたばかりである。その後、神経管には「こぶ」のようなものが作られ、折れ曲がり、拡大を続けて、最終的に新生児の脳となる。図中での大きさの比率は、実際の大きさの比率とは違っている。初期段階のものは、かなり拡大してある。たとえば、妊娠4週目の神経管は、正確には長さ3ミリほどである。

出典：W. M. Cowan, The development of the brain, *Scientific American* 241: 113-133 (1979).
（イラスト：Joan M. K. Tycko）

急激に発達し、突出して大きくなってしまう部位もある。たとえば小脳は、発達過程の脳の後部にでき、非常に大きくなる。誕生時には、大人の脳を構成するニューロンの多くはすでに作られている。しかし、この時点の脳は、成熟しているとはまったく言えない。脳が成熟するためには、この後、ニューロン間の緊密なネットワークが築かれていかなくてはならない。

神経管が曲がったり、「こぶ」が生じたりして、大脳皮質や中脳、小脳などの部位が徐々に形作られていく動きは、ホメオティック遺伝子と呼ばれる遺伝子の制御下にある。ホメオティック遺伝子は、発達の初期段階における総司令官のような役割を果たす。ホメオティック遺伝子もやはり、タンパク質を作るための情報を保持している。すでに予測のついている読者もいるだろうが、このタンパク質は、前述の「転写因子」である。この転写因子は、他の多数の遺伝子のスイッチを入れることができる。その中には、脳の各部位間の境界を作る遺伝子なども含まれる。また、いくつかの細胞をまとめて一つの「グループ」のようにする遺伝子などもある。「遺伝子のスイッチを入れる」ことを通じて、ホメオティック遺伝子は、広い範囲に影響を与える。突然変異や薬物によって、ホメオティック遺伝子のはたらきが阻害されると、脳の発達に大きな、そして通常は致命的な問題が生じることになる。

分裂を終えた神経前駆細胞は、細胞分裂のための領域（脳室の隣に設けられる）から、脳内での最終的な「落ち着き先」に移動する。細胞の移動にどのような物質が寄与するのか、完全にはわかっていないが、「接着性分子」と呼ばれる分子が細胞を誘導するということ、またそれを拒絶するような分子も存在することなどはわかっている。ニューロンは、脳室と脳の表面の間を這うようにして移動するのだが、その際には「ラジアルグリア」と呼ばれる特殊なグリア細胞によって作られる「通路」を通る（図3－4を参照）。脳室と脳の表面の間は、次第に、後に小脳になる層、大脳皮質になる層、などいくつかの層に分かれていく。この層は、先にできた細胞ほど短い距離を移動し、後にできた細胞ほど長い距離を移動することによって生まれる。つまり、後にできた細胞ほど、脳の外側（表面近く）に位置することになる。言い換えると、脳は徐々に「裏返し」になるような具合に発達していく、ということになるだろう。この動きは複雑なだけに誤りが生じる可能性もある。誤りが生じると、ホメオティック遺伝子の異常ほどではないとはいえ、脳性麻痺、精神遅滞、てんかんなどの原因にもなり、非常に深刻な影響があることに変わりはない。

胎児の成長の過程で、神経管の神経前駆細胞は分裂を繰り返し、最終的には、脳内のあらゆる種類のニューロンを作り出す。ニューロンは非常に多様であり、形状、配置から、電気特性、使用する神経伝達物質にいたるまで、種々に異なったニューロンが存在する。多様なニューロンは後に、軸索や樹状突起が伸びることで連結されてネットワークが形成される。では、個々のニューロンの性質はどのように決まるのだろうか。各ニューロンは作られる前からどうなるか決まっているわけではなく、条件次第でどのよう

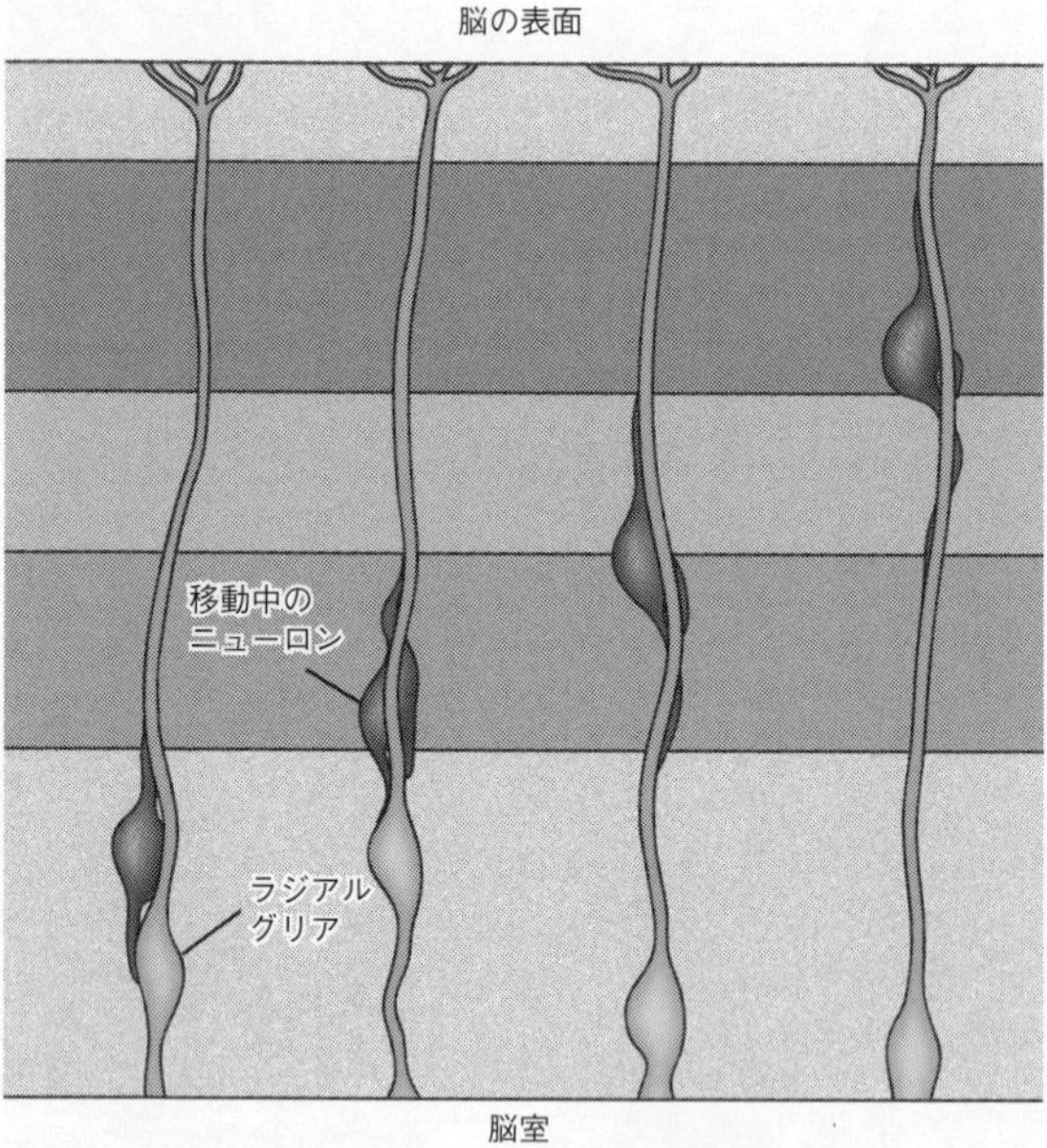

図 3-4　ニューロンの移動。ニューロンは作られた後、ラジアルグリアと呼ばれる特殊なグリア細胞を通って、脳の適切な位置に移動する。ラジアルグリアは、いわば、神経前駆細胞が分裂する脳室から脳表面までの通路のような役割を果たす。細胞分裂により脳室で作られたニューロンは、この通路を経由して脳の表面近くまで移動し、そこに定着する。興味深いのは、小脳を構成するニューロンの場合、移動の方向が逆になることだ。このニューロンは、小脳になる層の表面に沿って移動した後、ラジアルグリアを通って内側に移動する。

出典：A. R. Kriegstein and S. C. Noctor, Patterns of neuronal migration in the embryonic cortex, *Trends in Neuroscience* 27: 392–399 (2004).（Elsevier より許可を得て改変）
（イラスト：Joan M. K. Tycko）

にでも変わり得る可能性もある。どこに配置されるか、周囲の細胞からどのような信号を受け取るかといったことだけで、その性質が決まるのかもしれない。あるいは、ニューロンの運命が生まれる前から決まっている、ということも考えられる。神経前駆細胞にいくつか種類があって、細胞分裂によってどんな種類のニューロンが生まれるかは、それぞれに決まっているのかもしれない。

実際のところはどうなのか。まずは、大脳皮質の奥深くにある「第五層錐体神経」と呼ばれるニューロンについて見てみよう。この種のニューロンは、先が尖ったニンジンのようなかたちをしている。一本の太い樹状突起と、より細い複数の樹状突起を持っているが、多くは上か下に伸び、横に向かって伸びることはまずない。神経伝達物質としてはグルタミン酸塩を使用し、視床との間のシナプスから信号を受け取る。ラットから、第五層錐体神経になるはずの神経前駆細胞を取り出し、追跡しやすいよう明るい緑色をつけて「第二層」にあたる部分に移植してみると、その第二層の特性を持つニューロンになることがわかった。この結果からすれば、「ニューロンは条件次第でどのようにでも変わり得る」という考え方が正しいように思える。いろいろな可能性を秘めた神経前駆細胞が、特定の種類のニューロンに変化するかもしれないということだ。ところが、これと逆の、第二層の細胞になるはずの神経前駆細胞を第五層に移植するという実験を行ったところ、そこに定着して第五層の細胞として成長することはなかった。それどころか、第五層から抜け出して第二層に移動し、第二層の細胞として正しく成長するという現象が起きたのである。この結果からすれば、ニューロンの運命は生まれる前から決まっている、という考え方が正しいように思える。ここでの例は、大脳皮質のニューロンのものだが、同様のことは脳の他の部位にも言える。どの位置にあってどういう信号を受け取るかということと、元々どの系統の細胞なのかということが相まってその後の運命が決まっているのである。脳の部位や細胞のタイプ、発達の段階によっても、位置と系統のどちらが優勢になるかは変わってくるため、とても一言で結論が出せる単純な話ではない。

発達中の脳は戦場のようなもの

ここまでは主に遺伝子の影響について話しており、環境による影響については話していない。それには理由がある。発達の早い段階では、脳の形成に関する決定のほとんどが遺伝子の指示によってなされるからだ。環境が影響を与え得る機会は、胎内においても、誕生後においても、発達が進むにつれ徐々に増える。脳の発達の早期と後期における環境の役割を比較する上では、「消極的」な影響と「積極的」な影響を区別することが必要になる。妊娠初期の胎児には、外界からの情報を伝える感覚器官がまったく備わっておらず、エネルギー、酸素、そして新たな細胞を作るための材料となる分子などの供給を、完全に母体血に依存している。もし、母親が貧しい食生活を送ったり、病気にかかったり、胎盤の機能に異常が生じたりして、供給が阻害されれば、胎児の脳の発達に破壊的な影響を及ぼす恐れがある。だが、胎児の最低限度の必要が満たされてさえいれば、エネルギー、酸素などの供給という因子が、脳の発達に影響するような何らかの情報をもたらすことはない。これは、「消極的」な影響と言えるだろう。後に述べる脳の発達に何らかのプラスになるような「積極的」な影響とは違っている。

脳の発達に影響を与える「環境」としては、ホルモンの循環もあげられる。母親が失業、家族の死といった社会的な理由や、感染症などでストレスにさらされると、ストレス誘発性のホルモンが血液によって胎児にも送られる。これは、ニューロンの生成や移動などに影響する可能性がある。その他、母親の免疫システムも、抗体の生成だけでなく、サイトカイン〔細胞から分泌されるタンパク質で、ある決まった細胞だけに作用する〕という物質の生成によって脳の発達に影響することがある。母親の免疫システムで作られたサイトカインが、胎児のニューロンのサイトカイン受容体に結合することがあるからだ。胎児が双子だった場合には事態はさらに複雑になる。双子の一方で生成されたホルモンが、もう一方の脳の発達に影響することもあり得るからである。

早期の脳の発達は、母親の薬物（治療のための薬物も、「気晴らし」のための薬物も同様である）の使用やアルコール摂取によっても大きく影響されるし、ニコチンによる影響も無視できない。興味深いのは、胎児の脳の発達に影響する薬物が、必ずしも、母親の脳の機能に影響するものとは限らないことだ。たとえば、ある種の抗生物質やニキビの治療薬などが、胎児の脳の発達に大きく影響することもある。

妊娠期間の後期には、新たな脳細胞の生成と細胞の移動、種類の分化が同時に起こる。また、ニューロンの「配線」という非常に難しい問題も発生する。これがいかに難しいかは、視覚に関係する接続のことだけを考えてもわかる。目のニューロンと、脳の適切な部位を接続しなくてはならない（まず視床の一領域につながり、それがさらに後頭葉の「視覚野」と呼ばれる部位につながる）のはもちろんだが、それだけでは十分ではない。脳内には、網膜上の各地点に対応するニューロンができるが、そのニューロンは、網膜上での各地点の位置関係を脳内で再現するように配置されなくてはならない。さもなければ、視覚情報が錯綜してしまい、外の世界を正確に写した画像を作り出すことができなくなる。同様のことは、視覚系以外にも言える。他の感覚系でも、脳内のニューロンは、やはり現実世界の位置関係を正しく再現するように配置されなくてはならない。

脳と感覚器との「配線」がそのようになっているということは、一九四〇年代にはじめて公表された古典的な実験によって明らかになった。カリフォルニア工科大学のロジャー・スペリーは、発達中のカエルの片方の目を、まだ目から脳への軸索が伸び始める前に、眼窩の中で一八〇度回転させた（図3-5を参照）。この実験でわかったのは、目を回転させたとしても、目から伸びる軸索は、脳の視覚中枢における正しい接続先を見つけることができるということだ。カエルの場合、つながるのは、「視蓋」と呼ばれる部位である。これは、人間でいえば第1章で触れた「中脳」にあたる。目のニューロンは、それぞれ視蓋のどの位置につながればいいかを化学物質を手がかりに判断しているようだった。そのため、たとえ回転によって物理的に攪乱されたとしても問題はないということだ。目から伸びる軸索と、接続先の樹状突起の間には、シナプスができることになるが、個々のシナプスには、その「名札」とも言うべき固有の化学物質があり、それが手がかりとなるので、間違った接続が行われる恐れはない。スペリーはそう考えた。

ニューロンの接続先が、化学物質を手がかりに決められているという考えは、注意深く行われた実験の裏付けがあるので、おそらく正しいと思われる。しかし、各シナプスに固有の「名札」のような化学物質があるという説には、十分な証拠があるとは言えない。目を回転させるのではなく、カエルの脳の視蓋を半分だけ破壊すると、目から伸びるすべての軸索が視蓋の残った部分に接続される、という事実もあるからだ。これは「名札」があるという仮説とは合致しない（もし、各シナプスに「名札」があるのなら、半分の軸索は接続先を見つけられないはずである）。接続先となるニューロンの表面に、分子がどのように分布しているか、つまり分子の「グラデーション」のパターンが、手がかりになっているとも考えられる。実際、近年の研究では、そうした「グラデーション」を作る分子もいくつか発見されている。その分子を攪乱すると、接続に乱れが起きることも確認されている。また、軸索を一定の方向に導く分子が多数存在することもわかっている。軸索の先端を引き寄せたり、押し返したりして、ある方向に導くのである。

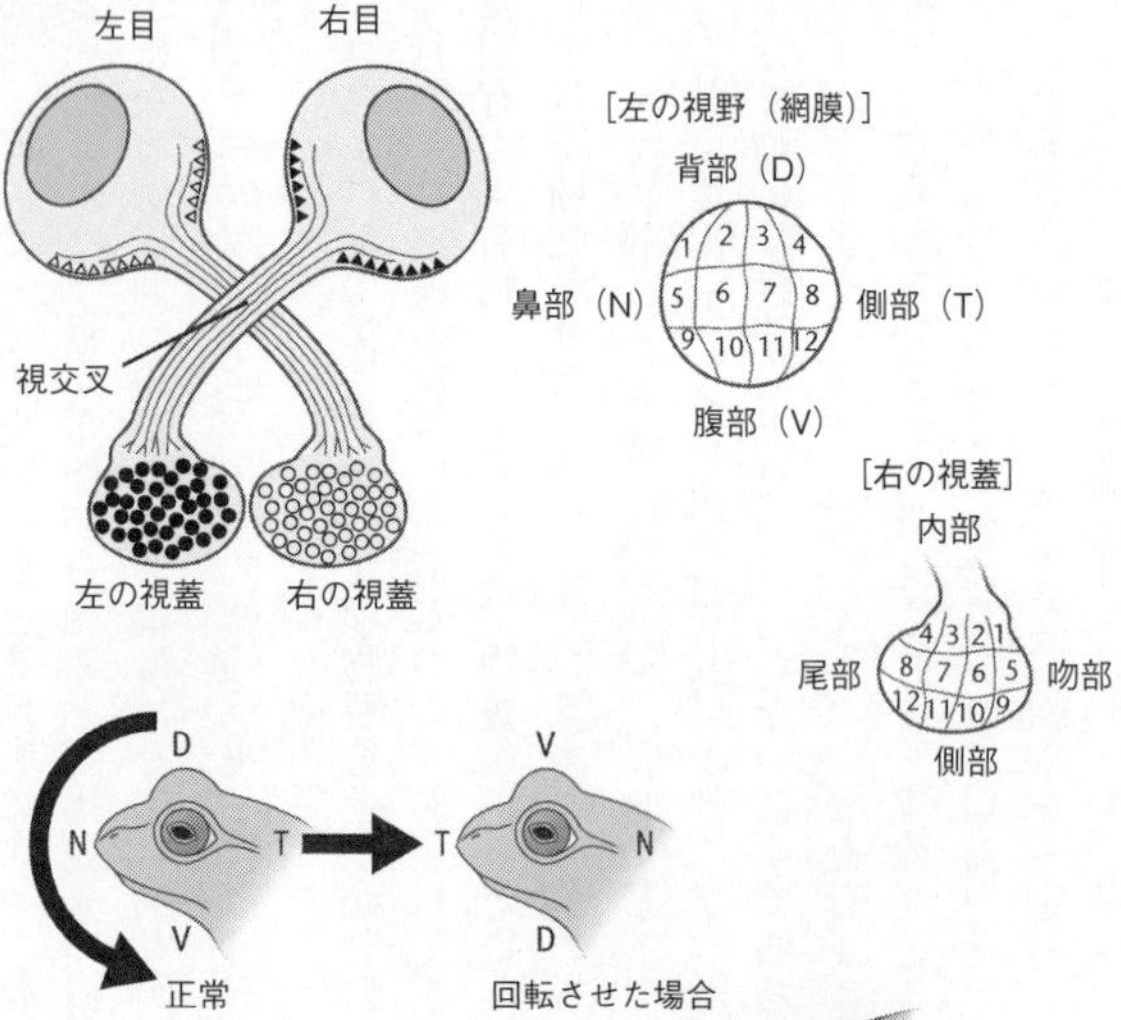
左目
右目
[左の視野（網膜)]
背部（D）
1 2 3 4
5 6 7 8
9 10 11 12
鼻部（N）
側部（T）
腹部（V）
視交叉
[右の視蓋]
内部
4 3 2 1
8 7 6 5
12 11 10 9
尾部
吻部
側部
左の視蓋
右の視蓋
D
N
T
V
正常
V
T
N
D
回転させた場合

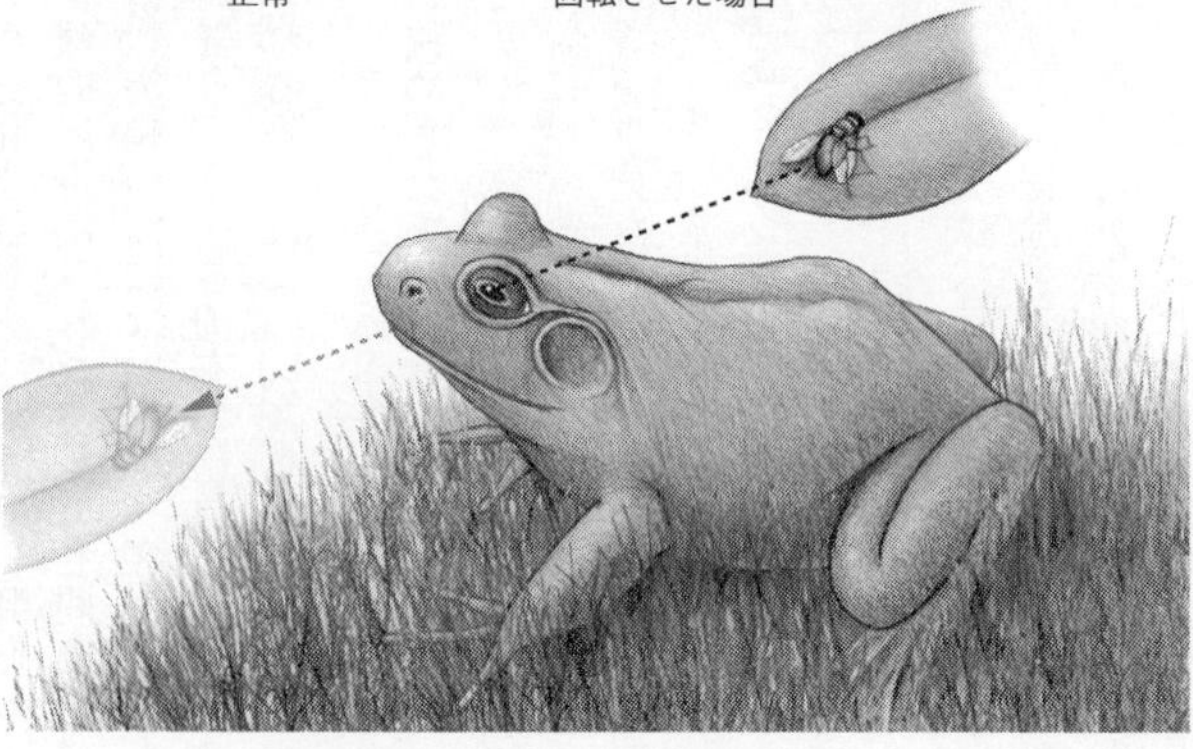

これは、発達の少し前の段階で、ニューロンを適切な場所に移動させる分子と同じものだ。

では、ニューロンの「配線」の問題は、こうした遺伝子によって決定される分子のグラデーションのパターンですべて解決できるのだろうか。答えは「ノー」だ。発達の初期段階では、感覚器官はまだ機能していないが、後の段階になれば、発達の途中であっても、感覚器官は機能し始めるし、脳内の電気的活動も徐々に活発になっていく。特に聴覚や触覚などの感覚は、人間の妊娠後期には、活発に機能する。視覚については「子宮内で目が見える」ということはないが、光のない状態であっても、自発的な活動パターンが見られる。活動している部分が、網膜上を波のように移動していく。この自発的な活動から生じる電気が、発達中の軸索によって運ばれ、それにより、脳内の視覚中枢で神経伝達物質の放出が起きることになる。

このニューロンの活動は、脳内での「配線」に

図3-5　カエルの視覚系の「配線」。左上の図は、カエルの視覚系を上から見たもの。上が目で、下が脳内の「視蓋」である。網膜から伸びるニューロンは、途中で交叉しており、右目から伸びたものが脳の左側へ、左目から伸びたものが脳の右側へつながる。また、重要なのは、右上に示したように、網膜上での各地点の位置関係が、視蓋上で再現されるということだ。これにより、外の世界を正確に写した画像が作られる（ただし左右がひっくり返る点に注意）。ロジャー・スペリーは、カエルの目を、まだ目から脳への軸索が伸び始める前に、眼窩の中で180度回転させるという実験を行った。目から伸びる軸索は、それでも、脳の視覚中枢における正しい接続先を見つけることができたが、カエルは外の世界を逆向きに認識してしまうようになった。ハエを捕まえようとしても、間違った場所に舌を伸ばしてしまう。

出典：John E. Dowling, *Neurons and Networks*, 2nd ed.（Belknap Press, Cambridge, 2001）.

（イラスト：Joan M. K. Tycko）

おいてどのような役割を果たすのか。その疑問に答えるため、二つの研究について考えてみよう。まず一つはテキサス大学サウスウエスタンメディカルセンターのトーマス・サドホフ研究室で行われた「ミュータント・マウス」を作るという実験だ。このマウスは、軸索末端に、シナプス小胞と細胞膜の融合に必要なタンパク質を持っていない。そのため、神経伝達物質の放出がまったくできず、ニューロンがいくら活動しても、それが他のニューロンに波及しない。もし、脳内の配線にニューロンの活動が不可欠なのだとしたら、ミュータント・マウスの脳は、軸索や樹状突起が好き勝手な方向に伸びるだけの完全な混乱状態になるはずだ。このマウスの結末は悲惨なものであることがわかっている。誕生と同時に死亡してしまうのだ。呼吸に使う筋肉の制御ができないからだ。しかし、誕生時と、誕生の少し前に、ミュータント・マウスの脳を調べてみると、驚くべきことが判明した。ニューロンの配線自体は、基本的に正常にできていたのだ。軸索は概ね正しい方向に伸びていたし、大脳皮質などの層構造も適切だった。シナプスも数は正常より幾分少ないものの、だいたいは正しくできていた。シナプスの形成までは、見た目には正常だったのだ。ただし、シナプス形成から数日の間に、神経細胞が大量に死んでいった。どうやら、受け取るべき神経伝達物質が放出されないと、ニューロンの多くは生き続けられないようだ。この結果からすれば、脳の配線自体は、ニューロンの活動がなくても、大部分は可能と言ってよさそうである。

二つ目の研究は、内耳の細胞の遺伝的欠陥により生まれつき耳が聞こえない成人の脳の配線に関わるものだ。この種の人々の場合、生前の脳撮像でも、死後の解剖でも、視床の視覚に関与する部分のニューロンから伸びた軸索が、本来は視覚野（後頭部にある）だけに向かうはずなのに、同時に聴覚野（脳の横側にある）にも向かっていることが観察されている。正常な場合でも、視覚に関与する部分から聴覚野に少数の軸索が伸びることは、初期の段階にはある。ただ、その軸索は、後に排除されてしまう。だが、先天的に耳の聞こえない人の場合、この軸索は排除されないだけでなく、枝分かれもする。つまり、聴覚系は活動しなければ、視覚系に領土を侵食されてしまう（視覚系が聴覚系の領土でシナプスを生成するということ）ようなのだ。使用されない聴覚系のニューロンから伸びた軸索は、徐々になくなっていく。ニューロン（シナプス）間で競争が行われるというわけだ。

似たような研究は数多く行われているが、それによって得られる結論はだいたい同じようなものだ。感覚器が脳のどの部位につながるのか、また感覚器の各部分から、脳内の対応部位のどこにつながるのかといったことはおおまかには遺伝子によって決められている。とはいえ、遺伝子は個々のニューロンを、具体的にどのニューロンに接続するかまで逐一指示したりはしない。たとえば、網膜の三四五七二一番のニューロンを、視床の九八三一三番の細胞につなげ、などと指示したりはしないのである。軸索に「どちらに向かって伸びるべきか」を指示するのは、先に少し触れたように、主に接続先となるニューロン表面の、分子の「グラデーション」のパターンだ。そして、具体的にどのニューロンに接続するかという決定には、環境や経験（ニューロンの活動）も影響する。総じて言えば、遺伝子によって指示されるおおまかな配線は発達の初期に、環境や経験の影響を受ける細かい配線は発達の後期に行われる、ということになるだろう。人間の場合、細かい配線は、妊娠の後期に始まり、誕生後数年の間、継続される。

「誕生」は重要な出来事だが、ここまでの説明では、そのことをあえて無視し、誕生前、誕生後を特別に区別せずに話を進めている。これはさほど間違ったこととは言えない。人間の脳の発達の様子が、誕生の日を境に、大きく質的に変化するという証拠はないからだ。むしろ、妊娠後期の発達過程が、誕生後もしばらくは同じように継続されると言った方がよいだろう。「脳の発達」という観点から、誕生がどのような意味を持つかはすぐにわかる。誕生後は、脳のサイズに制限がなくなるのである。誕生前は、産道を通り抜けなくてはならないので、どうしても一定以上の大きさにはなれない。

人間の母親は子供を産む時に非常に痛い思いをしなくてはならないが、それは、脳の設計が非効率なせいでもある。人間の脳がここまで大きくなってしまったのは、ゼロから設計し直すのではなく、古い脳に新しい脳を付け足すようなかたちで進化したからだ。空間の使い方が非効率ということである。たとえば、第1章で述べたように、古い視覚システムと新しい視覚システムが重複して存在するというのも非効率だろう。その上、第2章で述べたとおり、ニューロンは遅くて非効率なプロセッサなので、一〇〇〇億という大量のニューロンを相互接続させなくてはならない。シナプスは五〇〇兆個にもなる。これも脳の巨大化の一因になっている。

誕生時、人間の脳の体積は四〇〇立方センチほどで、大人のチンパンジーと同じくらいである。五歳くらいまでの間、脳のサイズは急速に大きくなり続け、大人の九〇パーセントくらいの大きさにまで成長する。それ以降も、二〇歳くらいまではゆっくりとではあるが成長し続ける。誕生から二〇歳までに、脳のサイズは約三〇〇パーセントの成長をするが、その間、脳の構造も大きく変化する。グリア細胞の一部は「ミエリン」という物質を分泌する。これは軸索を覆う絶縁体で、スパイクの伝播を促進し、エネルギー消費を削減する。ミエリンの分泌は、白質の体積の増加につながる。二〇歳までの間は、樹状突起、軸索が活発に枝分かれし、複雑につながっていく時期、大量のシナプスが作られる時期でもある（図3－6を参照）。

一般に、誕生後は脳の体積が増加しても、ニューロンの数がそれに伴って増えるわけではない。生まれた年に新たに作られるニューロンも一部あるのだが、その中にはすぐに死滅するものもあるので、ニューロンの合計数は基本的に変わらない。誕生前、誕生後の脳の発達過程で作られるニューロンの総数は、大人の脳に最終的に残るニューロンの数のだいたい倍くらいになるだろう。

作られるニューロンと残るニューロンの数の差は一〇〇〇億にもなる。その一〇〇〇億のほとんどが誕生前に死滅してしまうわけだが、いったい、どのようなことが起きているのだろうか。それについて調べると、脳の「配線」に、ニューロンの電気的活動が

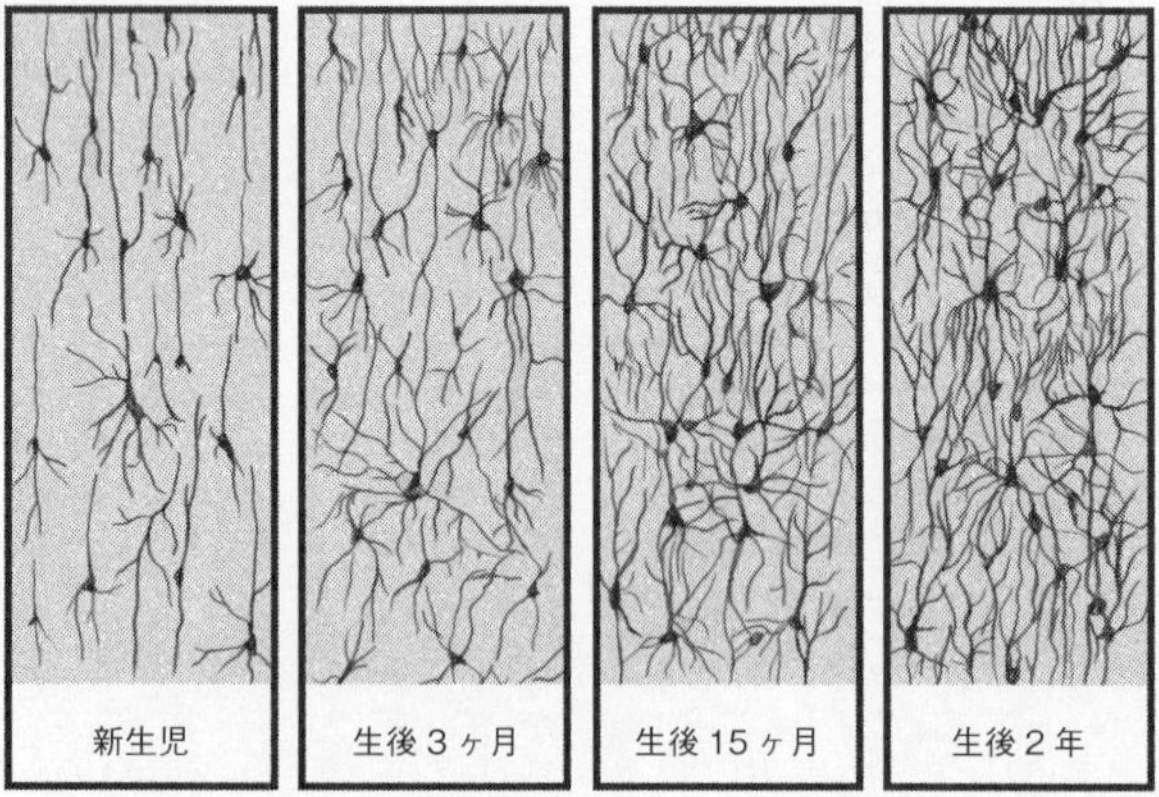

図 3-6　早期における人間の脳の発達。ニューロンの数自体はさほど変わらないが、軸索や樹状突起の連携が格段に緊密になっていく。図では、グリア細胞を省略し、ニューロンだけを描いているが、それは、もしグリア細胞を描くと、ニューロン間のほとんどのスペースがそれで埋まってしまうからである。

出典：J. L. Conel, *The Post-natal Development of the Human Cerebral Cortex*, vol. 1（Harvard University Press, Cambridge, 1939）.（イラスト：Joan M. K. Tycko）

どう影響するのかがよくわかる。発達中の脳内は、簡単に言えば、戦場のようなものだ。そこでは、ニューロン間で、生き残りをかけた戦いが行われている。その戦いについて一言でまとめれば「使われないものは死ぬ」ということになるだろう。脳の発達の過程では、実際に使われる数よりも多くのニューロンが作られる、ということでもある。通常、生き残るのは、電気的活動が活発なものだ。ニューロンの電気的活動が活発になるのは、シナプスに放出された神経伝達物質を受け取り、それによってスパイクが発生した時である。細かく見ていけば、実は「戦い」は、ニューロン間だけではなく、シナプス間でも行われている。シナプスも、使われないもの（耳の聞こえない人の場合なら、聴覚情報を伝えるシナプス）は、なくなっていき、使われているものは残る。ただし、シナプス間の競争ではそれがすべてではない。ある程度活動しているシナプスであっても、そばにはるかに活発なシナプスがあれば、「戦いに敗れ」、排除されることがあるのだ。活発なシナプスは生き残るだけでなく、さらに強化される。そして周囲のシナプスを弱め、排除してしまうこともある。この時、分子レベルでどのようなことが起きているかについては、第5章で詳しく触れる。第5章は記憶について触れている章だが、記憶システムには、このシナプス間競争のメカニズムが利用されているのだ。

「脳の発達に環境（経験）が影響を与える」とは、要するに、その環境（経験）の中でよく利用されたシナプスやニューロンは選ばれて生き残り、まったく、あるいはあまり利用されなかったシナプスやニューロンは殺されてしまうことである、とまとめてしまってよいだろうか。「経験」という彫刻家が、「脳」という石をのみで削り、成熟した脳を作り上げるということだろうか。この「選択仮説」「神経ダーウィニズム」などと呼ばれる考え方は、一部の脳学者やコンピュータ科学者、あるいは哲学者などにとっては非常に魅力的なものだった。確かに、あるレベルにおいては、この考え方は正しいと言えるのだが、厳密に言えば正確ではない。現在では、多種の動物、脳の各領域について、さまざまな条件で調べた結果、環境や経験が原因でニューロンに電気的活動が起きると、軸索が枝分かれし、新たな軸索末端が生じることがわかっている。それを裏付ける確かな証拠が得られているのだ。またこれは、シナプスから神経伝達物質を受け取る側の、樹状突起の枝分かれにもつながる。脳の発達を彫刻にたとえるのなら、ただ不活発な部分、非効率な部分を削り取ってしまうだけでなく、活発な部分に新たに別の石（軸索、樹状突起、シナプス）を貼り付けていく、ということになるだろう。

環境の豊かさはビタミンに似ている

経験や環境によって変化し得る、という脳の特性を「可塑性」と呼ぶ。脳の可塑性の程度は、部位や発達の段階によって異なる。そう言うと、「この時期には注意して環境を整え、適切な経験をさせなくてはならない」という「臨界期」のようなものがあるのではないか、と考えたくなるかもしれない。「環境や経験が不適切だと、脳が必要な機能をすべて身につけられないのでは」と考えても不思議はない。視覚に関しては、まさにそうであることを証明するような例が知られている。新生児のどちらかの目を（感染症の治療などの目的で）長い期間包帯で覆うと、その目は一生見えなくなってしまう。大人なら、同じように目を包帯で覆っても、後で目が見えなくなるようなことはない。こういうことが起こるのは、目自体が機能しなくなるからではなく（それは、目に光を当て、その時の眼球からの電気信号を記録する実験で確かめられる)、視界にとっての「臨界期」に、目から情報が伝わらないために、視覚に必要な配線が脳内から消えてしまうためのようだ。

脳の可塑性の中には、明確な臨界期はなく、いつでも見られるものもある。一九六〇年代前半には、脳に可塑性があることは広く知られておらず、科学者の多くは「脳の配線はラジオの回路のようなもので、後で変化し得るものではない」と考えていた。マリオン・ダイアモンドなどがカリフォルニア大学バークリー校で行った実験は、そんな科学者たちに大きな衝撃を与えた。彼らの実験は大人のラットについてのものだった。まず、何もない、刑務所のように退屈なケージに閉じこめられていたラットの一部を、玩具が数多くあり、探索する場所などもある「豊かな環境」に移動させる。残りは、そのままケージに残す。数週間後、ラットを殺して、脳を顕微鏡で観察する。「豊かな環境」に移された方のラットでは、ケージに残されたラットと比較して、樹状突起に成長が見られ、枝分かれも多くなっていた。樹状突起棘も、シナプスも増えていた。この実験により、大人の脳には、当時考えられていた以上の可塑性があることがわかった(図3-7を参照)。

重要なのは、この逆もあり得るということだ。豊かな環境で数週間過ごした後に再び退屈なケージに戻され、数週間過ごしたラットのニューロンは、一度もケージを離れたことのないラットと何ら変わりのないものになる。こういう結果を見ると、「豊かな環

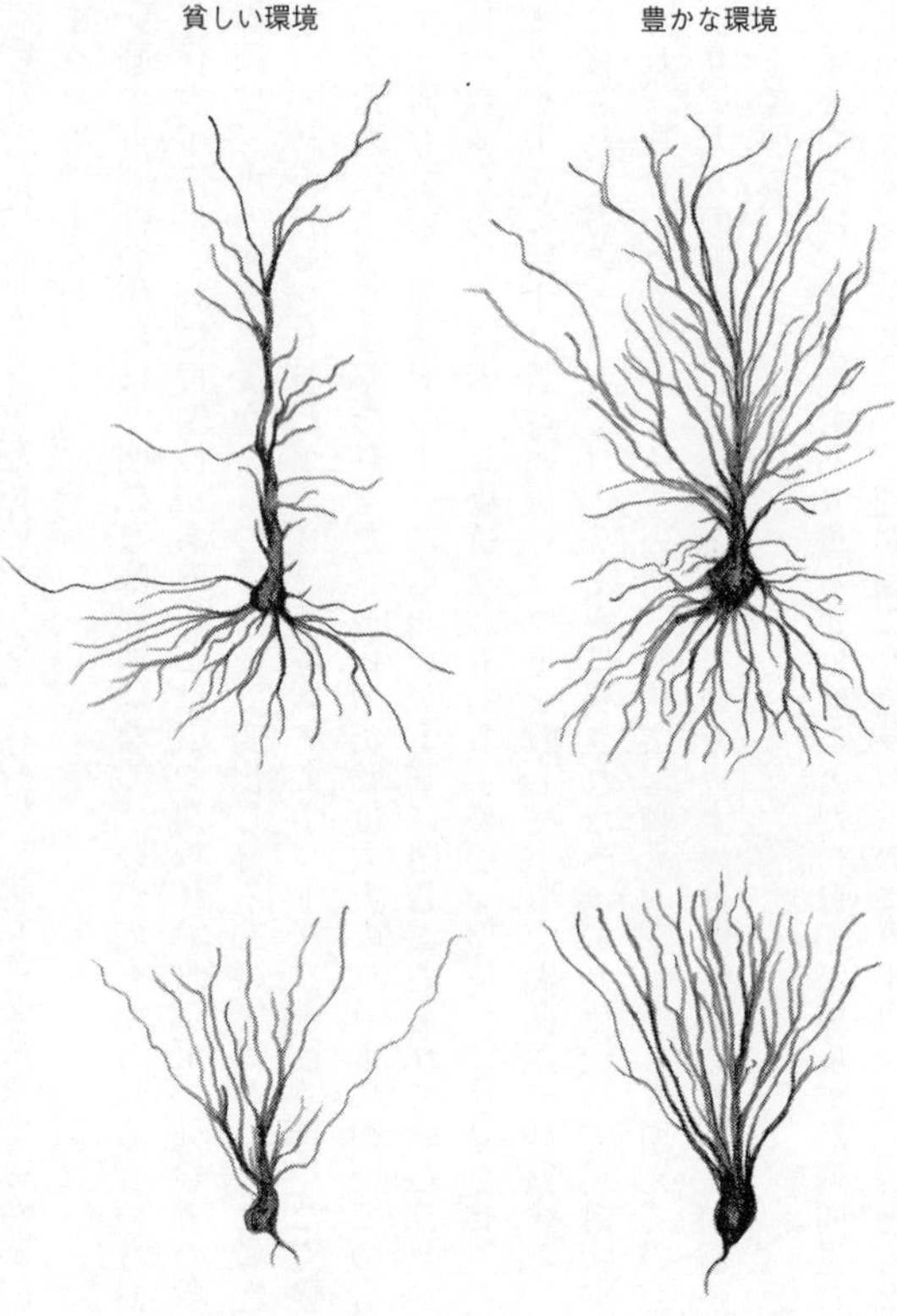

図 3-7　環境を「豊か」にすることによる効果。環境が「貧しい」と、大脳皮質でも、海馬でも、ニューロンの樹状突起の複雑さが減少する。
出典：C. J. Faherty, D. Kerley, and R. J. Smeyne, A Golgi-Cox morphological analysis of neuronal changes induced by environmental enrichment, *Developmental Brain Research* 141: 55–61 (2003).
（イラスト：Joan M. K. Tycko）

境」はきっと子供が育つ上でも良いだろう、と短絡的に考えてしまいたくなるかもしれない。だが、ここで覚えておくべきなのは、この実験で言う「豊かな環境」というのは、野生のラットが生きる環境を真似たものに過ぎない、ということだ。逆に、孤独に閉じこめられる研究室のケージの退屈さの方が異常なのである。通常体験するよりも「豊かな」環境に置かれた時に、脳の成長がさらに促進されるかどうかは、実験の結果からはわからない。わかるのは、通常より極端に「貧しい」環境に一時的にでも置かれると、脳の回線の複雑さに減少が見られる、ということだけだ（図3-7を参照）。

脳の可塑性に「臨界期」があることは、たとえば「言語の習得」について調べるとよくわかる。言語の習得には、明らかに「臨界期」が存在する。観察の結果、生後六ヶ月以内の乳児は、あらゆる言語の音声をすべて聞き分けることができるらしいとわかってきた。ところが、六～一二ヶ月の時期以降、日本語だけに触れた乳児は、日本語の主要な音声のみを聞き分けるようになり、日本語に存在しない音声に関しては、多少の違い（たとえば、英語の〝r〟と〝l〟の違いなど）を聞き分けないようになる。また、同じ時期、乳児が二つの言語に触れれば、どちらの言語も完全に習得できることも一方で事実である。

五歳くらいから後に第二言語を学んだ場合でも、かなりうまくなることはできるが、完璧なレベルにはなかなかならない。とはいえ、義務教育くらいの年齢であっても、子供の方が、大人よりは第二、第三の言語をたやすく学べることは確かだ。いくつかの研究では、「母語」と呼べるレベルまで言語に習熟できる時期は一二歳くらいで終わるということが示されている。こうした見解の基礎となっているのは、主として、子供時代をほぼ監禁状態で過ごした被虐待児に言語を教えようとした際の体験である。同じように虐待されていた子供でも、六歳の時点に教えれば言語を相当な程度まで習得できるが、一二歳になると、ごく基本的なレベルまでしか習得できないというデータが得られている。ただしサンプル数は多くない。問題は、この種の子供の場合、いずれにしても、言語などの社会的なことがらを学ぶ上で、虐待によって受けたトラウマの悪影響が非常に大きくなることだ。したがって、この悲劇的なケースを基に、言語の習得について明確な結論を出すのは難しい。

学習の種類ごとに適切な臨界期を見つけることは可能だろうか。仮に可能だとして、それを乳幼児期における脳の各部位のはたらきを観察することによって見つけ出せるだろうか。近年、「ブレイン・ベース・エデュケーション」と呼ばれる教育法が大きな注目を集めている。発達神経生物学を根拠とする教育法である。いわゆる「ホール・ランゲージ・アプローチ（音声や文法をばらばらに教えるのではなく、会話や読み書きを通じて言語を〝丸ごと〟教えるというアプローチ）」も、この種の教育法だ。教育のカリキュラムや教材なども、この教育法に照らして評価されるということが行われるようになってきている。この教育法の基礎になる考え方は、一九九七年に行われた「早期脳発達に関するホワイトハウス・カンファレンス（White House Conference on Early Brain Development)」の報告書に書かれている。「三歳くらいから、子供の脳は、大人の脳に比べ、二・五倍は活発にはたらくようになる。その活発さは一〇歳くらいまでは持続する。その間は、脳が最も活発にはたらく時期である……つまり、子供時代、とりわけ乳幼児期は、生物学的に見て、最も学習に向いている時期、他と比べ、学習という観点から特異な時期と言えるだろう」という記述があるのだ。

残念ながら、本当に各種の学習の臨界期を見つけることが可能かどうかは、今後の研究を待たねばわからない。現時点における神経生物学では、わかることがあまりに少ないのだ。たとえば、算術を学習するための臨界期を知りたいとする。今のところ、そのために脳のどの部位を見ればよいのかも明らかにはなっていない。またたとえ、見るべき部位がわかったとしても、その中の何を見ればよいのかがわからない。先述のホワイトハウス・カンファレンスの報告書では、一般論が述べられているだけだが、それでもその内容が正しいかどうかは疑わしい。まず、三〜一〇歳までの脳のはたらきの活発さが本当に大人の二・五倍であるかどうかについても、証拠がほとんどないのである。そして、もしその説が正しかったとしても、だから即、学習の絶好の機会なのだ、としていい理由にはならない。単に「ノイズ」とみなせるような無意味な活動が多いだけなのかもしれない。そのノイズによって学習が妨げられる恐れもある。だとすれば、今後、打って変わって「やはりもっと上の年齢の子供の教育に力を入れるべき」という主張がなされることもあり得るだろう。このように、科学の世界でのちょっとした発見が、時には教育方針など、社会における重大事に影響することがあるので、慎重な姿勢が必要になる。

脳内の一定の部位においては、ネットワークを構築、調整する上で、幼い時期の経験が重要な役割を果たすことは間違いない。だが、だからと言って、即それが、幼い時期が各種の学習にとって重要な時期であるということの証拠にはならない。幼い時期の学習について調べる上では大きな問題になることが一つある。それは、たとえ学習の効果が極めて高くなったとしても、それが発達の初期段階における脳の高い可塑性のためなのか、それとも早い段階で情報を得たことによる、いわゆる「創始者効果」のためなのかを見極めるのが難しいということだ。学習とは古い経験に新たな経験を統合していくことである。幼い時期の学習は確かに重要だが、それは何も、幼い時の方が効果的に学べるからではなく、その後の人生における学習の基礎となるからだ。

新生児や乳児の環境を「豊か」にしようとして、両親がカラー画面の携帯電話やモーツァルトのCDを買い与えたとしても、その結果、脳の配線に目に見える影響があるとは限らないし、認知機能に目に見える違いが生じるかどうかも定かではない。子供の脳の配線について、最近わかってきたのは、「環境の豊かさはビタミンのようなもの」ということだ。最低限度は絶対に必要だが、それを超える量を与えられても、余計に良い効果があるわけではない、ということである。人の会話や物語、音楽などを聴くこと、興味を持って何かを探求することや、遊ぶこと、他人と関わることなどは確かにすべて子供にとって大切だ。とはいえ、その量が一般の中流家庭の子供に比べて多かったからといって、その豊かさが、何か脳の形成、機能に余分の利益をもたらすと信じてよい理由はない。

細かい配線を環境に任せた理由

この章では、脳の発達の初期段階について見てきた。神経前駆細胞の分裂、増加、適切な場所への移動などがどのように起こるか、ということはほとんど遺伝子で決定されている。この段階にも環境の影響はあるが、その影響は大部分が、いわば「消極的」なものであり、積極的な影響ではない。つまり、影響と言っても、多くはたとえば母体の栄養不良やストレスなどで、できるはずのことができなくなるという類のものだ。発達が次の段階へ進み、ニューロンの配線が行われ始めると、遺伝子と環境の影響が混在するようになる。全体的な、おおまかな部分は遺伝子によって、細かい部分は環境（正確には、環境によって引き起こされる各ニューロンの活動）によって決定される。環境による影響は、あまり使われないシナプスやニューロンは排除され、よく使われるニューロンでは、軸索や樹状突起の成長が促進されるというかたちで現れる。脳の部位の中には（視覚野など）、発達の初期段階に「臨界期」があり、その時期に活動できないと配線が退化してしまうものもある。臨界期を過ぎてしまうと、たとえ使用されたとしても、発達できなくなるのである。その一方で、生涯にわたり、環境や経験によって配線が微妙に変化し得る、という「可塑性」を持ち続ける部位もある。成熟した脳が環境や経験によって変化するメカニズムについては、第5章で詳しく述べる。このメカニズムは、記憶にも大きく関わっている。

脳の発達は、なぜ、「遺伝子と環境の相互作用」というかたちをとるのだろうか。こうなった要因は主に三つあると考えられる。一つは、ニューロンが処理の遅い、信頼性の低いプロセッサであるということだ。二つ目は、脳が「古い脳に新しい脳をかぶせる」という非効率な作り方をされている、ということである。新たに設計し直すのではなく、現在では不要と思える過去の遺物を残したまま、新しい部分も作られているのだ。脳に膨大な数のニューロンが必要なのは、これら二つの要因のためである。高度な処理を行うには、どうしても大量のニューロンが必要なのだ。さらに三つ目は、ニューロンが大量にあるために、ニューロンどうしをどのように接続するか（個々のシナプスをどのようなものにするか）を、遺伝子であらかじめ逐一決めておくことが不可能になったということだ。遺伝子の記憶容量に限界があるため、細かい配線に関しては、遺伝子ではなく、環境に頼らざるを得なくなったのである。人間は、他の動物に比べ大人になるのにはるかに時間がかかるが、それは配線に必要な経験を積むのに時間がかかるため、と考えられる。だがこれは、脳に、環境や経験によって変化し得る「可塑性」があるということでもある。我々が物事を記憶できるのも、そして各人に「個性」があるのも、そのおかげなのだ。そう考えると、悪いことばかりとは言えない。

第4章　感覚と感情

脳はなぜ「物語」を作るのか？

私たちは日々、自分の五感が外界の真実をありのままの姿で伝えてくれていると信じて暮らしている。感覚の中でも、特に信じやすいのが、視覚である。たとえば、英語で何気なく使われている感覚に関係する言い回しを見るだけでも、そのことは明らかだ。

“I see that the President is a liar.”

（「大統領はウソつきだと思う」という意味。英語では本来「見る」という意味の“see”を、よく「思う」「わかる」の意味に使う）

“I hear that the President is a liar.”

（「大統領はウソつきらしい」という意味。“hear”は「聞く」「聞こえる」という意味だ

が、「〜という噂である」という意味にもなる）

“Something doesn't smell right about this President.”

（「この大統領はどこか怪しい」という意味。“smell”は「においがする」という意味だが、“Not smell right”で「においがおかしい」「どこか怪しい」という意味にもなる）

“see（見る）”を使った場合は、「大統領がウソをついていることは明らかにわかる」ということになるが、“hear（聞こえる）”だと、「ウソをついているかどうか正確にはわからないが注意した方がいい」という感じになる。また、“smell（においがする）”だと、「なぜだか理由はわからないが、何となく怪しいので気をつけた方がいい」というくらいになる。これは、我々がいかに視覚を「信用」しているかを示す例と言えるだろう。問題は「大統領」が具体的に誰を指すのかということは、ここでは大した問題ではない。問題は、私たちが自分の感覚を信用していること、中でも視覚を最も信用しているということだ。裁判に出てくる「目」撃者証言などという言葉を見てもわかる。さらに言えば、日常生活で、私たちは暗黙のうちに、感覚情報を一種の「生データ」のように扱っている。必要なら、このデータの持つ意味を感情を交えず公平に判断することができ、それを踏まえて決断、行動ができる……そう信じている。

この章では、それがいかに間違っているかを話すことにする。感覚は、他から影響を受けずに真実を伝えてくれる記者などではない。圧倒的にそう思っている人が多いが、それは正しくないのだ。感覚は、外界の正確な像をもたらすために作られているわけではないのである。むしろ、外界のある側面だけを、時には誇張までして伝え、残りは無視するという性質を持っている。それは、一〇〇万年単位の時間をかけた進化の結果だ。脳は感覚器から送られてくる、あれこれ混ざり合ってシチューのようになった情報に、さらに「感情」という要素を加える。それによって、途切れなく続き、前後の辻褄《つじつま》が合った「経験の物語」を作り上げる。また、感覚は、外界の情報から一部だけを選び出して提示する。実のところ、感覚器が個々にどのような情報を受け取っているか、ということを私たちは知ることができない。通常、感覚情報は、すでに感情や行動意思などと完全に混ざり合った状態で私たちに提示されるからだ。脳で処理済みの情報だけを提示されると言ってもいい。

では、なぜ、こんな「情報操作」が行われるのか。ここではまず、感覚というシステムがだいたいどのような仕組みになっているのか、ということを見てみよう。すでに少し触れたが、脳内には「外界の地図」のようなものがある。たとえば、第3章でも述べたとおり、目の網膜に対応する脳内のニューロンは、網膜上での各地点の位置関係を再現するように配置される。この配置は、すでに発達の初期段階にはほぼ決定され、その後、経験によって微調整されていく。これは、いわば「視覚の地図」である。この地図があるのは、具体的には、大脳皮質中の、視覚情報が最初に届く部位（一次視覚野と呼ばれる）だ。ただ、この地図は上下左右が、実際の視界とは逆になる。

つまり、一次視覚野の右端の部分は、視界の左端からの光によって活性化され、逆に、左端の部分は、視界の右端からの光によって活性化される、ということだ。そして、中間の部分は、視界の中央部からの光によって活性化される。同様の地図は視覚以外の感覚にもある。聴覚の場合、この地図は、音の高低に対応するものになる。一次聴覚野の一方の端は、非常に高い音が聞こえた場合にのみ活性化し、もう一方の端は、非常に低い音が聞こえた場合にのみ活性化する。中間の部分は、中程度の高さの音が聞こえた場合に活性化する。音の高さの変化に応じて徐々に活性化する位置が変わる。

この地図は、ただ外界を正確に写したもの、というわけではない。その構造は、感覚器の生体構造にも影響を受ける。たとえば、網膜の感光性細胞（光を感じ取る細胞）の密度は、極端に中心部に集中している（そのため、網膜は、解像力も色を感知する能力も、中心部の方が周辺部より高い）。「視覚の地図」は、これを反映し、視界の中心部の光に対応するニューロンの方が、周辺部の光に対応するニューロンよりもはるかに多い面積を占める、という構造になっている。さらにもっとわかりやすいのが、一次体性感覚野である。これは、触覚の情報を受け取る部位だが、やはり体の各部分を写した「地図」のようになっている。私たちの触覚は、指や顔、特に唇や舌（「キス」は大事ということだろうか……）では、鋭くなっている。逆に、背中などでは触覚は鈍くなる。このことは、各部に対応するニューロンの、体性感覚野における比率に反映されている。

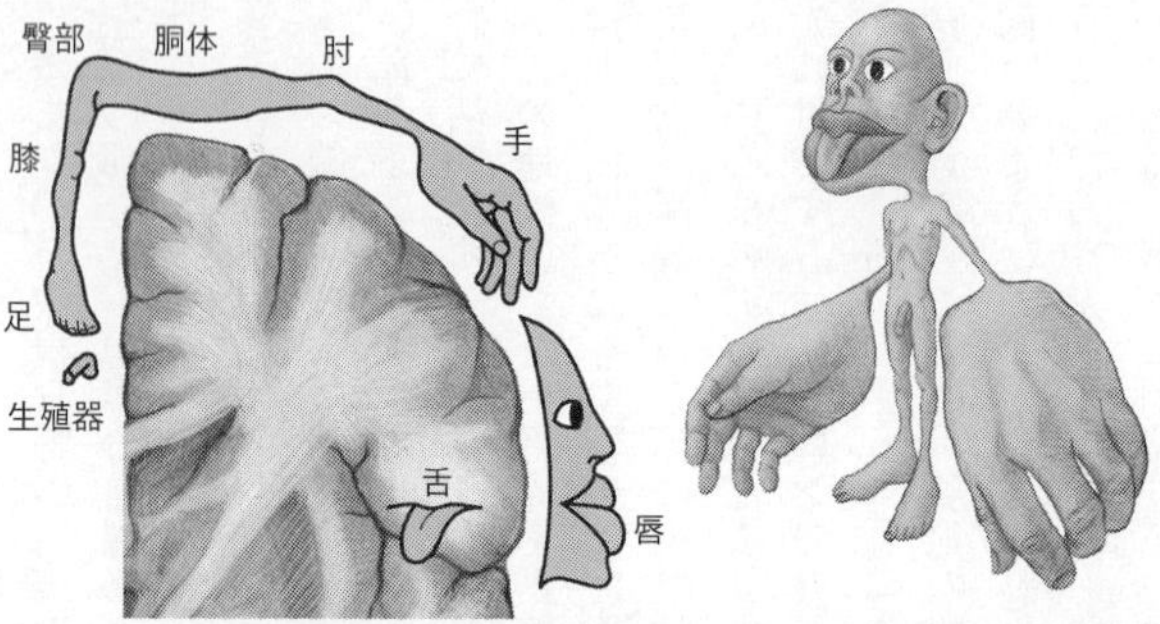

図4-1　体の各部の触覚に対応する脳内の部位。手や唇、舌など、触覚が鋭い部分に対応する部位は、一次体性感覚野でも大きな割合を占める。左側の図は、脳の右半分を、前頭面（人体を前後に分ける面）に沿って切断した断面である。どの部位が、体のどの部分に対応するかも、絵で示しておいた。体の各部分の位置関係は、脳内では多少、入れ替わっている点に注意。たとえば、体では隣接していないはずの額と手に対応する部位が、脳内では隣接している。右側の図は、一次体性感覚野での対応部位の比率をそのまま使って（男性の）体を描いたもの。ミック・ジャガーにちょっと似ている……と私は思っている。
（イラスト：Joan M. K. Tycko）

体の各部分に対応するニューロンが、それぞれ体性感覚野においてどのくらいの割合を占めるかを示すのが、図4－1（左）の「感覚性ホムンクルス（ホムンクルスとは元々「小さい人」という意味である）」だ。感覚性ホムンクルスを基に、体の各部分をそのとおりの割合で絵にすると、図4－1（右）のようになる。体の「地図」の中で大きな割合を示していれば大きく描かれ、占める割合が小さければ小さく描かれているのがすぐにわかるだろう。言い換えれば、感覚の鋭い部分ほど大きく描かれているということになる。

感覚性ホムンクルスをしばらく眺めると、言いにくそうに「生殖器はかなり敏感なので、もっと大きくなるはずでは……」ということを言う人が多い。確かに、生殖器は、「触られる」ことに対して敏感であり、生殖器と脊髄、そして脳の間には、感覚情報を伝達する特別の神経も通っている。ここで一つ重要なことは、「敏感さ」とは何かを明確に定義すべき、ということである。定義が明確でなければ、ホムンクルスにおける大きさと「敏感さ」の対応関係はわからない。ホムンクルスにおいて大きくなる部分（手や唇、舌など）は、ただ、「触られる」ことに敏感で、軽く触っただけでもわかる、というだけではない。こうした部分では、「今、物がどこに触れているか」を非常に正確に感じ分けることができる。この二つは常に一体なのではないか、と思う人も多いかもしれないが、そうではない。「物がどこに触れているか」を感じ分ける能力は、物の形を認識するためには不可欠である（点字を読む場合などには、この能力がいる）。そして、この能力には、特殊な種類の神経が必要になる。これは皮膚にまで到達する神経で、指や唇、舌に多い。ところが、ペニスやクリトリスには、まったくと言っていいほど存在しない。生殖器は、ほんのわずかでも触られれば、それを感じ取れるのだが、物の形はわからないということだ。これは、誰でも簡単に家で実験することができる。科学の基本とも言うべき実験かもしれない。目の角膜にも同じようなことが言える。角膜は、小さな砂粒が触れただけでもわかるが、それが角膜のどこに触れているかは正確にはわからない。角膜と生殖器（男女とも）が、感覚性ホムンクルスにおいて、どちらもあまり大きくない理由は、これで説明できるのではないだろうか。

P細胞とWhat経路、M細胞とWhere経路

脳内の「外界の地図」は一つではない。地図は多数存在し、大脳皮質の複数の隣接する領域に散らばっている。感覚情報は、多くの場合、複数に分割され、あるいはいくつも複製されて、大脳皮質の複数の領域に送られる。各領域では、送られてきた情報をそれぞれ独自の方法で処理する。そのことは、視覚系を見るとよくわかる。視覚情報を網膜から脳に送る細胞は、二種類に分かれている。P細胞（Pは「小さい」を意味する"parvi"の略）とM細胞（Mは「大きい」を意味する"magni"の略）である。P細胞はどれも、視界のごく一部分にしか反応せず、色に対して敏感である。M細胞は、移動していく刺激を探知するのに重要な役割を果たすが、色には鈍感である。また、広い範囲の情報をまとめて扱う。

P細胞の信号とM細胞の信号は、網膜から視床まで、そして視床から一次視覚野までの軸索中では両者並んで送られるが、この範囲内で両者が混ざり合うことはまずない。一次視覚野の後、両者は完全に分かれる。P細胞からの情報とM細胞からの情報はそれぞれに違う軸索で、それぞれ違う経路で伝達される（図4-2を参照）。M細胞からの

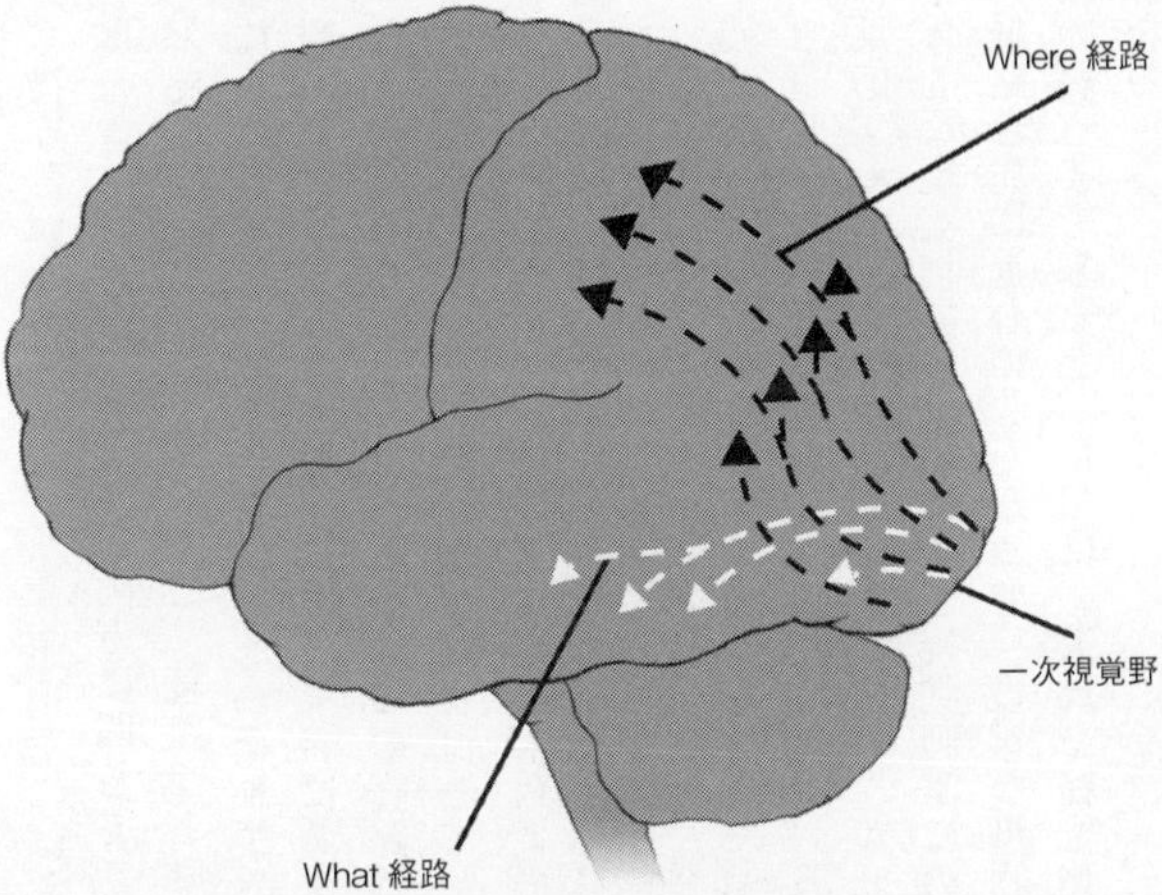

図 4-2　視覚信号は、二種類の経路で処理される。一方は、What（何）経路、もう一方は Where（どこ）経路だ。それぞれ外界の What（何）情報と Where（どこ）情報を扱う。上の図は、人間の脳の表面を左側から見たところである。網膜からの信号は視床を経由して、脳の後端にある一次視覚野にまで達する。一次視覚野から先、視覚信号は、What 経路と Where 経路という二つの経路によって運ばれる。いずれの経路も、いくつもの領域に分けられる。上に位置し、頭頂葉に向かう Where 経路は、物体の配置、奥行き、動きを認識する役割を担う。下に位置し、側頭葉に向かう What 経路は、物体の細部の様子や色などから、見えている物体が何なのかを認識する役割を担う。

出典：A. C. Guyton, *Textbook of Medical Physiology*, 8th ed.（W. B. Saunders Company, Philadelphia, 1991）.（Elsevier より許可を得て一部変更）

（イラスト：Joan M. K. Tycko）

信号は、頭頂葉にまで送られる。すでに述べたとおり、M細胞には広い範囲の情報をまとめて扱うという特徴があるが、頭頂葉にはこの情報を利用して、視界にある物体の位置、奥行き、（生物、無生物の両方に関して）移動の軌跡などを感知する部位がある。この経路は、「Where（どこ）経路」と呼ばれる。一方、P細胞からの信号は、側頭葉に送られる。P細胞からは、それぞれ視界の狭い範囲に関する細かい情報が送られる。側頭葉には、この情報を基に、視界にある物体が何であるか、それはどんな色かといったことを感知する部位がある。この経路は「What（何）経路」と呼ばれる。Where経路とWhat経路は後に合流して一つになる。私たちが「見ている」と感じる像は、この合流の結果、生じているわけだ。

長く曲がりくねったWhat経路をたどり、各部位の視覚刺激に対する反応を調べると、面白いことがわかってくる。網膜など、経路の始点近くに存在するニューロンは、光の点など、単純な刺激にもよく反応する。経路を先に進み、一次視覚野まで来ると、もっと幾何学的に複雑な視覚刺激でなければ反応しなくなる。たとえば、横方向の棒だけに反応する部位などがあるのだ。また、What経路をさらに進むと、「手」「石」など具体的な現実世界の事物による視覚刺激にのみ反応するようになる。要するに、What経路を先に進むにしたがって、複雑な事物を認識するようになるらしい。What経路の終点まで来ると、情報は、海馬や扁桃体に渡され、記憶や感情に影響を与えることになる。

Ｗｈａｔ経路も終わり近くになると、その機能は非常に専門化される。仮に、そのあたりの部位が（事故や病気、あるいは発達や遺伝子の問題などで）損傷を受けた場合には、極めて狭い範囲の機能が失われる。たとえば、他の物では問題がないのに、人の顔の識別だけができないといったことが起きるのだ（これは「相貌失認」と呼ばれる症状である）。損傷を受ける部位によって、見て識別できない事物が変わってくる（見ている事物が何であるか認識できない症状を「視対象失認」と呼ぶ）。軽い症状だと、同じ種類の物が複数並んでいる時に、その中から特定の物を探し出すことができない状態になる。駐車場で自分の車を見つけられない、といったことになるわけだ。ひどい時には、生物と無生物の区別すらできないくらいに混乱をきたす。オリバー・サックスの著書『妻を帽子とまちがえた男（*The man Who Mistook His Wife for a Hat*）』（高見幸郎・金沢泰子訳、晶文社）に出てくる不幸な男のような状態になってしまう。同様の現象は、側頭葉に損傷を与えた猿による実験でも観察されている。この猿は、食べ物ではない物（火のついたたばこなど）を盛んに食べようとする。

Ｕ2のコンサートを見ていたら、自分の母親がステージの脇から急に飛び出してきて、ステージ上を走り、必死でボノにキスしようとしたとする。この時、Ｍ細胞はＷｈｅｒｅ経路を通じて、頭頂葉にまで情報を伝え、そこで「何かが目の前を動いてボノの方に向かっている」ということ、また移動の軌跡が認識される。一方、Ｐ細胞はＷｈａｔ経路を通じ、側頭葉に情報を伝え、そこで、「ボノの方に向かっている物体は、自分の母親である」ということが認識される。Ｗｈｅｒｅ経路の方が少し処理が速い（処理が容易なため）ので、前者の認識が、後者の認識よりほんの少し早く起きることになる。この時、恥ずかしいと思うか、誇らしく思うかは人それぞれだろうが、いずれにしてもその感情は、扁桃体をはじめ、感情に関わるいくつかの部位に情報を伝達する神経繊維の仲介によって生まれている。もちろん、私たちの意識の上でＷｈｅｒｅ経路の情報とＷｈａｔ経路の情報が分かれて感じられることはない。私たちが意識する時にはすでにすべてが統一されており、ただ、何も操作されないありのままの現実を見ているとだけ感じられる。

情報の隙間を埋める脳

個々の感覚器からの情報は通常は分かれて処理されているが、脳内で混ざり合ったらどうなるのだろうか。これに関しては、Ｅ・Ｓという人物のケースが参考になる。Ｅ・Ｓはスイスの音楽家で、当時二七歳だった。彼女は、いわゆる「共感覚」の持ち主である。一つの刺激に対し、同時に複数種の感覚が本人の意思とは関係なく反応してしまう症状だ。Ｅ・Ｓの場合、二つの違う音を同時に聴くと、舌に味を感じるというような現象が起きた。この現象には一貫性があって、常に二つの音が「長三度」の関係なら甘い味、「短七度」の関係なら苦い味、「短六度」ならクリームの味だった。また、個々の音に対しては、色が見える。「ド」の音なら赤、「ファ#」なら紫という具合だ。これについては、チューリッヒ大学のルッツ・ジャンクらが詳しく研究している。E・Sは、この驚くべき共感覚を記憶の助けとし、音楽活動に役立てていた。

共感覚にもさまざまな種類があり、E・Sのものはその一例にすぎない。においを聴く人や手触りを嗅ぐ人もいれば、ある種の視覚刺激から熱を感じるという人もいる。半数ほどは、一人で複数種の共感覚を持つが、その共感覚が双方向になることは決してない。あるにおいに反応してある色を見るという人が、反対に、その色を見て同じにおいを感じるということはないのである。圧倒的に多いのは、「グラフィーム（書かれた数字や文字や記号）」や、音、特に音楽の音に反応して色を感じるという人だ。面白いのは、数字や文字などを直接見た時だけに共感覚が起きる人（これは、アラビア数字の〝5〟が書かれているのを見ると共感覚が起きるが、他の、たとえばローマ数字の〝V〟や〝|||||〟のように棒が五本並んでいるのを見ても起きないということ）もいれば、〝5〟という概念に反応して共感覚が起きる人もいることだ。時間を表す言葉に反応して色を見るという人までいる。一二月は青、三月は赤、土曜日はピンクで水曜日は薄緑という具合。

共感覚を持つ人の知能は正常か、それ以上であり、性格検査や一般的な神経学的検査でも、取り立てて異常は見つからない。幻覚を見るわけでもなければ、他の人に比べて精神障害の発生率が異常に高いということもない。共感覚を持つ人の割合が全体のどのくらいかを知ることは難しいが、最近では二〇〇人に一人くらいではないかと推測されている。女性や左利きの人に多いこともわかっている。調査対象となる標本の偏りを排除することは困難だが、当然というべきか、共感覚の持ち主は、作家、画家、音楽家、建築家といった、創造的な仕事に就いていることが多いようだ。

共感覚はすでに二〇〇年以上前から存在が知られており、一九世紀にはダーウィンのいとこの科学者、フランシス・ガルトンにより、遺伝することも発見されている。ただ、最近まで、この現象は科学でまともに取りあげるべきものとはみなされていなかった。単なるインチキ、詩的な表現の一種くらいに考える神経学者が多く、本気で実験してみようとさえしていなかった。共感覚らしき現象を見ても、普通より比喩の才能がある人なのだろうくらいに思っていたのである。彼らにとっては、いくらE・Sが「ファ♯を聴くと紫が見える」と言っても、それは詩人W・H・オーデンが「彼の顔は整えられていないベッドのようなものだ」と言うのとさして変わりなかったのだ。

共感覚が、ただの詩的な比喩表現ではなく、本当に存在する現象だと信じるに足る理由はいくつかある。一つは、現象の起こり方が一定していることだ。何年経過しても、現象に変化はなく、仮に予告なしに実験を行ったとしても変化しない。二つ目は、いくつかの巧妙な知覚試験でも、共感覚の存在を証明するような結果が得られていることである。数多くの〝5〟と、ほんの少しの〝2〟が印刷された紙を見せ、〝2〟がいくつあるかを数えてもらう実験などはその例だ。紙は白で、数字はすべて黒で印刷する。通常であれば、〝2〟を一つずつ見つけ出して順に数えていくしかなく、数え終わるにはかなりの時間が必要なはずである。しかし、もし、〝5〟が赤、〝2〟が緑で印刷してあったとしたら、〝2〟がすぐに目に付き、数えるのがはるかに速くなるはずだ。カリフォルニア大学サンディエゴ校のエドワード・ハバードとV・S・ラマチャンドランは、数字を見て色が見えると主張する人に、〝5〟と〝2〟がどちらも黒で印刷された紙を見せた。すると、通常の人が〝5〟と〝2〟が違う色で印刷された紙を見た場合と同じように速く数えられるという結果が得られた。これは、共感覚者が、本当に「色のついた」数字を見ているという考えが正しいことを裏付ける。三つ目の理由は、映像化技術を使って共感覚者の脳のはたらきを調べた場合の結果である。彼らの脳の活動部位を見ると、「共感覚が起きている」と主張される時、複数の感覚が同時にはたらいていることがわかる。ロンドン大学精神医学研究所のジェフリー・グレイらは、話し言葉と色に共感覚が見られる人の脳を映像化技術によって調べた。すると、話し言葉を聴いている時、聴覚・言語に関わる領域だけでなく、色覚に関わる領域（V4／V8と呼ばれる）にも活動が認められた。一般の人の場合は、聴覚・言語に関わる領域が活動するだけである。

これを含め、映像化技術を使ったいくつかの研究によってわかるのは、共感覚者の場合、感覚情報の信号が、通常の担当部位から、別の感覚に関わる部位にも広がっているということだ。この現象が起きる理由は明確ではないが、出生後、早期の発達において生じたニューロンの過剰な接続（聴覚情報を処理する領域と色覚情報を処理する領域との接続など）が、何らかの理由で一部排除されなかったという仮説が現在のところ有力である。残った接続が、その後の人生でさらに精緻さを増し、共感覚を生んだというのだ。この仮説は、研究の結果によっても裏付けられている。音と色、グラフィームと色など、多く見られる共感覚ほど、関与する脳内の部位が隣接した位置にあるのだ。においと音という形態の共感覚はほとんど見られないが、この場合は関与する部位が遠くに位置する。

共感覚は病気ではない。感覚間の連携が一般の人より進んでいるというだけだろう。程度の差こそあれ、複数種の感覚情報の統合は、誰にでも見られる現象だからだ。ニューロン間の過剰な接続は出生後に一度、大幅に削減されるが、それが完了する前の乳児の時点では、誰もが高度の共感覚者と言えるかもしれない。

私たちは普段、生活をしていて、自分の感覚システムの多様な要素の複雑な関わり合いを意識することはない。コンサートに行こうが、道を歩こうが、何をしていようと、「今、この感覚とこの感覚がこう影響し合っているから、こう感じるんだな」などと考えることはない。私たちは、外の世界で起きていることを直接、「経験」していると感じているし、感じたことはすべて「真実」だと思っている。しかし、実際には、私たちが、いつ、何をどのように感じるかは、常にあらゆる感覚どうしが互いに影響を与え合った結果、決まるのだ。しかも、私たちの感覚システムは、何百万年、何億年という間の進化の結果、極めて「偏向」している。第一に、外界には多種多様な「刺激」が存在するが、感覚器が探知できるのは、そのほんの一部に過ぎないという事実に目を向けなくてはいけない。人間の目に見える光の波長は、濃い赤から濃い紫までの範囲だけである。波長がこれより長くても短くても、目には見えなくなる。だが、鳥の目には、紫より外の「紫外線」も見える。猛禽類と呼ばれる鳥たち（タカなど）が、獲物（野ネズミ、ウサギなど）を、尿の痕跡を頼りに追跡できるのはそのためだ〔尿の痕跡に反射する紫外線を見る〕。聴覚にも同じようなことが言える。人間の耳は、一定の範囲内（二〇～二万ヘルツ）の周波数でないと聞くことができないが、これは音の情報のごく一部にすぎない。コウモリや鯨、ネズミなどは、人間よりはるかに高い音（最高で一〇万ヘルツ程度）も聞くことができる。人間が嗅ぎ分けられるにおいは一万種類ほどだが、イヌはそれとは比べものにならないくらいのにおい（一説には二五万種類とも言われる）を嗅ぎ分けることができる。すべての感覚について同様のことが言えるのである。イヌの嗅覚が人間より幅広い情報を扱えることには、進化上、何か利点があったのだろう。ともかく、感覚が結局、外界を鍵穴から覗き見るくらいのことしかしていないのは確かだ。

進化の圧力は、感覚の対応範囲だけでなく、脳での感覚情報の処理のされ方にも影響を与えている。感覚システムは、摂食、危険の回避、交配、子育てといった、重要な行動に合うよう進化している。個々の感覚の情報処理には、それぞれに特徴があるが、すべての感覚に共通する特徴もある。まず、どの感覚も、新奇の刺激に対して強く反応する傾向がある。前から受け続けている刺激には新しい刺激ほど強くは反応しない。この現象を「順応」と呼ぶ。順応が起きることは誰もが自分の経験からわかるだろう。夕食に魚を焼いた翌朝、キッチンに入ったばかりの時には、まだ残っているにおいを強く感じる。しかし何分かすると、もうほとんど感じなくなる。ところが、いったんキッチンを出て、しばらくして戻ってくれば、一時的にだが再びにおいを強く感じる。コンピュータからはハードディスク作動音などが常に出ている。この音は使い始めた時には気になるが、すぐに意識の外に消えていく。順応の能力を持つことは進化上、有利だったと思われる。これにより、外界の新奇な刺激に集中できるからだ。新奇な刺激は、危険が迫っている、食べ物が近くにあるといったことを意味する可能性がある。

順応は、時間の経過による変化を探知するために有効だが、空間上での変化、つまり場所による状況の違いを探知することにも、私たちの感覚システムは長けている。視覚系の「輪郭強調」と呼ばれる現象からも、そのことがよくわかる。これは、物体の輪郭が周囲より目立って見えるという現象である。これが進化的に有利なものであることはすぐにわかる。食べ物を見つけるのにも、捕食者から逃げるのにも役立つからだ。輪郭強調が起こるのは、網膜と脳内の対応部位のはたらきにより、暗い色と隣り合った明るい色はより明るく、明るい色と隣り合った暗い色はより暗く見えるからである。これを「側方抑制」と呼ぶ。「視覚の地図」を構成する個々のニューロンは、自らが活動する時、周囲のニューロンの活動を抑制するのだ。抑制性の神経伝達物質〝ＧＡＢＡ〟を放出す

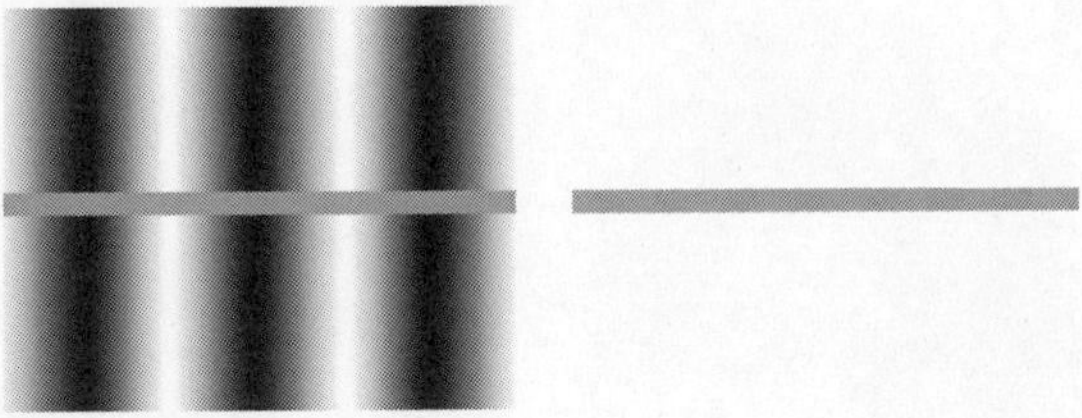

図4-3　輪郭強調による錯視。左右の図には、それぞれグレーの横棒が描かれている。どちらもまったく同じもので、色も一様である。しかし、左側の横棒は明るくなったり暗くなったりしているように見える。視覚系のはたらきにより、棒の周囲の状況に応じて色が変わって見えるのだ。本当に左右の横棒がまったく同じかどうか確かめるには、左側の横棒の周囲を何かで隠してみるとよい。周囲を隠せば、どこも同じグレーであることがわかるだろう。
（イラスト：Joan M. K. Tycko）

るシナプスの作用である。輪郭強調が起きていることを私たちが通常、意識することはないが、図4－3のような絵を見るとそれが明らかになる。

脳は感覚情報をより有用なものにするため、歪ませ、実際とは違うものにするが、輪郭強調はその一例である。この機能は概ね、うまくはたらいているのだが、脳は他にも非常に難しい問題を抱えている。それは「時間が滑らかに、途切れなく流れているように見せること」である。こう書くと、「時間は元々途切れなく流れるものじゃないか。なぜ、脳が何かしなくちゃいけないんだ」と思う人が多いかもしれない。どういうことか説明しよう。物を見ている時、目は一時も静止することがない。せわしなく動いて、短時間にあちこち視点を移しているのだ。この動きは「サッカード」と呼

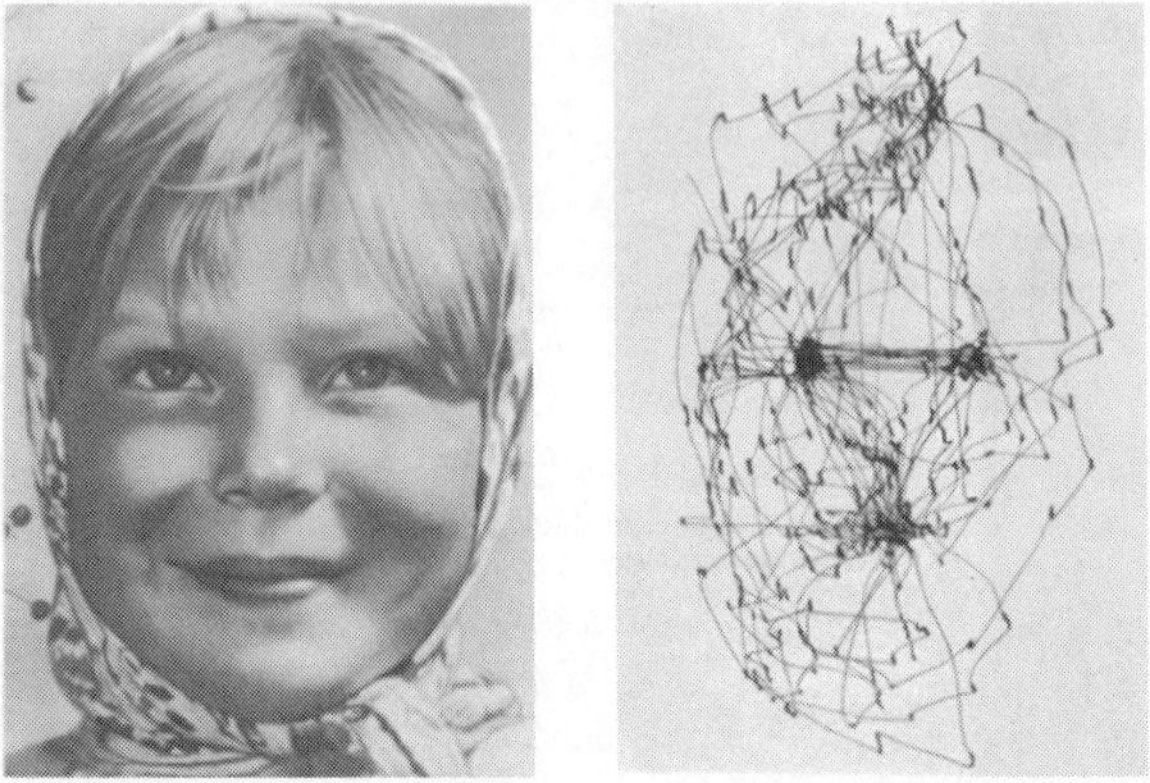

図4-4　サッカードでの視点移動の様子。特殊な装置によって視点の動きを記録したもの。ここでは、被験者に左側の写真を4分間見てもらっている。ロシア、ヴォルガ地区の少女の写真である。右図の線分のほとんどはサッカードでの視点の動きを示す（一部、ゆっくりとした視点移動を示す線分も含まれる）。

出典：A. L. Yarbus, *Eye Movements and Vision* (Plenum Press, New York, 1967). Springer Science & Business Media の許可を得て転載。

ばれる。物の形や色を見分ける能力は、目の中心部が最も高いが、サッカードにより、この中心部で視野に存在する多くの物を見ることができる（図4－4を参照）。サッカードには、一回ごとに必ず一定以上の時間が必要になる。目が動くためには、まず脳がそのための命令を出さなくてはならない。この命令がいくつかの部位を伝わっていき、最終的に目の筋肉につながるシナプスにまで到達し、筋肉を活性化させるアセチルコリンを放出させなくてはならない。アセチルコリンが放出されると、目の筋肉が収縮して、動きが生じる。視界の右端から左端までというような最も距離が長いサッカードだと、二〇〇ミリ秒（五分の一秒）ほどの時間を要する。サッカードの間は目が動いているのだが、視界があちこちに絶えず移動するということも、目の前が真っ暗になって何も見えなくなるということもない。サッカード中も、網膜からの信号の伝送が止まるわけではなく、あちこちを見て得た情報を送り続けているのだが、それを私たちが意識することはない。誰もが知っているとおり、私たちには、まさか目が勝手に動き回っているとは思えない、穏やかな映像が見えるだけだ。

脳はいかにして、サッカードの影響を消し、このような映像を私たちに見せているのだろうか。それを説明するには、先に一つ、言っておかねばならないことがある。外界の現象が感覚器に伝わってから（光が目に、音が鼓膜に、においの分子が鼻の感覚細胞に届いてから）、私たちがそれを感じるまでには、わずかながら時間差がある、ということだ。時間差がどのくらいかは、感覚によっても、刺激の種類や強さによっても違ってくるが、およそ五〇～三〇〇ミリ秒の間である。テレビで「生放送」と言いながらも、もし途中で放送禁止用語を「ピー」音で消す処理を入れれば、その分、視聴者に届くのは遅れるが、感覚情報の遅れもそれと似ている。途中でいろいろと処理をする分、遅れるのだ。遅れの時間が、単純に電気信号が大脳皮質に届く時間（通常は二〇～五〇ミリ秒）より長くなっている点に注意が必要だ。多くの場合、脳で余分な処理をする分、それよりも長い時間遅れることになる。

サッカードの場合、脳は目が動いている間に送られる視覚情報を無視している。つまり、情報のない隙間ができるわけだが、脳はこの隙間を、後から時間を遡って埋める。隙間を埋めるには、目の動きが止まってから得られた情報を利用するのだ。こんな処理が行われていることを、私たちは普段、まったく気づかずにいる。だが、状況によっては、それがわかる時もある。視点を大きく移した後に目を時計にとめると、秒針がいつもより長い時間をかけて動くように見える、といった現象はその例だ。これは錯覚の一種で、「クロノスタシス」と呼ばれている。この錯覚を起こすためには、目の動きが十分に速くなくてはならず（目をゆっくり動かして時計に視線を落とす、という具合だと脳内で行われる処理がまったく変わってくる）、時計は音のしないものでなくてはならない。アナログの時計だけでなく、秒が表示されるものなら、デジタル時計でも同様のことが起きる。ともかく重要なのは、秒針、あるいは秒の表示が動いた直後に、そこに目が止まらなければならないということだ。ちょうど良いタイミングで目がとまれば、時計は少しの間、まったく動かなくなったように見える。脳が情報の欠落した部分を埋めるからだ。欠落した部分には、目を動かし終わった後に得た、止まっている時計の映像を入れるのである。それで、止まっている時間が本来より延びたように感じるのだ。

クロノスタシスは、長い間、視覚だけの現象だと考えられてきた。しかし、最近では、他の感覚にも同じ現象が起きることが実証されている。聴覚に関しては、被験者にヘッドフォンを付けてもらい、右耳と左耳に一音ずつ順に聞かせ、二つの音の間隔がどのくらいあいたかを判断してもらう、という実験で同様の現象が認められた。何か他のことに注意を向けていて、急に受話器を上げて電話をしようとした時、ダイヤルトーンが聞こえてくるまでの静寂の時間が異常に長く感じられることがあるが、これも基本的に同じ現象と言えるだろう。他には、手を素早く動かして何かに触れた場合、触れている時間を実際より長く感じることも実験で確かめられている。視覚の場合と同じように、触覚においても、情報の欠落を新たに得られた情報で埋めるというわけだ。いくつもの実験の結果から見て、クロノスタシスは、感覚一般に広く見られる現象のようだ。そのまま情報を受け取っていては混乱が生じそうな時、脳は情報をシャットアウトする。そこで生じた空白を、後から得た情報で埋めるのだ。この機能により、脳は私たちに首尾一貫した、意味のある物語を見せることができる。

哲学者、認知科学者たちは、知覚というものを、完全に客観的で論理的な作用であると捉えていた。知覚が何らかの感情を引き起こすということは確かにあるが、知覚と感情とを引き離すこと、まったく感情を交えずに知覚に対処することは可能と考えていたのだ。このような知覚と感情の区別は、長らく西欧文化の根底に存在し続けたものと言っていいかもしれない。そのことは医学などにもよく現れている。医学の中に、脳の病気を扱う分野が二つ存在したのは、知覚と感情を分けて考えていた何よりの証拠だろう。一方の分野である神経学では、知覚、運動、認知に関する問題を主に扱い、もう一方の精神医学では、感情や社会生活に関する問題を主に扱ってきた。とはいえ、二つが分かれたのは、さほど昔ではない。必然的に分かれたとも言い切れない。一九世紀末から二〇世紀初頭にかけて、ウィーンやサンクトペテルブルク、ボルティモアなどの状況が少し違っていたら、脳に関するあらゆる病気を統一的に扱う医学分野が生まれていた可能性はある。生物学的な治療と、患者と話をする治療とが同じ分野になっていたかもしれないのである。脳の病気を扱う分野をこのように二つに分けたことに、生物学的な根拠を見つけることはできない。後頭葉と頭頂葉の問題は神経学者に、側頭葉と前頭葉の問題は精神科医に、という具合に脳の部位で分けられるわけでもない。グルタミン酸塩を使うシナプスの問題は神経学者に、ドーパミンを使うシナプスの問題は精神科医にという具合に、化学物質によって分けることもできないだろう。脳自身と同じように、学問分野も、歴史の気まぐれによって、時代の制約にしたがって、確たる計画もなしに進化してきたと考えるべきだ。とはいえ、知覚と感情を区別する発想が私たちにいまだに根強く残っているのは明らかである。脳のはたらき、あるいは脳の障害などについて考える際も、つい両者を分けて考えがちになる。

ここで示しておきたいのは、知覚と感情が分かちがたく結びついているということである。感情と結びつかない「純粋な知覚」と言えるものは、まずほとんど存在しない。知覚が私たちの意識にのぼる時には必ず、何らかの感情がそこに関与している。興味深い例を二つ紹介しておこう。いずれも脳の損傷に関わるもので、互いに補完し合うような例だ。一つは、一九二三年にフランスの医師、ジャン・マリー・ジョセフ・カプグラが報告した症例である。報告された患者は、側頭葉に損傷を負っており、物体や人間の顔の識別はできるのだが、認識した物体や顔に対して何の感情も起こらない。自分の両親のことは、「そっくりな替え玉」と思いこんだ。この患者の症状は、現在では「カプグラ症候群」と呼ばれている。彼が両親を「替え玉」と思いこんだ理由として考えられるのは、両親を見た時に起きるはずの感情が起きなかったことだ。そのため、「両親に見た目はそっくりだが実は別人である」と思わなければ納得できなかったのである。ただし、症状が起きるのは視覚だけに限定されていた。両親の声を聞けば、ちゃんと本物であると感じられた。

最初の報告以降、カプグラ症候群の患者は数多く見つかっており、その一部は注意深く観察されている。最も多いのは、両親を替え玉と思いこむ患者だが、その他、ペットなどを替え玉だと思いこむ患者もいる。共通しているのは、すべて強い感情が起きるはずの対象であるということだ。カプグラ症候群の患者にとって、非常に厄介なのが鏡だ。鏡に自分自身が映っていることは認識できるのだが、同時にどうしてもそれが自分の替え玉に思えてしまう。悪意を持ったストーカーのように思えて、恐怖を感じ、いっそ殺してしまえと考えることもある。

カプグラ症候群の患者の場合、視覚による対象の識別だけ、感情の起き方だけについて見てみると、何も問題があるようには思えない。実験してみると、よく似ているが違うという顔や物体を正しく区別することができる。幻覚を起こすわけでもなく、感情も聴覚刺激に対するものなら正常である。こうした観察結果と、解剖学的証拠から見て、カプグラ症候群は、視覚系のＷｈａｔ経路の後半部分と、扁桃体など感情に関わる部位との間の、情報伝達に関する問題であるということがわかる。

知覚と感情の関係を示す例の二つ目は、一次視覚野に損傷を負って盲目になった患者のケースである。第1章で、「盲視」と呼ばれる現象について触れた。これは、本人の自覚としては何も見えていないにもかかわらず、物体の位置を正確に知ることができるという現象のことである。脳血管障害によって一次視覚野に損傷を受け、盲目になった患者に対し、近年、目の前に人間の顔写真を置いて、その人の表情を当ててもらうという実験が行われた。写真は男性のものと女性のもの両方が用意され、表情も、恐れ、悲しみ、喜び、怒りなど典型的なものが用意された。被験者となった患者は、写真の人物の表情を、約六〇パーセントの確率で当てることができた。完全に答えられたわけではないのだが、これは、当てずっぽうに答えた場合に比べればはるかに高い確率である。同じ被験者に対し、ｆＭＲＩで脳の活動を調べながら、同じ実験を繰り返したところ、右の扁桃体が活発にはたらいているのが確認された。これは顔の表情を知る際にはたらく部位だ。特に、はたらきが活発になったのは、恐怖を示す表情を見た場合である。

以上のことを総合すれば、進化的に古い視覚システム、新しい大脳皮質の視覚システムのどちらがはたらいたとしても、視覚情報に反応して感情が起きる際には、扁桃体が活動していることがわかる。しかし、大脳皮質のＷｈａｔ経路の場合、視覚情報に反応して感情を引き起こすのに扁桃体以外の部位も関わっている可能性が高い。重要なことは、感情に関わる部位に視覚情報が流れ込む速度は非常に速いということだ。そのため、被験者に、感情と知覚を切り離して体験させるような実験を行うのは不可能である。「視界の中に暗い部分ができ、それが形を変えずに大きくなる」ということが起きれば、人間はどうしても、回避の行動をとってしまう。この場合、何かが自分に衝突しようとしている可能性が高いからだ。衝突を回避するのは無意識の行動であり、その機能は、人間に先天的に備わっている。同様に、草むらの中のヘビを見た時、人が怒っている顔を見た時などには、脳は心拍数、呼吸数を上げるといった、いわゆる「闘争・逃走反応」を開始することになる。感情の反応も即座に自動的に起きる。この反応が起きるのは、意識の上で次の行動を考え始めるより前である。ここで例にあげたのは、視覚情報に対する反応だけだが、同じことは他のすべての感覚について言える。感情と感覚は一体のものであり、両者を分けることは非常に困難だ。

痛みを避ける学習

生来、感情と不可分の感覚と言えば、誰でも思い浮かぶのは「痛み」だろう。痛みは、単に、感覚情報の経路が過剰に活性化したことのみによって起きるわけではない。痛みには、それ専用の感覚細胞があり、その軸索は脊髄につながり、最終的には脳へとつながっている。意外にも、痛みの情報を伝達する軸索の一部は直径も小さく、神経系の中でも伝達速度の遅い部類に入る。伝達速度は一秒間に一～二メートル程度だ。つま先をどこかにぶつけた時、最初は「何か当たった」というくらいに感じ（この最初の感覚は、伝達速度の高い経路を通って伝えられる）、しばらく経ってから痛みの波が襲ってくるのはそのためである。

痛みは、二つの点で人間にとって重要な意味を持つ。一つは、組織を破壊しかねない危険な刺激から体を保護するということ。もう一つは、一種の警告になるということである。「もう同じ状況にはならないよう、今後は注意しろ」と警告を発したことになるわけだ。ケガや遺伝性疾患などによって神経を損傷し、痛みを感じる能力を失ってしまった人は、絶えず危険にさらされることになる。ただ、実は、痛みというのは、単純ではなく、いくつもの要素から成り立つかなり複雑なものである。痛みに関しては、現在、少なくとも、痛みそのものについての情報を伝える経路、痛みに対する感情の情報を伝える経路、という二つの情報経路が存在すると考えられている。そう考えてよいだけの十分な証拠はすでに得られているからだ。痛みという感覚自体に関する情報を伝える経路は、視床の外側部（脳の正中線から遠く離れた部分）を通り、一次体性感覚野の「体の地図」にまで到達する。仮にこの経路だけに損傷を受けると、痛みの質を識別する能力が失われる（鋭い痛み、鈍い痛みの違いがわからなくなるほか、熱い冷たいの違いもわからなくなる）。この種の障害を負った場合、刺激に対して不快な感情を抱くことはあっても、その刺激が具体的にどのようなものかはわからず、体のどの部分にその刺激を受けたのかもわからない。

痛みに伴う感情の情報を伝える経路は、痛みの感覚情報そのものを伝える経路とほぼ、平行するかたちで走っている。この経路は、視床の内側部（脳の正中線に近い部分）を通り、島、前帯状皮質といった、感情を起こすことに関与する部位につながる。この経路だけに損傷を受けた場合、「痛覚失象徴」という状態に陥る。この状態に陥った人でも、痛みの刺激の質、位置、強さなどは正確に認識でき、引っ込め反射、顔をしかめる反射などは正常である。末梢神経の組織検査などをしても見かけ上、異常は認められない。痛覚失象徴の人で驚くのは、彼らが痛みに対して、普通なら当然持つはずのマイナスの感情を持たないように見えることである。自分の受けている痛みについて正確に話すことができるのに、それを辛いとは思っていないように見えるのだ。この症状は、遺伝子の異常で起きることもあれば（フランスで、痛覚失象徴が遺伝している家族が発見された）、ケガで島、前帯状皮質を損傷して起きることもある。

痛みに対してどのような感情を持つかは、その時の精神状態、注意の向け方などによって変わってくる。不安を抱いている時、痛みに注意を向けている時には、痛みに対する感情は強くなる。逆に、リラックスしている時、注意が散漫になっている時には、痛みに対する感情は弱くなる。催眠による暗示などで、人為的に痛みに対する感情を調整することもできる。暗示の仕方で、痛みに対する感情を強めること、弱めることが可能なのだ。マギル大学のキャサリン・ブシュネルらは、催眠による暗示を利用して、被験者の痛みに対する感情の強弱を調整するという実験を行った。その際、映像化技術を使って脳の活動状態も調べたが、感情の強さに応じて前帯状皮質の活動状況が変化することが確認できた。これは、痛みに伴う感情を扱う情報経路が確かに存在することを示す証拠とも言えるだろう。

前帯状皮質が関与するのは痛みだけではない。広く触覚刺激一般に対する感情を生み出すことに関与する。快い、軽い刺激（愛撫など）によっても、この部位が活性化することがすでに確かめられている。また、肌と肌の触れ合いによる人との情緒的な結びつき、ホルモンの分泌などにも関与することがわかっている（肌と肌の触れ合い、と言ってもセックスだけを指すわけではない。親子の触れ合いなども含まれる）。前帯状皮質の中のいくつかの部位、生化学的プロセスが、触覚刺激に対するプラスあるいはマイナスの感情を生み出すのに関与していることは間違いないだろう。

ラットを使って最近行われた実験では、痛みの回避を学習する上でも、痛みに伴う感情を扱う経路の方が、痛みの感覚情報そのものを伝える経路よりも大きな役割を果たすという結果が得られている。この実験で、ラットは二つの部屋に仕切られた箱に入れられた。二つの部屋は簡単に区別できるようにされた（この場合、一方を黒、一方に白に塗るというのが一般的）。ラットには、「条件付け場所嫌悪」と呼ばれる簡単な手法を用いて学習をさせる。どちらか一方の部屋に入ると、ケージの床の金属棒から足に弱い電気ショックを受ける。すると間もなく、ラットは電気ショックを受けた部屋を避けることを学習する。しかし、グルタミン酸塩の受容体をブロックする薬剤を前帯状皮質に注射してからトレーニングをすると、この学習をしなくなってしまう。また、どちらか一方の部屋に入れた状態で、電気ショックを与える代わりに前帯状皮質にグルタミン酸塩を注射すると、ラットは電気ショックを受けた場合と同じように、その部屋を避けることを学習する。一方、痛みの感覚情報を伝える経路にグルタミン酸塩、あるいはその受容体をブロックする薬剤を注射した場合、学習に影響は出なかった。この結果を見ると、痛みを避ける学習に必要なのは、痛みの感覚情報ではなく、痛みに対する感情であることがわかる。

現代の人類だけでなく、過去に生きた祖先も含め「ヒト科」の動物は一般に社会集団を作って生きる。したがって、私たちの感覚系に、他人との社会的な関係に適応して進化した部分があってもまったく不思議はない。最近の研究では、「いかにも痛そう」という状況の手や足の写真を見せただけでも、痛みに対する感情を扱う経路を含む脳の部位が活性化することがわかっている。前帯状皮質も写真を見ただけで活性化する。また、その写真がどの程度痛そうかによっても、活性化の度合いが大きく変わる。他人の痛みに対しても、自分の痛みと同じように反応するというのは驚くべきことだが、他人への共感、感情移入などの基礎には、こうした脳の仕組みがあるのかもしれない。今後、他人への共感に関して障害のある人を対象に同じ実験を行ってみるのも一つの方法だろう。

私たちは日頃、人と関わり合う中で「痛みを感じる」「傷つく」という言葉をよく使う。単なる比喩表現と言ってしまえばそれまでだが、身体的な「痛み」と、人間関係での「痛み」が本当に脳内のどこかで同じように扱われている可能性もある。カリフォルニア大学ロサンゼルス校のナオミ・アイゼンバーガーらは、巧妙な実験を行った。被験者に三種類のボール投げ遊びをしてもらい、その中で社会的な疎外感を覚えるよう仕組んだのだ。すると、予測どおり、被験者の前帯状皮質がかなり活性化することが確認された。この実験のボール投げ遊びは、実際のボールを投げるものではなく、コンピュータ画面を使った仮想的なものだ。脳内状況の映像化のため、被験者がｆＭＲＩ装置の中に入るので、そうせざるを得ない。ゲームの中での疎外感は、現実の社会生活の中で覚えるであろうものよりは弱いはずである。それでも、脳内の、痛みに対する感情に関わる部位はかなり活性化した。ｆＭＲＩの映像を見る限り、「この人は、真剣に好きな人から電話で『お友達でいましょう』とでも言われたのかな……」と思えるほどだった。この実験結果と、先述の「他人の痛みへの共感」を示す実験結果からすれば、痛みに伴う感情を扱う情報経路は、身体的な痛みと社会的な痛みの両方にとって重要と考えなくてはならないだろう。

ここまで、感覚系が脳の中でいかに密接に感情と結びついているかということを長々と書いてきた。さらに言えば、感覚と運動も、脳の中では同じように密接に結びついている。今日でも、学校では、脳の見取り図を見せられて、「この部分は感覚、この部分は運動に関わる」といった教え方がなされている。しかし、厳密に言えば、脳の区分はそれほど明確なものではない。感覚に関わる機能、運動に関わる機能が混在している部位も脳には多く存在する。小脳、大脳基底核などもそれに含まれる。しかし、ここでは、大脳皮質の中の、人間の社会的行動に関わる部分に対象を絞って話すことにしよう。何年か前に、パルマ大学のジャコモ・リゾラッティらが、サルの脳を使い、「運動前野腹側」と呼ばれる領域のニューロンの活動を記録している。この領域は以前には、「これからどのように体を動かすか」を決めるところだと考えられていた。そのため、サルが体を動かした時に、この領域のニューロンでスパイクの発火が見られても何も不思議はない。特に、ボタンを押す、ピーナッツをつまみ上げて食べる、といった動きの際に発火が見られるのは自然なことと考えられる。ただ、驚くのは、たとえばサルがカップを持った時に活動するニューロンが、他のサルが同じ行動を取るのを見た際にも活動するということだ。この種のニューロンは、「ミラーニューロン」と呼ばれているが、感覚と運動の両方に関与していると言ってかまわないだろう。間もなく、見る相手がサルではなく、人間であってもやはり同様に活動することが確かめられた（ただし、ビデオの映像を見せてもこのニューロンは活動しない。ビデオに映っているのがサルでも人間でもそれは同じ。3Dメガネを使って、立体映像を見せても同じだった）。その後、詳しく調べていくと、ミラーニューロンは、意図を持った行動一般に幅広く対応していることと、運動前野腹側だけでなく、前頭葉の他の部位にも存在することがわかった。

ミラーニューロンの発見に興奮した脳研究者は数多い。人間の行動の中でもこれまで不可解とされていた部分の解明に、この一見いかにも単純な発見が大きく寄与すると期待されたのだ。程度の差こそあれ、人間も類人猿も、進化の中で、他の個体の経験や意思を理解する能力を発達させてきた（「彼にはわかっていると思う」などと言えるのは、この能力があるためだ）。これは、より原始的な動物には見られない特徴である。ミラーニューロンは、良い目的（他人を思いやること、人間どうしが協調し合うことなど）にも、悪い目的（人心の操作、他人の攻撃など）にも利用できる。従来、「心の理論（Theory of Mind）」と呼ばれてきたものも、これで説明できる可能性がある。「心の理論」とは、他人の行動を、自分自身の行動に置き換えて理解する能力のことだが、ミラーニューロンがこの能力の生物学的な基盤になっているとも考えられるのだ。言語が生まれた背景にも、ミラーニューロンがあるのではないかと指摘されている。言語によるコミュニケーションには、心の理論が必要不可欠だからである。「話をしたい」と思うのは、自分以外の誰かがその話を聞くだろうと思うからだ。実験でミラーニューロンの存在が確認されたのはサルだが、人間にも同じようなニューロンはあると考えてかまわないだろう。ただ、本書の執筆時点ではまだそれが確認されたわけではない。人間の場合、ニューロンの活動を直接、記録できることは稀だからだ。もし記録できるとしても、脳の外科手術を行う際などのごく短時間に限定される。

この章では、感覚が常に他の要素からの影響を受けていること、また感覚が私たちには真実を伝えていないことなどを述べてきた。進化の歴史の中で作り上げられてきた私たちの感覚には、独特の「偏り」がある。たとえば、外界に存在する感覚情報のごく一部にのみ反応する、というのもその一つだ。また、脳が利用するのは、さらにその一部である。無視してしまう情報もあれば、他と結合される情報もある。それにより、私たちが普段、体験しているような、連続性と意味があって辻褄の合った「世界像」が作られるのである。さらに、感覚が私たちの意識にのぼった時点では、その感覚に対して何らかの感情が生まれている。この感情は一般に自分では制御できない。感情は次の行動をどうするかを決定するのに利用されるほか、他人の行動を理解するのにも利用される。

第5章 記憶と学習

記憶はどのように保存されるのか?

この章では、主として「記憶」について見ていこう。すでに見てきたとおり、脳の深層の部分は、体の基本的な機能を制御する役割を担っている。たとえば、反射、体温調節、食べ物、飲み物に対する欲求、覚醒の度合い(眠気)などは、脳の深層の部分で制御されている。深層の部分には、運動を制御する領域や、感覚情報を加工する領域などもある。人間の脳は、三段重ねのアイスクリームコーンのようなものだ。一段目のアイスクリームに相当する部分は、人間でも、両生類や魚類でもほとんど変わらない。二段目のアイスクリームに相当する部分は「辺縁系」、三段目に相当する部分は、「新皮質」と呼ばれる。人間らしさを作り出しているのは、二段目、三段目である。言語や推論といった高度で複雑な機能の多くは、新皮質で生じている。ただ、ここで強調しておきたいのは、こうした高度な機能はどれも、脳の持つ二つの基本的能力に依存しているということだ。それは、「記憶」と「感情」である。もちろん、両者は相互に関係し合う。

脳と個体の関係と、ゲノム（生物の持つ遺伝情報）と種の関係は似ているかもしれない。ゲノムを構成するDNAには、遺伝情報が記されているが、この情報には、ランダムに変更が加えられる。そして、この変更は、時に、（場合によっては、複数の変更が組み合わさることによって）生物に有利にはたらく。それによって子孫を多く残せるようになるかもしれないし、より環境に適応した子孫を産むことができるかもしれない。ゲノムは、一種の書物のようなものとも言える。それまでにその生物が「ダーウィン的淘汰」にさらされながら辿ってきた進化の歴史が記された書物だ。

脳に蓄えられる「記憶」には、ゲノムに似た側面がある。記憶の場合は、「種の歴史」ではなく、個々の人の歴史、個人個人がそれぞれの人生の中で得た経験が刻み込まれているわけだ。記憶の蓄積に要する時間は、遺伝情報が書き換えられる時間に比べてはるかに短いため、新たな経験、状況への適応も素早くできる。記憶は、自然淘汰によってゲノムが種を変えるのとは比べものにならないほど、自在に、そして大きく個人（個体）を変えると言ってもいいだろう。

記憶には、感情も関与する。生きている間、私たちは実に数多くの経験をする。中には、死ぬまで覚えている経験も少なくない。どの経験の記憶を保持し、どの経験の記憶を破棄するかを決定するメカニズムが私たちには備わっているのである。9・11の日に自分がどこにいたかは覚えていても、一ヶ月前の今日、夕食に何を食べたかは覚えていない、ということが起きるのはそのためだ。時間の経過とともに記憶が薄れてしまうこともあれば、似たような経験に紛れて詳細がわからなくなってしまうこともあるだろう（人生で一七回目の散髪がどんなものだったか正確に思い出せる人はいるだろうか）。ある情報を記憶しておくかどうかを判断するには、それが重要であるかどうかを知らせる信号のようなものが必要だ。その信号を基に、重要な情報とそうでない情報の区別ができれば、重要なものだけ記憶することができる。その「信号」の役割を果たすのが、感情である。経験に対して、恐怖、喜び、愛情、怒り、悲しみといった感情を抱けば、それは特に重要なものとみなされる。その経験の記憶は大切に、失われないよう保管される。重要とみなされ、保管された記憶は、その後の人生でも役立つことが多い。また、論理、推論、社会的認知、意思決定などは、こうした記憶を基礎になされる。いわゆる「個性」を形作っているのも記憶である。そして、記憶と感情を結び付ける作業こそ、脳が何より得意とするものだ。

普段の会話の中で私たちは、よく「あの人は記憶力が良い（悪い）」ということを気軽に口にする。しかし、実のところ、日頃の経験から、記憶がそう単純なものではないことにも薄々気づいている。記憶というのは、良い、悪い、と一言で表現できるようなものではないのだ。たとえば、人の顔と名前は簡単に覚えられるのに、ピアノリサイタルのために譜面を暗記しろと言われたら非常に苦労する、という人はいる。一方、本で読んだことは何でも覚えられるのに、「体の動かし方」を覚えるのは苦手で、たとえば

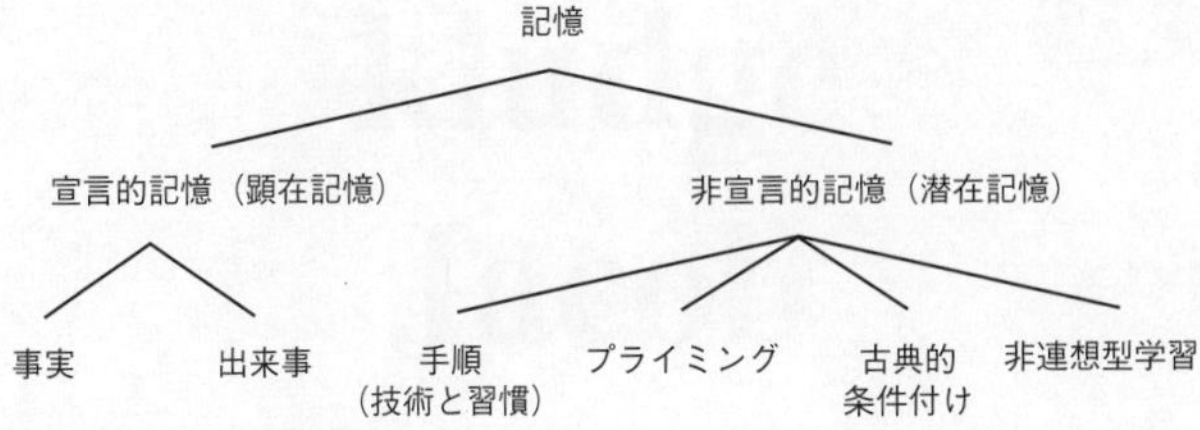

図 5-1　人間の記憶の分類。
出典：Elsevier from B. Milner, L. R. Squire, and E. R. Kandel, Cognitive neuroscience and the study of memory, *Neuron* 20: 445-468 (1998).（Elsevier より許可を得て一部変更）
（イラスト：Joan M. K. Tycko）

ゴルフのスイングなどがなかなか覚えられない人もいるだろう。

脳の研究者たちは、長年にわたり、記憶の分類を試みてきた。臨床的な観察に基づく分類である（図５－１を参照）。主に脳のどこかの部位に損傷を負ったことで記憶喪失に陥った人を対象とした研究が基礎となっている。損傷は、感染症、脳梗塞、外傷、ドラッグの濫用、アルコールの過剰摂取などによって起きる。また、第１章で触れたＨ・Ｍのように、てんかんの発作を抑えるために他の手段がなくてやむを得ず脳の一部の組織を切除した人も含まれる。短時間だけ作用する薬剤や電気ショック（鬱病の治療にあたり、他の処置に効果がない場合、電気ショックが使われることが以前はあった）による一時的な記憶障害も研究対象となる。

一九五〇年代には、一般にＨ・Ｍなど、海馬やその周囲の組織に損傷を負った患者は、新たな記憶を蓄えることが一切できないと考えられていた。しかし、詳

図5-2　ミラーリーディングは、海馬に損傷を受けた記憶障害者も、健常者も訓練によって同じように習得できる。ただし、教材にどのような単語が使われていたかは、健常者でないと記憶できない。

しい調査の結果、彼らは、実際、出来事に関する記憶（宣言的記憶）は蓄えられないものの、他の種類の記憶なら蓄えられることがわかってきた。何かの技術を習得するのも記憶の一種だが、そういう記憶ならば、できることもあるのだ。例としては、「ミラーリーディング」の習得などがあげられる。ミラーリーディングというのは、左右逆になった文字を読むという技術である（図5－2を参照）。この技術は、健常者も、H・Mのように海馬に損傷を負った記憶障害者でも、訓練すれば習得できる。記憶に種類の違いがあることは、ミラーリーディングの訓練の観察によってもよくわかる。健常者も記憶障害者も、訓練によりミラーリーディングの能力自体は日に日に向上していく（読むのに要する時間が徐々に短くなることからそれがわかる）。だが、前日の教材にどのような単語が使われていたかを思い出すことは健常者にしかできない。記憶障害者は、教材に使われていた単語に関しては何の記憶も持たないのだ（しかも、前日にトレーニングが行われたことすら、まったく覚えていない）。

今では、海馬に損傷を受けた人が蓄えられる記憶の種類はかなり多岐におよぶことがわかっている。運動に関する記憶なども蓄えることができるので、スポーツは練習すれば上達する。ミラーリーディングや運動に関する記憶は、図5-1の分類表でいえば、どちらも「技術と習慣」に入るだろう。「古典的条件付け」と呼ばれる手法により、「条件反射」を起こさせることが可能な記憶障害者もいる。腕に軽い電気ショックを受ければ、反射的に心拍数が上がる。しかし、通常、視界にかすかに赤い光が見えた、というような刺激で心拍数が上がることはない。それ自体、特に体への影響はないからだ。ところが、電気ショックを加える際に、必ず赤い光が見えるということが続けば、いずれ脳は、光が電気ショックと関連していることを学習し、赤い光を見ただけで心拍数が上がるようになる。海馬に損傷を受けた記憶障害者も、何日か訓練をすると、やはり赤い光を見ただけで心拍数が上がるようになる。ただし、本人は、訓練を受けたことをまったく覚えていない。

記憶障害者が保持する記憶の中でも特に興味深いのは、「プライミング（先行することがらが、それに続くことがらに影響するという現象)」と呼ばれる現象に関連するものだろう。この種の記憶は、オックスフォード大学のエリザベス・ウォリントン、ラリー・ウェイスクランツによって最初に確かめられた。彼らは記憶障害を持つ被験者が、前日に見せた単語のリストの内容を思い出せるかどうかを実験した。当然のことながら、単純に前日どのような単語を見たかと尋ねた場合、被験者は何も思い出せなかった。しかし、前日見せた単語の最初の何文字かを提示すると、残りの文字を正しく答えられることが多い。被験者本人の意識としては、当てずっぽうに答えているだけなのだが、その答えが正しいことが多いのである。単語リストに“crust(パンの耳)”という単語があった場合、“cru＿”までを見せれば、多くの場合、“crust”と答えるということだ。他にも、“cru＿”ではじまる単語は、“crumb(パン粉)”“crud(がらくた)”“cruller(クルーラー。ドーナッツの一種)”などいろいろあるにもかかわらず、である。海馬に損傷を受けた記憶障害者が保持できる記憶は、運動に関するものが多いが、そうではない点が興味深い。

記憶障害者が保持できる記憶(プライミングで想起できる記憶、技術、習慣に関する記憶、条件反射、その他)は、すべて「非宣言的記憶(潜在記憶)」に分類できる。この種の記憶の特徴は、意識して想起することができないという点だ。「思い出す」ことはできないのだが、行動を外から観察すれば、記憶が保持されていることがわかる。非宣言的記憶は、私たちが日常の会話で「記憶」と呼んでいるものとは異なる。事実や出来事に関する記憶ではないわけだ。「昨日の朝食に何を食べたか」「今の英国の首相は誰か」といったことを覚えているのとは違う。ただ、この非宣言的記憶も、私たちが生きていく上で重要な意味を持つことは間違いない。

記憶障害者の観察の結果から見て、宣言的記憶の蓄積には、健常な海馬（海馬そのものだけでなく、その周辺の組織も）が必要なことは明らかである。ここで一つ重要なのは、記憶は、一つ一つがまとまってどこかに保存されるのか、それとも、一つの記憶がいくつもに分割され、あちこちに分散されて保存されるのかということだ。これに関する研究の中でも古いのは、モントリオール神経学研究所の神経外科医、ワイルダー・ペンフィールドが一九三〇年代に始めたものである。ペンフィールドは、てんかんの手術を受ける患者の脳に電気刺激を与える実験を行った。

これは単なる学術研究のための実験ではなかった。脳内のどの部位が発作を引き起こすのかを正確に知る必要があったのだ。それにより、手術で損傷を受ける部位を最小限に抑えたいと考えていた。脳の組織自体は、まったく痛みを感じることはない。したがって、神経外科の手術は、頭皮、頭蓋骨に痛みを感じないよう局所麻酔をかける必要はあるが、患者に意識のある状態で行うことができる。実験は、一〇〇〇人を超える患者を対象に行われたが、電気刺激を与えるのは皮質表面に限定された（図5－3）。一部の患者では、刺激を与えた際に、一定の知覚が見られた。音楽や人の声が聞こえる場合もあれば、ペットや親しい人の姿が見える場合もあった。電気刺激が、記憶を呼び起こ

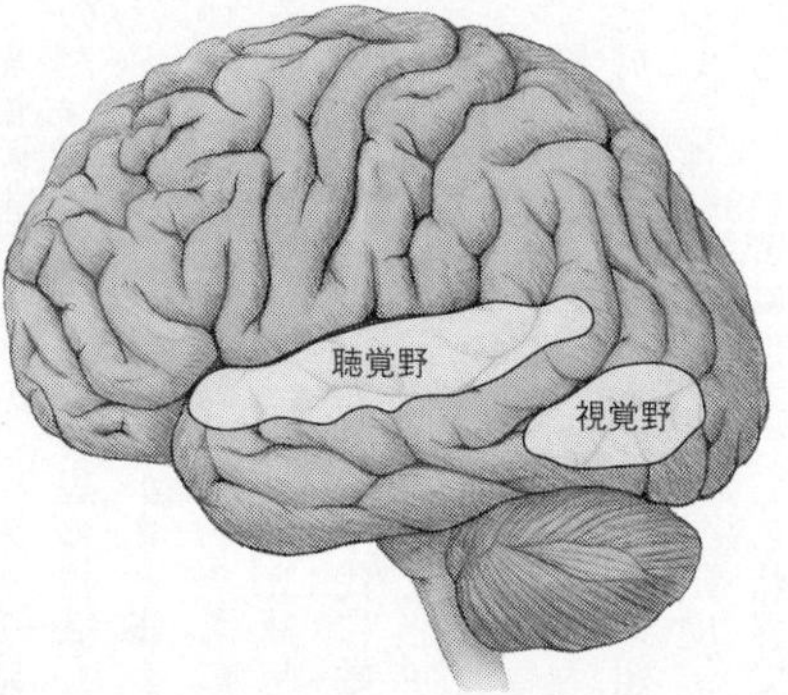

図5-3　てんかんの手術を受ける患者の脳に電気刺激を与える実験。カナダの神経外科医、ワイルダー・ペンフィールドは、てんかん手術を受ける患者の大脳皮質表面に電極をつけ、刺激を与える実験を行った。実験は、患者に意識がある状態で行われたが、刺激した部位ごとに違った知覚が見られた。
（イラスト：Joan M. K. Tycko）

したということだろうか。そうとも言えるし、そうでないとも言える。時には、実際に起きた過去の特定の出来事（少なくともその一部）が想起されたこともあった。しかし、多くの場合、電気刺激によって起きた知覚は、現実離れした「夢のような」ものである。空想によくある、物理法則を無視したような知覚だ。電気刺激によって「記憶」が想起された部位が、まさにてんかんの病巣であるということも多かったが、その部位の組織を破壊したとしても、保持されていたはずの記憶が消えてしまうというような現象は見られなかった。つまり、ペンフィールドの実験は確かに興味深いものではあったが、記憶がどこにどのように保持されるのか、という疑問をすっきりと解消することはできなかったわけだ。

海馬や周辺組織が破壊されても、非宣言的記憶の保持は可能なのだとしたら、その種の記憶の保持に重要な役割を果たす部位はどこなのだろうか。その問いに関しては、海馬以外の部位に損傷を受けた人についての研究がヒントになるだろう。たとえば、扁桃体への損傷は、古典的条件付けによる記憶保持に関連しているようである。ある刺激に対して特定の感情を起こさせるような条件付け、中でも「恐怖」の感情を起こさせる条件付けに関係が深いようだ。一方、小脳への損傷は、感情には関係のない刺激に関する古典的条件付けに影響を与える（図5－4を参照）。

果たして、記憶はどこにどのように保持されているのだろうか。個々の記憶が、それぞれに割り当てられた特定の場所に保持されているということなのか、そうでないのか。その答えは簡単ではない。第一、同じ記憶でも、非宣言的記憶と宣言的記憶では少し異なってくる。非宣言的記憶は、意識的に思い出すものではなく、特定の刺激（複数の刺激の組み合わせの場合もある）によって呼び起こされるものだ。また、呼び起こされても、「頭に思い浮かぶ」というわけではなく、行動に何らかの影響を与えるというかたちで現れる。非宣言的記憶は、特定の場所に保持されていることが多い。それも、脳の特定の部位というよりさらに狭い範囲に記憶が保持されていることも多い。特定のニューロンだけに保持される記憶もある。これが、宣言的記憶になると事情は変わる。宣言的記憶は、意識的に思い出すものだ。この種の記憶は、広範囲に役に立つ。記憶がはじ

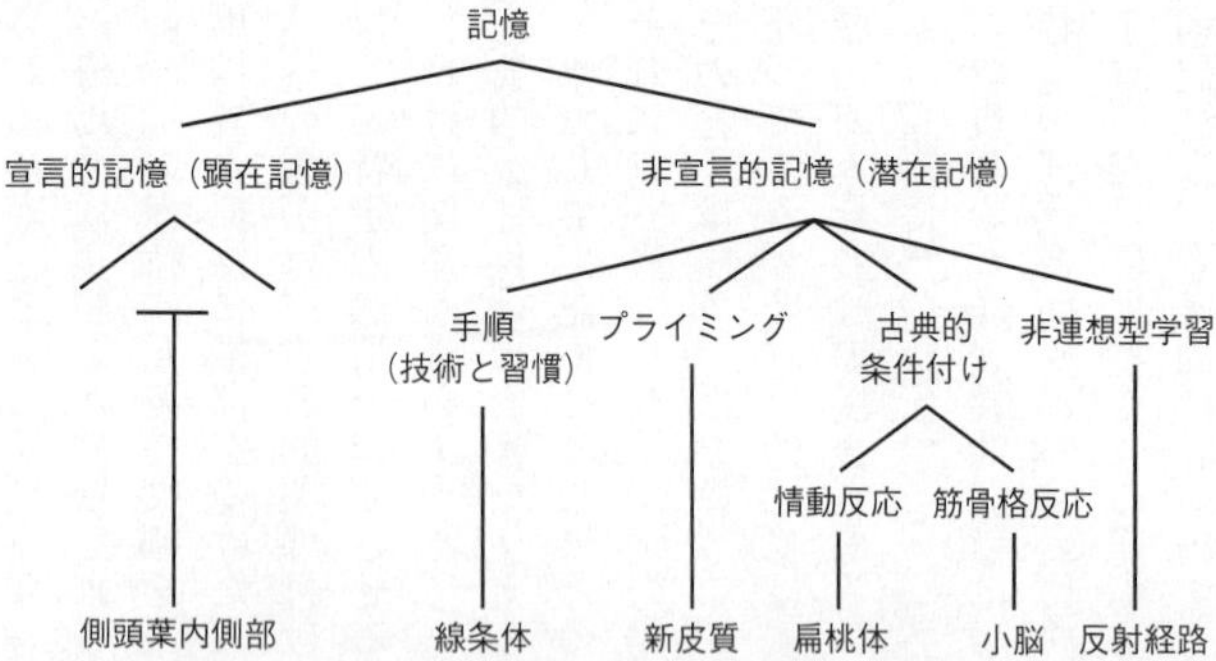

図 5-4　人間の記憶の分類。図5-1と基本的に同じ。関係の深い脳の部位をそれぞれに示してある。側頭葉内側部というのは、海馬とその関連領域（大脳皮質に位置する）と考えてよい。注意すべきなのは、実際の経験についての記憶は、複数種の記憶が混じり合ってできているということだ。たとえば、「テニスのレッスン」という経験をしたとする。その場合、もちろん、レッスン中に起きたこまごまとした出来事についての記憶（宣言的記憶）も生じるが、一方で、プレーのための体の動かし方についての記憶など、意識して思い出すわけではない記憶（非宣言的記憶、「技術と習慣」）も生じることになる。

出典：L. R. Squire and E. R. Kandel, Cognitive neuroscience and the study of memory, *Neuron* 20: 445-468 (1998).（Elsevier より許可を得て一部変更）（イラスト：Joan M. K. Tycko）

めに蓄えられた時とは大きく違う刺激によって想起することが可能だからだ。たとえば、「あなたのお母さんの顔を思い浮かべてください」という文を読んで受ける刺激と、母親の顔を最初に覚えた時の刺激とはまったく違うものである。それでも、この文を読んで母親の顔を思い出すことは通常、可能である。ただ、そのために、宣言的記憶には制約が課されることになる。非宣言的記憶は、無意識に、特定の刺激によって呼び出されるのみなのだが、宣言的記憶の場合にはそうではないため、はるかに高度で複雑な情報システムに蓄えられる必要があるのだ。また、非宣言的記憶のように、一つ一つ、脳内の特定の部位に保持するわけにもいかない。

海馬の損傷は、「前向性健忘」という症状を引き起こす。事実や出来事についての新しい記憶が蓄えられない、という状況に陥るのである。海馬に損傷を受ける前の半生で得た宣言的記憶は、すべてが失われるわけではない。過去の宣言的記憶に関しては、少し「穴」ができるという程度にとどまる（過去の記憶が失われることは「逆向性健忘」と呼ばれる）。だいたい、海馬が損傷する前の一〜二年間くらいの宣言的記憶が失われるのが普通である。H・Mなどの事例でも、過去の一部に関する記憶は永久に失われたが、古い記憶は残った。この現象に関しては、次のような説明が可能だろう。つまり、宣言的記憶は当初、海馬とその周辺の領域に蓄積されるが、徐々に数ヶ月から数年という時間をかけて、大脳皮質の他の部位に蓄積場所を移動していく、ということだ。最終的に宣言的記憶は、大脳皮質の各所に分散して蓄積されるという説が今のところ有力である。ただし、蓄積される部位は、無作為に選ばれるわけではなく、その記憶を生んだ知覚に関与した部位が選ばれるようだ。たとえば、音声に関する記憶は聴覚野に保持され（言語についての記憶は、聴覚野の中の、さらに狭い範囲に保持される）、視覚についての記憶は、視覚野に保持されるといった具合だ。現実の記憶には、複数の知覚が関与することが多いため、一つの経験についての記憶が複数の部位に分散して保持されることになる。「はじめて海へ行った」という一つの経験であっても、それには複数の知覚が関与していて、知覚ごとに記憶が保持される脳内部位は変わるわけだ（また、視覚、聴覚といった個々の知覚にもいくつか種類があるため、保持される部位は、その種類によってさらに細かく分かれる）。あらゆる宣言的記憶を永続的に保持するということを専門に行っている部位は、どうやらなさそうである。記憶がかなり複雑なものだという印象は、日頃生活していて、誰でも持つものだと思うが、その背後にはこうした脳の仕組みがあるに違いない。エルヴィス・プレスリーの曲の歌詞ならどれでも全部完璧に覚えているのに、人の誕生日は何度言っても覚えられない、そんな人がいてもまったく不思議ではない。

記憶の攪乱

記憶は、持続期間によっても分類できる。記憶にはいくつかの段階があり、脳内でそれぞれに異なった処理をされるらしいことがわかっている。最初の段階は「ワーキングメモリ」である。この種の記憶は、最も短期間で消えてしまう。兄弟姉妹のいる人は、ワーキングメモリの特性について実感しやすいかもしれない。電話番号を電話帳で調べて、ダイヤルするまで忘れないように繰り返し唱えていたら、横からどんどんでたらめな数字を言われて邪魔されたというような経験はないだろうか。ワーキングメモリは、ほんのわずかな時間だけ情報を保持する、いわば黒板のような記憶である。何かの作業をするのに十分なくらいの時間は情報を保持できるが、すぐに消える（ダイヤルをする間、電話番号を覚えている、文を最後まで読み終わる、あるいは聞き終えるまでの間、その文の最初の部分を覚えているなど）。何度も声に出して唱える、頭に繰り返し思い浮かべるといった方法で保持できる時間を少し長くすることはできるが、そうしなければ、あっという間に記憶は消えてしまう。ワーキングメモリは、宣言的記憶の一種だ。時間の経過による状況の変化、展開を理解するためには、必須の記憶と言える。感覚と認知をつなぐ接着剤のようなもの、と言ってもいいかもしれない。

海馬に損傷を受けて記憶障害に陥った人も、ワーキングメモリは保持できる。個々のニューロンのレベルで完璧に仕組みが理解できているわけではないが、ワーキングメモリの保持には、いくつか特定のニューロンの持続的発火が必要というのが現在の定説になっている。そのことは、サルを使った「遅延見本合わせ」と呼ばれる実験で確かめられている（図5－5）。この実験で、サルにはまず色のついた光が見せられる。その数秒後、サルは二つ以上提示された光の中から、最初に見たのと同じ色を選ばなくてはならない。正解すれば、食べ物がもらえる。実験の結果、ワーキングメモリが保持されている間、視覚系のＷｈａｔ経路上部の領域（ＴＥと呼ばれる）に位置するいくつかのニューロンが発火し続けることがわかった。この領域からは、前頭前野に向かって数多くの軸索が伸びており、前頭前野のニューロンも同様に発火する。人間を被験者として、

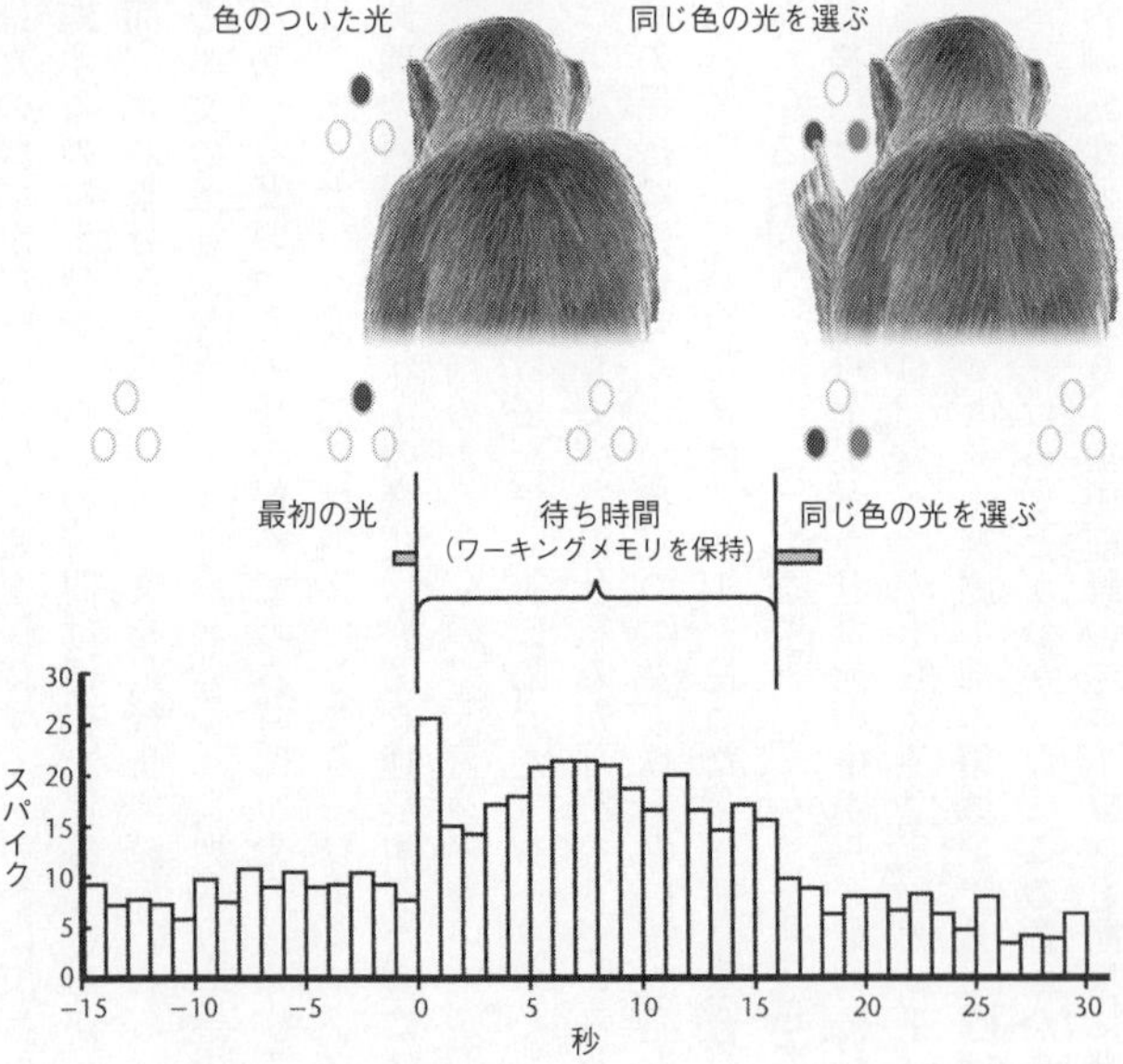

図 5-5　ワーキングメモリが保持される際のニューロンの活動。「遅延見本合わせ」の実験では、サルにまず、色のついた光を見せる。その数秒後、サルは二つ以上提示された光の中から、最初に見たのと同じ色のものを選ばなくてはならない。上のグラフは、視覚系の What 経路上部の領域（TE と呼ばれる）でのニューロンの活動を記録したもの。最初の光を見せられた後、15秒ほどの間（ワーキングメモリが保持されている間）、いくつかのニューロンが発火し続けていることがわかる。

出典：L. R. Squire and E. R. Kandel, *Memory: From Mind to Molecules*（Scientific American Library, New York, 1999）; ©1999 by Scientific American Library; Henry Holt and Company, LLC. 許可を得て一部変更の上、転載。（イラスト：Joan M. K. Tycko）

頭皮に電極をつけて行う実験でも、ワーキングメモリが保持されている間、前頭前野に同じような活動が観察される。今のところ、ワーキングメモリのシステムは一つではなく、脳の領域ごとに存在すると考えられている。聴覚野、視覚野といった領域ごとにワーキングメモリを扱うシステムが存在するというわけだ。どの領域も前頭前野につながっている。前頭前野が、少なくとも、ある程度は複数の感覚のワーキングメモリを統合する役割を担っているようだ。人間にしろ、サルにしろ、前頭前野に損傷を受けた場合にはワーキングメモリに障害が生じるという事実は、この考えを裏付ける。

前頭前野は、たとえ損傷を受けなくても、ワーキングメモリを保持している時に電気刺激があっただけで攪乱されることが、サルを対象とした実験で確認されている。同様のことは、前頭前野に薬剤を注入し、調節伝達物質ドーパミンの受容体をブロックするか、過剰に活性化することによっても起きる。ドーパミンは、聴覚系や視覚系など他の領域から、情報が前頭前野に伝わることがきっかけで起きるスパイク発火の量を調節するはたらきをする。統合失調症、パーキンソン病など、ドーパミン伝達に問題のある病気の患者が、ワーキングメモリにも問題を抱えているケースが多い背景には、こうした事情があるようだ。

「壮年」と呼ばれるくらいの年齢の人の雑学知識（ニュース、大衆文化などに関する知識）を調べると、当然ながら、遠い過去のことより最近のことの方がよく思い出せるのがわかる。時間の経過とともにどのくらいのことを忘れるかを示す曲線を「忘却曲線」

と呼ぶが、その忘却曲線を見ても、「なるほど予想どおり」と思えるようなものにしかならないのが普通だ。ただ、中には遠い過去の記憶にもかかわらず、忘却曲線にしたがわずに残るものもある。異常に強く、壊れにくい記憶もあるのだ。ある出来事についての記憶は、ワーキングメモリから「短期記憶」になり、その後「長期記憶」になり、やがて「記憶痕跡（エングラム）」になる（エングラムになると、記憶が脳の構造的、物理的な変化となって残る）。この過程で、壊れやすく、撹乱されやすいものから、徐々に安定したものになっていく。これを記憶の「固定化」と呼ぶが、固定化には、必ず一定の時間を要する。記憶の固定化が起きる証拠は、人間、動物、どちらを対象にした研究でも見つかっている。薬剤の効かない鬱病の治療のため両側性電気ショック療法（ECT＝Electroconvulsive Therapy）を受けた人に対して、同じようにニュースなど、雑学についての知識を調べると、電気ショックを受ける直前の出来事に関する記憶が最も撹乱され、薄れてしまうことがわかる。それより過去の出来事に関しては、こうした撹乱は起きず、時間が経過するうちに自然に記憶が薄れるという普通の忘却パターンになる（図5－6）。当然、この種の実験では、対照群の存在が重要になる。一般の人だけでなく、重度の鬱病を抱えているが、電気ショックを受けない人たちとの比較もしなくてはならない。

人間ではなくラットなどの動物を対象に同じ実験を行うことも可能だ。もちろん、動物が相手では、雑学の知識を問うというわけにはいかない。そこで、代わりに、何らか

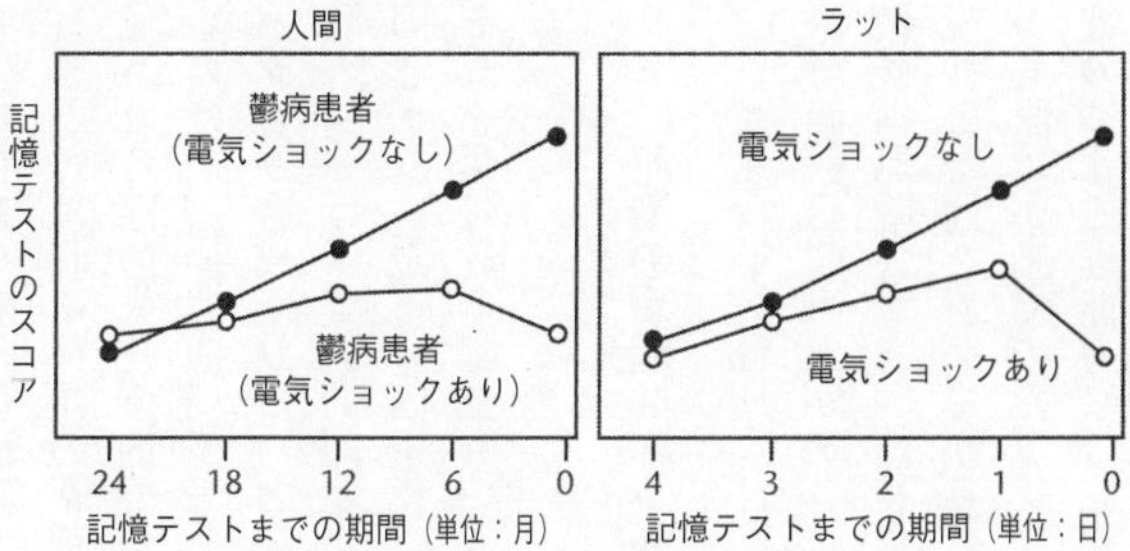

図5-6　電気ショックによる記憶への影響を見る実験。新しい記憶は電気ショックによって攪乱されやすく、古い記憶は攪乱されにくい。人間でもラットでも同様の結果が得られる。電気ショックを受けなかった場合は、人間でもラットでも、記憶は時間の経過とともに徐々に薄れていくというパターンが見られる。しかし、電気ショックを受けると、電気ショック直前の記憶が大きく攪乱されてしまう。古い記憶は普通の忘却パターンを示す。上のグラフでは、人間とラットで時間の単位が異なる点に注意。（イラスト：Joan M. K. Tycko）

の作業（迷路を通って食べ物を見つけるなど）を習得させ、それをどのくらい覚えているかを調べるという方法を採る。迷路の道順などを習得させてから、ECTを受けさせるまでの時間をさまざまに変え、それによって記憶の薄れ方に変化が出るかどうかを見るのである。ラットにECTを受けさせ、翌日に迷路の道順についての記憶を調べると、その結果は人間の場合とほぼ同等のものになる。道順の習得とECTとの時間差が少ないほど、記憶が攪乱されやすいのだ。逆に、ECTとの時間差が多ければ、記憶は定着し攪乱されにくくなる（図5－6）。これと同じ手法は、ECTでなく、薬剤の投与など、他の方法で記憶を攪乱する実験でもよく用いられる。薬剤の中でも特に使われることの多いのは、タンパク合成阻害薬と呼ばれる種類の薬剤である。これは、遺伝子の指示により新しいタンパク質が生成される際の生化学的処理のいずれかの段階を阻害する薬剤だ。この種の薬剤が使われるのは、「短期記憶が定着して、より失われにくい長期記憶になる過程で、新たなタンパク質が合成される」という広く受け入れられた仮説があるためだ。ここで紹介した実験の例では、宣言的記憶が対象となっているが、非宣言的記憶の場合も、研究によれば同じように定着（固定化）し、その際、新たなタンパク質の合成を必要とするらしい。それを裏付ける証拠もいくつか見つかっている。

記憶の想起はネット検索に似ている

一九九六年一〇月六日夜、私はテレビを見ていた。はっきりと覚えている。他にも全米で四六〇〇万人がテレビを見ていた。ビル・クリントンvsボブ・ドールの最初の大統領候補討論会があった夜だ。クリントンには、一つ癖があった。何か質問をされた時、三秒ほど間を置いてから、慎重にきめ細かく答えていくのだが、間を置いている時にいつも眼球が動くのだ。クリントンの政策に対する気持ちは人それぞれだろうが、誰もが彼の情報処理能力には感嘆せざるを得ないだろう。三秒間を置いて質問に答える、という場面を何度か目にした後、妻は「何だか、テープを巻き戻しているみたいね」と言った。これには笑った。本当に、頭の中で何かの機械が動いているように見えたからだ。

事実や出来事に関する記憶を、テープや写真のようなもの、ととらえている人は多いだろう。何かを思い出す時は、テープを巻き戻すようなこと、あるいはアルバムのページをめくるようなことが頭の中で起こっているというわけだ。だが、それはどうも、まったく事実とは異なるようだ。すでに書いたとおり、事実や出来事に関する記憶、つまり宣言的記憶を保持する上で、問題になるのは、その記憶が生まれた時とは異なる、さまざまな刺激によって想起できなくてはいけない、という点である。重要なのは、記憶の想起が、かなり能動的な作業であることだ。アルバムのページをぱらぱらとめくりながら、写真を何となく眺めるのとはわけが違う。記憶自体も、色褪せていく写真を集めたアルバムのようなものではない。記憶の想起は、むしろ、グーグルなどの検索エンジンで、インターネットから情報を検索することに少し近いかもしれない。たとえば「去年の夏、海岸に日帰り旅行に行った時、一緒だったのは誰？」と入力して検索すると、「海岸」や「去年の夏」といったキーワードに関わる記憶の断片が数多くヒットするというイメージだ。これが「去年の夏、海岸に日帰り旅行に行ったとき、雷雨にあって、家に向かう車の中で気分が悪くなって戻った時、一緒だったのは誰？」だと、キーワードの数がさらに増えることになり、出来事についての記憶が多く蘇る可能性が高くなる。同じ出来事でも、そのさまざまな側面について思い出せる可能性が高まるのだ。もちろん、記憶（宣言的記憶）の検索の場合、通常、文字を使って検索するわけではないところがグーグルとは異なる。

記憶の検索は、蓄えてあるものをただ見つけ出して取り出すようなものではなく、もっと積極的、能動的な活動である。過去の出来事についての記憶に後から修正を加えることもある。ただ、この特性は諸刃の剣だ。その後の人生に記憶を活かす上でも、記憶を想起する上でも、便利なのだが、誤りが生じやすいのだ。まず、何度も繰り返し起きた、ありふれた出来事についての記憶は、すべて「一緒くた」にされやすい。これについては、誰もが自分の経験で知っているはずだ。私はカリフォルニア州で育っていて、子供の頃には、おそらく父と「ザッキーズ」というデリカテッセンで何百回も夕食をとっている。ザッキーズでの夕食に関しては、断片的な記憶が数多く残っている。マッツァボール（マッツァは、ユダヤ人が食べるパン。マッツァボールは、マッツァの材料となる粉で作った団子）スープのにおい、なぜかドアの見える席に座りたがるなど、父のちょっとした癖、タバコの自動販売機から聞こえる奇妙な機械音、ベーカリーケースに入った、つやつやしたマジパンフルーツ（ドイツのお菓子）の不自然な色……どの記憶も、いつお店に来た時のものと特定できるわけではない。何年何月何日の食事がどんなだったか、ということを逐一思い出せる自信はまったくない。だが、父がザッキーズで「近々、心臓の三重バイパス手術を受ける」と私に告げた一九七四年の夜のことは、ほとんど何もかも思い出せる。父の話があまりにショックだったために、この時の食事の記憶は私の頭に強く刻み込まれ、ずっと残ることになったのだろう。

感情を動かすような出来事が、長期記憶に特に強く刻まれやすいことは誰もが知っている。記憶にどのくらい残るかは、その出来事が起きた時にどのくらい感情が動いたかですべて説明できる、と言ってしまいたくなる人もいるかもしれない。確かに、感情の動きで説明できることも多いのだが、実はそれがすべてではない。現在では、長期記憶の定着には、その出来事を経験した後の会話も影響することがわかっている。二〇〇一年九月一一日に自分がどこにいたか、何度も繰り返し人に話していれば、それだけ記憶が強く刻まれるのだ。さらに、話すことで、話す人、聞く人の感情が動き、それが記憶の強化に微妙に影響することもある。出来事と話が、頭の中で混ざり合うこともある。

記憶のエラーが起こる理由

記憶の定着に以上のような特性があるのは、いろいろな点で「良いこと」と言える。何度も起きるようなありふれた出来事についての記憶は、時間の経過とともに、どれがいつのもの、というのではなく、どれもすべて「一緒くた」になった方が役立つことも多い。また、感情を大きく動かした、ありふれていない出来事についての記憶を際だたせることにもつながる。とはいえ、この特性に問題がないわけではない。単に時間の経過とともに徐々に薄れていくだけならよいが、記憶が歪められて事実とズレが生じることも少なくないからだ。ハーバード大学の心理学者、ダニエル・シャクターの名著、『なぜ、「あれ」が思い出せなくなるのか――記憶と脳の7つの謎（*The Seven Sins of Memory*）』（春日井晶子訳、日本経済新聞社）では、宣言的記憶の想起に関して、「混乱」「暗示」「書き換え」という三種類のエラーが起きやすいとしている。

「混乱」というのは、記憶の中に正確な部分とそうでない部分が混じってしまうというエラーで、記憶の種類を問わず、非常によく見られる。混乱の例としては、まず「情報源の混乱」があげられる。これは、あるジョークを本当はテレビで見て覚えたのに、「義理の妹に教わった」と思いこんでしまう、という類の混乱だ。実際には他人から教わったにもかかわらず、「自分で考えた」と思いこむ混乱もよくある。外からの情報を自分の中から出てきたと勘違いするわけだ。私には三〇年くらい、自分で考えたと思ってずっと口ずさんできたメロディがあったのだが、後でそうではないとわかったこともある。一九四〇年代のバッグス・バニーのアニメが入ったDVDを子供用に買ったのだが、見ていたら、まさにそのメロディが聞こえてきたのだ。

「混乱」は、音楽史上最も有名な盗作訴訟にも関わっている。ジョージ・ハリスンの一九七〇年のナンバーワンヒット、「マイ・スウィート・ロード」である。歌詞やアレンジは異なっていたものの、「マイ・スウィート・ロード」のメロディは、シフォンズの一九六三年のナンバーワンヒット「イカした彼（*He's So Fine*）」に酷似していたのだ。裁判の判決では、ハリスンに盗用の意図はなかったが、記憶にあった「イカした彼」のメロディ（ハリスン自身、聴いたことがあると認めた）を、自ら新しく作ったものと混同したのはまず間違いないとされた。結局、「イカした彼」の著作権を保有する会社は、ハリスンから多額の賠償金を受け取ることになった。

情報源の混乱以外には、似た例として、時間や場所の混乱がある。この種の混乱の研究では、単語リストを使った実験が行われる。最初に単語のリストを被験者に見せ、その翌日、別のリストを見せて、「昨日も見た単語はどれ」と尋ねるのである。実際には前日見ていない単語を「見た」という被験者は多い。ただし、実験の結果は、リストの内容によっても変わってくる。翌日見せるリストの単語を、被験者にとって馴染み深いものにした場合、または前日のリスト中の単語に意味的に関連のあるものにした場合、混乱が起きる可能性は高まる。最初のリストに「針」「裁縫」「ピン」「縫い目」などを入れておけば、翌日、「糸」という単語を「見た」と思いやすいということだ。まるで、「早く認識することができれば、すでに見たことのある単語である」と判断するシステムが脳内にあり、それが混乱の元になっているようにも思える。

記憶に生じやすいエラーとしては、すでに述べたとおり、「混乱」以外に、「暗示」「書き換え」がある。これは、記憶を想起する際に、その記憶以外の情報が入り込むことで生じるエラーだ。「暗示」は、外部（他人、映画、本、テレビや新聞など）からの情報に影響を受けて、記憶が変化することを意味する。「書き換え」は、過去についての記憶を、現在の状況に合うように歪めてしまうことだ。「レッドソックスがワールドシリーズで勝つのは最初からわかっていた」などと、結果が出てから言い出す人がよくいるが、これは「書き換え」の例と言える。記憶の書き換えは、驚くほど簡単に起きる。それを確かめるため、警察の「面通し（容疑者を目撃者に見せて、自分が目撃した人物かどうかを答えさせること）」を模した実験が何度か行われている。実験ではまず、何人かの被験者に、コンビニエンスストア強盗（実験のための演技で、本物ではない）の映像を見せる。その後、六人の容疑者が一列に並んだ映像を見せるのだが、実は六人の中に犯人は含まれていない。被験者に、容疑者を一人ずつ見せ、犯人かどうかを逐一尋ねていけば、ほとんどの場合、全員について犯人ではないという答えが返ってくる。しかし、六人を一度に見せ、「この中に犯人はいるか」と尋ねると、被験者の四〇パーセントほどが六人の中から犯人を選び出す（犯人に最も外見が似ている人が選ばれることが多い）。前もって、他の何人かの被験者がすでに犯人を特定したと伝え、本当にそれが正しいかを確かめて欲しいと言うと、被験者の七〇パーセントがウソの記憶を「思い出す」ことになる。実際には犯人ではない人を犯人と認めてしまうのである。この結果は、「暗示」や「書き換え」の存在を裏付けると同時に、警察の実際の犯罪捜査や司法の場などでも、同様のことが起こる危険性を示唆している。

暗示は、子供、特に就学前の子供においては、大人より深刻な問題となる。それについての研究では、よく何人かの子供たちのグループがいる部屋に、髪の毛のない人がやってくるという状況を作って実験が行われる。髪の毛のない人は、子供たちに本を読んでやり、しばらく一緒に遊んだ後、その場を去る。翌日、子供たちに「昨日、お部屋に誰か来ましたか。どんなことがありましたか」と尋ねた場合、記憶が曲げられることはない。子供たちは覚えていることをそのまま話すし、完全とは言わないまでも、その内容は事実とほぼ一致する。だが、「お部屋に来た人の髪の毛は何色でしたか」という質問をすると、かなりの数の子供たちが、ないはずの髪の毛の色をねつ造してしまう。はじめのうちは、髪の毛はなかったと答えていた子供たちも、時間をおいて何度か繰り返し同じ質問をすると、そのうちに作り話を始める。単に「髪の毛は赤だった」と答えるだけでなく、「ひげもあったよ」などと別の嘘まで重ねる子も多い。当初、この種の研究では「昨日、お部屋に誰か来ましたか。どんなことがありましたか」という類の「無害な（嘘を誘発しない）」質問だけをしていた。確かに子供は、物事の細部に関しては大人の言うこと、態度に左右されるかもしれないが、だからといって、事実とはまったく違う根本的な嘘まではなかなか言わないだろう、と皆、考えていたのだ。特に精神的なダメージの大きい「トラウマ」になりそうな出来事に関しては、大筋では嘘は言わないはずだ、というのが大方の意見だった。

だが、一九八〇年代、幼児虐待の告発が相次ぎ、注目を集めたことから、何人かの研究者が、この点について再度実験を行った。その結果、驚くべき結果が得られている。就学前の子供の場合、虐待（大声で怒鳴る、ぶつ、服を脱がせるなど）に関するまったく嘘の証言をさせることが簡単にできたのだ。また、小学生の子供に関しても、就学前の子供ほど簡単ではないにせよ、やはりそれは可能だった。そうするだけの社会的誘因さえあれば、子供は嘘の証言をする。ある方向に誘導するような質問をする、特定の答えをするようそれとなく促す、何度も同じ質問を繰り返すといった手法を使えばいいのだ。一九八〇年代に、セラピストや警官が、保育士を告発するための証拠作りに使った手法がまさにこれだった。後に、訴訟のほとんど（すべてではないが）は、告訴取り下げになるか、上訴で判決が覆るかしている。このことがいったい何を意味するのか、よく考えてみよう。虐待について、子供が自発的に話してきた場合、それは本当であることが多いので、詳しく調査してみる価値があるだろう。だが、たとえ虐待が疑われる状況でも、子供への質問は極めて慎重にしなくてはならない。まったく悪意のない専門家が細心の注意を払ったとしても、子供の記憶を歪めてしまう危険、事実とは完全に異なる記憶を植えつけてしまう危険は大いにあるからだ。小さな子供で「暗示」が起きやすい理由が、脳のどこにあるかは今のところ明確ではない。ただ、出来事の記憶を保持する領域、そして想起した記憶の正確性、信頼性を評価する領域、特に前頭葉の発達の仕方に関係が深いのではないか、と考えられている。こうした領域は、就学前の頃に急速に発達し、内部の再編成が行われる。その後、五〜二〇歳くらいの間、ゆっくりと発達を続ける。

長期記憶の作られ方

長期記憶を蓄えるためには、脳にはどのような機能が必要だろうか。それを考えるには、自分がもし脳を作るエンジニアだったら、と想像してみるところから始めるといいだろう。記憶装置としての脳を作る際には、設計上、解決しなくてはならない難問が数多くある。まず、記憶容量は相当に大きくなくてはならない。いったん覚えて忘れることはあるにせよ、長い間生きていれば、保持する情報の量が膨大なものになることは確かだ。また、ある程度の正確さも必要である。それに加え、情報を永続的に保持する必要もある。中には、一生涯、持ち続けなくてはならない情報もあるだろう。保持した情報を、簡単に取り出せるという点も重要だ。しかも、ただ取り出せればいいというものではない。宣言的記憶は、記憶が生じた時とはまったく異なる刺激をきっかけに取り出せる必要もある（例――「あなたのお母さんの顔を思い浮かべてください」という文を読んで、母親の顔を思い出す）。一方、非宣言的記憶は、適切な刺激が与えられた時のみ、取り出せるようにしなくてはならない。仮に四〇〇ヘルツの音が聞こえた時、反射的にまばたきするように訓練したとする。その場合、四一〇ヘルツの音でまばたきが起きるのは許容範囲と言っていいが、一万ヘルツの音でまばたきが起きるようでは困る。その他、いったん蓄えた情報を、後の経験を基に修正できるということも大切だ。そうしないと、ただ蓄えておいても、生きていく上で役立つ情報にならないことが多い。自分が認識すある「自分」に一貫性を持たせるためにも、ある程度、記憶の修正が必要になる場合はある。似たような経験を繰り返しするのなら、全部を逐一覚えているのではなく、ある程度、「一緒くた」にできた方が便利ということもある。ただ、こうした要求をすべて満たすのは、一言で言えば「無理難題」である。それを考えれば、「混乱」「暗示」「書き換え」といったエラーが時折起きてしまうのは、当然のことと言っていいのかもしれない。

記憶を脳に長期的に保持するのは、情報によって脳に何らかの変化を生じさせ、それが長期間、持続されるようにする、ということである。もし自分が脳を作るエンジニアなら、それができるシステムを作らねばならないということだ。「何らかの変化」とはこの場合、何を指すのだろうか。記憶の保持に利用できる変化とは何だろうか。脳内での（ニューロンにとっての）情報の基本単位は、すでに書いてきたとおり「スパイク」である。スパイク発火が起きる確率は、多数の興奮性シナプスと抑制性シナプスの活動の結果として決まる。両者の活動が相まって、軸索小丘の膜電位に急激な変化が生じた時に、スパイクが生じる。軸索小丘には、膜電位の変化に対応してナトリウムイオンを通すイオンチャネルがあるが、ニューロンの特定のパターンの活動が原因となって、このイオンチャネルの特性に何か恒久的な変化が生じたとしたらどうだろう。たとえば、より静止状態に近い電位でスパイクの発火が起きるようになったとしたらどうか。この特性変化は、先に書いた「記憶痕跡（エングラム）」ができる元になる。イオンチャネルの特性は、他にもさまざまに変化させ得る。たとえば、カリウムチャネルが開くまでの時間を長くする、というのも特性変化の一つだ。カリウムチャネルには、スパイクの発生を抑制するはたらきがある。そのため、この特性変化により、スパイクの起きる頻度、発生数が変わることになる。イオンチャネルの特性が変わるというのは、ニューロンの「興奮しやすさ」が変わることを意味する。動物実験では、この種の変化が学習によって起こり得ることが確かめられている。

ニューロンの興奮しやすさの変化が、記憶の保持に関与しているのは確かだろう。だが、もちろん、それだけですべての説明がつくわけではない。脳をコンピュータとみなした場合、そんな記憶装置は、とても脳の「資源」を有効に利用しているとは言えない。ニューロン一つ一つに対応するシナプスの数が、平均五〇〇〇ほどということはすでに述べた。あるニューロンのイオンチャネルの特性を変化させたとすると、それは五〇〇〇のシナプスすべてについて、入力に対するスパイク発火確率を同時に変えてしまうことにつながる。場合によっては、その方が便利なのかもしれないが、シナプスごとにスパイク発火確率を変更できた方が、はるかに記憶容量を大きくできるだろうことは誰でもすぐにわかるはずだ。

人が何かを経験し、情報を得ると、脳内のシナプスの機能に変化が生じる。記憶の保持とは、大部分が、この「シナプスの機能変化」ではないかと考える研究者は多い。シナプスでの信号伝達は、いくつもの段階を経て行われるが、この伝達の過程には、時間の経過とともに変化が生じやすい。変化し得るものとしては、まず、いわゆる「シナプス強度」があげられるだろう。仮にすべて同じニューロンに向かう一〇個の興奮性軸索に刺激を加えてスパイクの発火を起こし、その結果、シナプス後電位（シナプスから信号を受け取るニューロンの細胞膜の電位のこと。この時の電位変動がＥＰＳＰ）がどのように変わるかを調べたとする。それで、シナプス後電位がだいたい五ミリボルトほど変動していた（＋に向かっていた）としよう。この場合、同じ刺激（この刺激は、感覚器によって得られるものと同様のものである）を一定の期間、続けて加えると、やがて電位の（＋に向かう）変動の幅が三ミリボルトに縮小する、といった現象が起きる。この現象を「シナプス抑制」と呼ぶ。シナプス抑制が起きると、シナプス強度（シナプスでの信号の伝わりやすさ）は低下することになる。反対に、電位の変動の幅が一〇ミリボルトに拡大するような現象は「シナプス増強」と呼ばれる。シナプス強度が上がる現象である。こうしたシナプス強度が変化して、そのまま恒久的に戻らないということが自然に起きるのなら、それは記憶の保持に役立つ可能性が高い。脳には五〇〇兆ものシナプスがあるので、経験によってシナプス強度の恒久的変化が起きるというメカニズムがあれば、極めて多くの記憶が保持できることになるだろう（図５－７参照）。

シナプス強度を変えるには、一般に二つの方法がある。一つは、スパイクが発生した時に、ニューロンからシナプスに放出される神経伝達物質の量を増減する（あるいは放出の確率を上げる、または下げる）という方法である。もう一つは、ニューロンが同じ

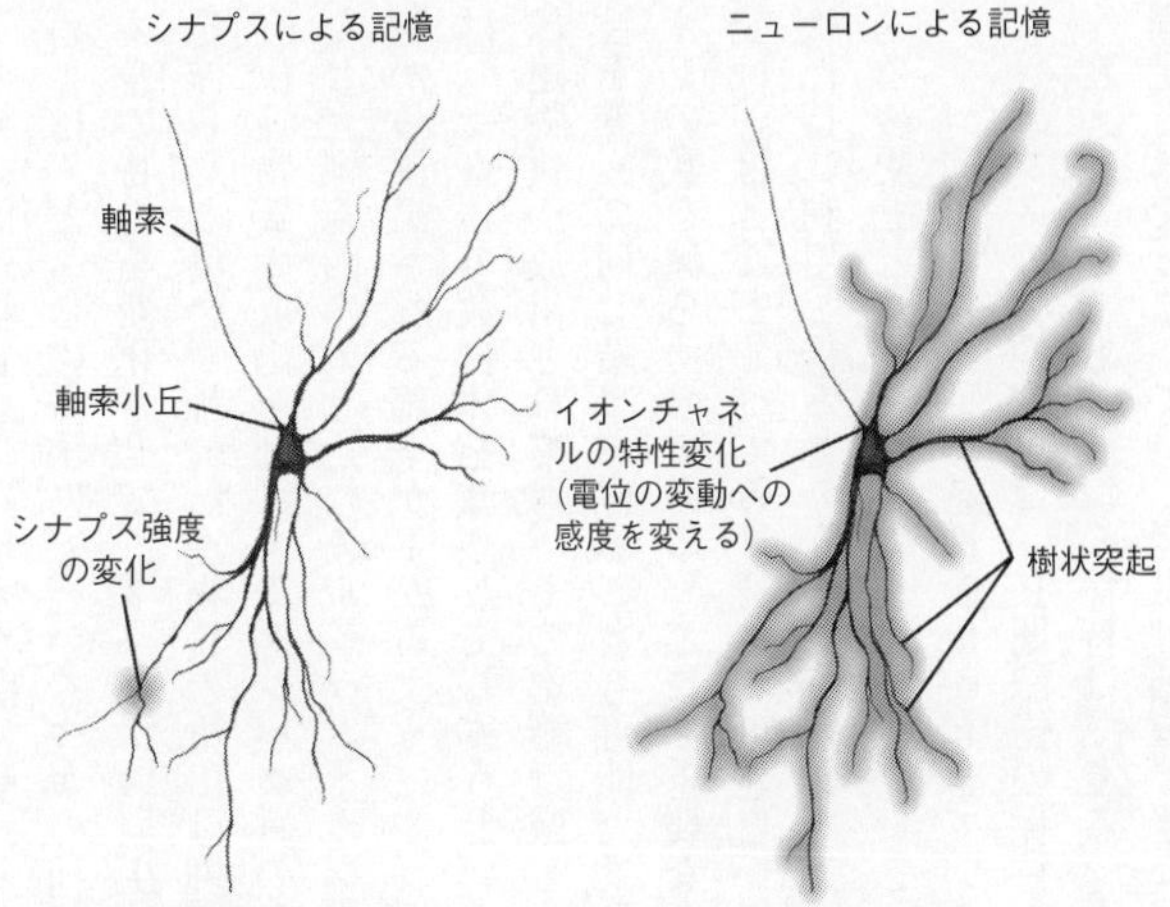

図 5-7　シナプスの特性変化による記憶と、ニューロンの特性変化による記憶の比較。シナプス強度を変化させ、それを長期間持続させた場合、信号の伝わり方が変わるが、その変化の影響は局所的なものにとどまる（左の図。影響範囲がグレーになっている）。一方、軸索小丘のイオンチャネルの特性を変え、ニューロン全体の興奮しやすさを変化させると、影響はニューロンが対応するシナプスすべてに及ぶ（右の図。こちらも影響範囲がグレーになっている）。後者の変化の方が有用な場合もあるかもしれないが、記憶容量という点でははるかに不利である。

出典：W. Zhang and D. J. Linden, The other side of the engram: experience-driven changes in neuronal intrinsic excitability, *Nature Reviews Neuroscience* 4: 885–900 (2003).（イラスト：Joan M. K. Tycko）

量の神経伝達物質を受け取った際に受ける電気的影響を増減させる方法である。正確に言えば、どちらの方法にも、いくつかの種類が考えられる。たとえば、カルシウムチャネルの特性を変化させて、スパイクの発生時に細胞内に入り込むカルシウムイオンの量を減らした場合、神経伝達物質の放出は抑制されることになる。シナプス小胞からの神経伝達物質の放出を制御するタンパク質の特性を変える方法でも同じ効果が得られる。たとえ細胞内に入り込むカルシウムイオンの量が同じでも、神経伝達物質がシナプス小胞から放出される確率が下がるようにすればいいわけだ。神経伝達物質を受け取る側では、受容体の数自体を減らしてしまうという方法も採れる。そうすれば、同じ量の神経伝達物質が放出されても、その影響は減ることになる。受容体の数はそのままにし、特性を変えて同じ結果を得ることも可能だ。その場合は受容体が開いた時に受け取る正イオンの数を減らすのである。ここで重要なのは、シナプスの前後で情報伝達に関わる機能は、ほとんどすべて特性変更が可能ということだ。つまり、ほとんどすべてが、記憶の保持に利用し得るということでもある。しかも、特性変更は、互いに排他的ではなく、ある変更をしたから別の変更はできないというわけではない。実際、ほとんどのシナプスで、同時に複数種の特性変更が起きている。

シナプスの特性変更は、長期記憶の保持の唯一の方法ではない。シナプスの「構造」を変えることでも、記憶の保持はできる。大人の脳では、脳内の全体的な配線は、もう固定されてしまっていて変更はほぼできない。だが、軸索、樹状突起、シナプスなどを

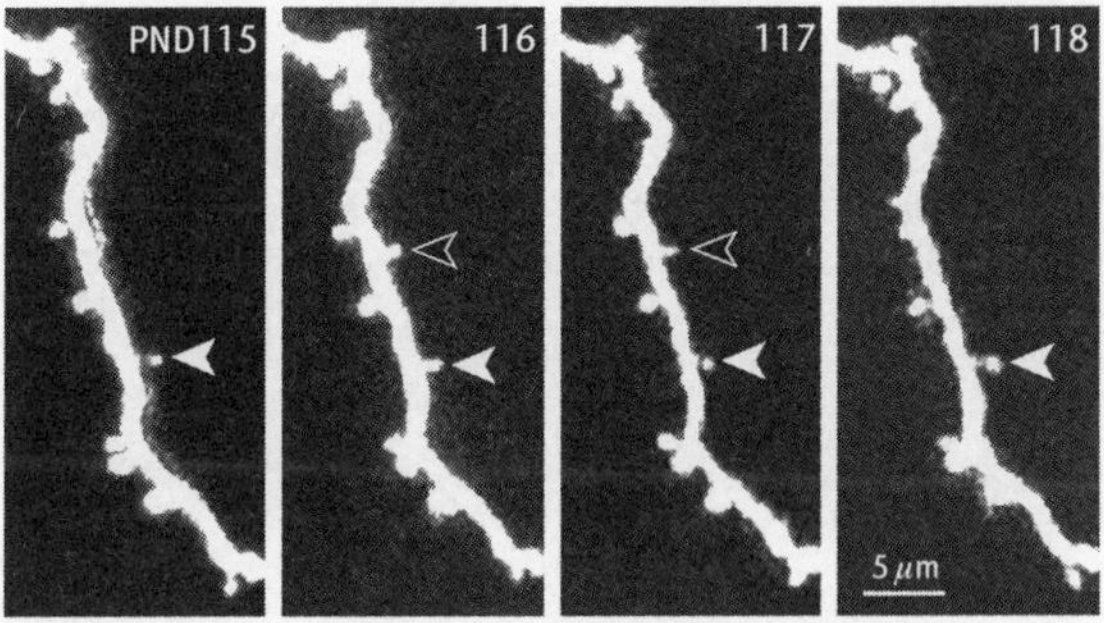

図5-8　発達期を終えた大脳皮質における樹状突起の構造変化。生後115～118日目までの期間、生きたマウスの視覚野で、樹状突起の一部分の変化を一日一度撮影した。白い矢印は、変化せず安定していた棘を指す。黒い矢印は、変化が見られた棘を指す。このマウスは、遺伝子の操作でニューロンのタンパク質が一部、蛍光タンパク質になるようにしてある。
出典：A. J. Holtmaat, J. T. Trachtenberg, L. Wilbrecht, G. M. Shepherd, X. Zhang, G. W. Knott, and K. Svoboda, Transient and persistent dendritic spines in the neocortex in vivo, *Neuron* 45: 275-291 (2005). (Elsevier より許可を得て再現)

個々に見ていくと事情が違ってくる。短期記憶が保持される際には、すでに存在するシナプスの機能、構造に変化が起きることが多い。ところが、長期記憶の保持に際しては、樹状突起や軸索に新たな枝が追加されることがある。樹状突起を覆う小さな棘は、特に経験によって得られる情報に影響を受けて変化を起こしやすい。コールドスプリングハーバー研究所のカレル・スボボダらは近年、生きた大人のマウスを対象に、大脳皮質の樹状突起の構造を最新の顕微鏡を使って繰り返し調べた（図5-8）。その結果、三〇日の間に、消滅した棘、新たに作られた棘が全体の約二五パーセントにもなることがわかった。顕微鏡レベルで見れば、シナプスというのは絶えず形を変えているものと言えるだろう。成長、縮小、変形、死滅、新生といった動きが絶えることなく起きている。この構造的なダイナミズムが記憶の保持に重要な役割を果たしているのはおそらく確かだ。

海馬とLTP、LTD

脳に記憶が保持される仕組みは、おおまかには、ここまで説明してきたようなものだろう。ただ、問題は、実際に生きて活動している動物の中で、そうした仕組みが本当にはたらいているのをどうやって確かめるのかということだ。方法は大きく分けて二つある。一つは、薬物、損傷、遺伝子操作、電気刺激などによって、脳の機能がどのように変わるかを観察する方法だ。これは「介入研究」と呼ばれる（ただし、動物と違い、人間が対象の場合は、当然、脳の損傷などが自然に起きた場合にしか、この研究はできない）。もう一つは「相関的研究」と呼ばれる方法である。脳の生理学的な特性（電気的活動、顕微鏡レベルでの構造、化学反応、遺伝子の発現など）が経験によってどのように変化するかを観察する、という方法だ。

現状、具体的にどのように調査が行われているのか、宣言的記憶を例に見てみよう。宣言的記憶に関する研究には、すでにかなりの進展が見られる。前述の「記憶痕跡（エングラム)」などについても、細胞レベル、分子レベルでの解明が進んでいる。一九五〇年代に、H・Mの記憶障害の症例が知られるようになった後、同じ記憶障害、つまり事実や出来事についての新しい記憶がまったく蓄えられない完全な「前向性健忘」を、動物(多くはラットなどの安価な動物)で再現しようという試みが盛んに行われた。成果が得られ始めたのは、一九七〇年代になってからである。ラットの海馬に外科手術によって損傷を与えること自体は難しくない。難しいのは「本来、この動物はどのくらい宣言的記憶を保持できるものなのか」を知ることである。現在、それを知るには、「空間学習」を利用するのが最も良いとされている。

空間学習に関して実験を行う方法はいくつかあるが、最も広く使われているのは、迷路を利用する方法だ。動物が、自分にとって不快な状態から逃れようとして、迷路の中を進む様子を観察するわけだ。迷路の中でも特に巧妙なのは、エジンバラ大学のリチャード・モリスらが考案したものである。これは、私たちが普通に「迷路」と呼んでいるものとはかなり違っている。迷路と言っても、まず、いわゆる「通路」がない。あるのは、直径一・二メートルの円形プールだけだ。縁のところには逃げられないよう壁が作ってあり、不透明にするために粉ミルクを混ぜた水を張ってある。プールを設置する部屋の壁には、動物がプール内を移動する際に目印にできるような物が必要だ。目立ち、他と間違えないような物が壁になくてはならない。ラット(あるいはマウス)は、最初はプールの端のどこかに置き、後は自由に泳げる状態にする。プールの底のどこかには、一センチメートル角くらいの台を設置しておき、そこにいれば泳がなくてよいようにする。ただし、台がどこにあるかは、水が不透明なので、表面からはわからない。台に到達したラットはしばらくそこに立たせ、その後、そっとケージに戻す。ラットとしては、台がどこに置かれているかを覚えてしまえば、次回からすぐに到達でき、水から出してもらえることになる。当然のことながら、脳の両側の海馬を外科手術で破壊されたラットは、台の位置を学習することができない。何度同じことを繰り返しても、ラットはプールを初めて泳いでいるかのような動きをする。この場合、ラットが失うのは、空間記憶だけのようだ。台に旗を立ててやれば、すぐに台の位置を学習し、簡単に泳ぎ着けるようになるからだ。また、これは、海馬を破壊されたラットが泳ぎの能力や視覚に問題を抱えているわけではないこと、問題があるのは記憶力であることも意味する。

一九七〇年代には、海馬の機能に関して、世界中の脳研究者を興奮させるような発見もなされている。オスロ大学のテルジェ・ロモ、英国立医学研究所のティム・ブリスの研究である。ウサギに麻酔をかけ、海馬の多数の興奮性シナプス（グルタミン酸塩を伝達するもの）にごく短時間、高い周波数の電気刺激（一～二秒間に一〇〇～四〇〇回の刺激）を加えると、シナプス強度が高まり、それが数日間続くというのだ。この現象は、「長期シナプス増強」と呼ばれる（Long-Term synaptic Potentiation の略で〝LTP〟と呼ばれることも多い）。研究者たちが、なぜ、この発見に興奮したかわかるだろうか。LTPは、経験によって生じる現象である。すでに、記憶の保持にとって重要とわかっている部位で、経験によってニューロンの機能に変化が起き、それが長期間にわたって続くことが確かめられたのだ。興奮するのも無理はないだろう。人為的に電気刺激を加えなくても、同様の刺激が自然に得られれば、やはりＬＴＰの起きることがラットやウサギ、サルで確認されている。これにより、事実や出来事についての記憶が海馬に保持される際に、ＬＴＰが重要な役割を果たしているのではないか、という議論が活発に行われるようになった。

その後、ＬＴＰに関しては、大量の論文が書かれた。数々の発見があったが、中でも、ＬＴＰが実は脳のいたるところで起きる現象であるという事実は重要だろう。当初は海馬で発見されたＬＴＰだが、海馬だけのものではなかったのだ。脊髄でも、大脳皮質でも、その間のほとんどどこでもＬＴＰは見られる。グルタミン酸塩を神経伝達物質とする興奮性シナプスでのＬＴＰが最もよく研究されているが、他のタイプのシナプスに存在しないというわけではない。さらに大切なのは、ＬＴＰに対して、「補完的」とも言える現象が存在することだ。この現象は、ＬＴＤ（Long-Term synaptic Depression＝長期シナプス抑制）と呼ばれる。ＬＴＰとは反対に、刺激によってシナプス強度が低下し、それが長期間続く現象である。ＬＴＰやＬＴＤがどのような要因で生じるかは、厳密にはシナプスによって異なる。だが、ＬＴＰを引き起こすのは、ほとんどの場所で、ごく短時間だけの周波数の高い（通常、一秒間に一〇〇回程度の周波数）刺激であり、ＬＴＤを引き起こすのは、もう少し持続時間が長く、周波数も低い刺激である（通常、一秒間に二回程度の刺激が五分ほど続く)。現在のところ、LTPが起こるシナプスには、必ず何らかのかたちでLTDが起こるし、逆にLTDが起きるシナプスにも必ず何らかのLTPが起きると考えられている。

重要な役割を果たすNMDA型受容体

ニューロンでは頻度は低くてもランダムなタイミングでスパイクは常に生じているのに、そのスパイクではLTPが発生せず、高周波数の刺激が短時間持続した場合だけLTPが発生するのはなぜなのか。その理由はいくつかあるが、ここでは、その中でも特に重要なものについて触れておこう。それには、神経伝達物質であるグルタミン酸塩の受容体が関係している。

グルタミン酸塩の受容体は、静止状態ではイオンチャネルが閉じており、グルタミン酸塩が結合した時にチャネルを開くということはすでに述べた。これにより、ナトリウムイオンは細胞の中に入り込み、カリウムイオンは外に出る。このタイプの受容体は、AMPA型グルタミン酸受容体と呼ばれる(〝AMPA〟という合成薬剤を受容することからこの名がついた)。高周波の刺激が短時間だけ持続したとしても、この種の受容体は、それを普段のニューロンの活動(ランダムに生じるスパイク)と区別することはできない。つまり、どちらによっても機能してしまうのだ。両者を区別できるのは、N

MDA型グルタミン酸受容体と呼ばれる受容体である（この名前も、受容する合成薬剤からつけられている）（図5-9を参照）。NMDA型グルタミン酸受容体にそんなことが可能なのは、マイナス七〇ミリボルトという静止電位では、イオンチャネルが外部のマグネシウムイオンによってブロックされているからだ（マグネシウムイオンは、ニューロンの周囲の塩水溶液の中を自由に動いている）。ブロックされた状態は、膜電位がプラスに振れ、マイナス五〇ミリボルト程度にならないと解消されない。

グルタミン酸塩が結合しただけの場合、あるいは膜電位がプラス側に振れただけの場合には、NMDA型グルタミン酸塩受容体のイオンチャネルは開かない。ランダムに発生するスパイクでは、グルタミン酸塩の結合はあっても、膜電位がプラスに振れることはないが、高周波のスパイクが短時間だけ起きた場合には、両方が同時に起きて、イオンチャネルが開く。このイオンチャネルは、ナトリウムイオンと同時に、カルシウムイオンが流入する点が特徴である。AMPA型グルタミン酸受容体の場合は、ナトリウムイオンのみが流入するのが普通だ。短時間の高周波スパイクが発生した場合にだけ、その結果として、NMDA型受容体を通してカルシウムイオンが流入すると言ってもいいだろう。あるいは、こう考えてもいいかもしれない。グルタミン酸塩が放出されることと、膜電位がプラス側に振れること、この二つの出来事が偶然同時に起きた時、NMDA型受容体はそれを探知してイオンチャネルを開き、カルシウムイオンを流入させる。NMDどちらか一方だけでは同じことは起きない。

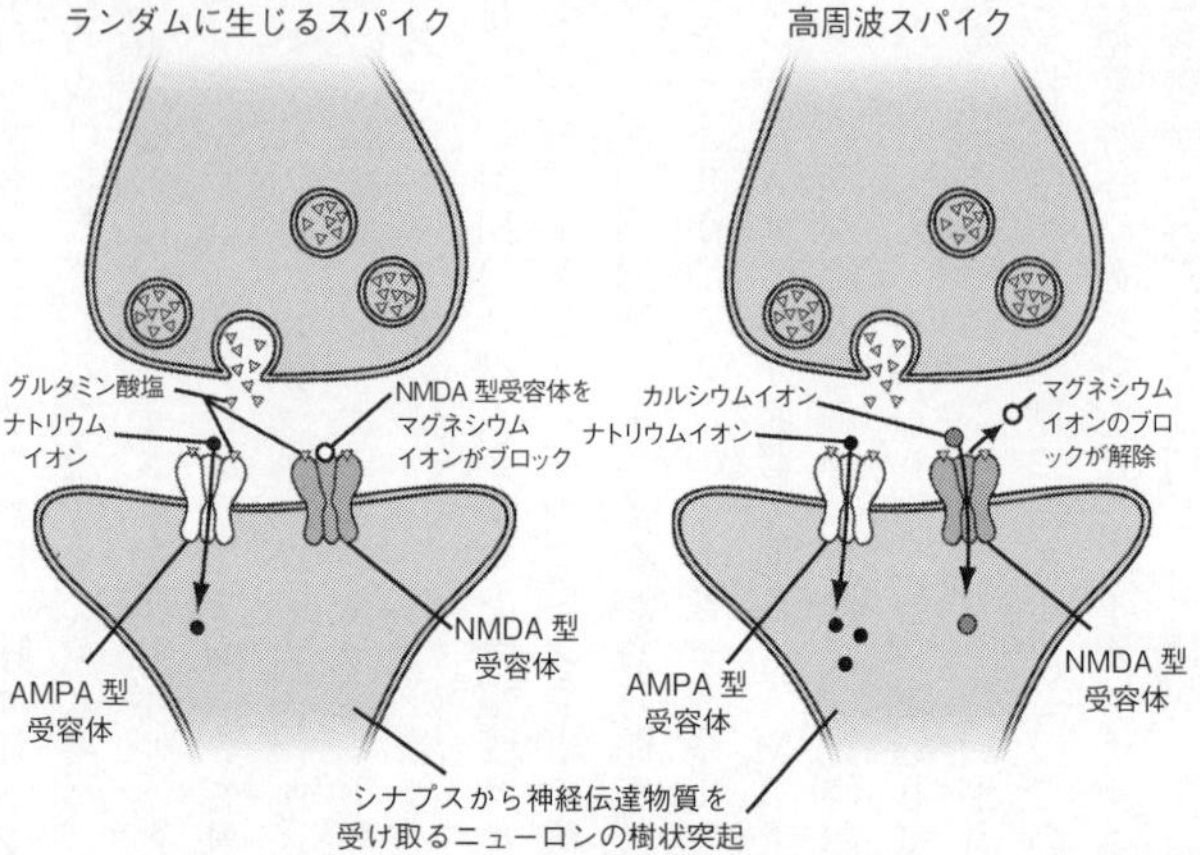

図 5-9　NMDA 型グルタミン酸受容体と AMPA 型グルタミン酸受容体。NMDA 型受容体は、高周波スパイクで活性化されるが、ランダムなタイミングで生じる通常のスパイクでは活性化されない。イオンチャネルがマグネシウムイオン（Mg^{2+}）によってブロックされており、このブロックは、膜電位がプラスに振れ、マイナス50ミリボルト程度にならないと解消されないからである。AMPA 型受容体は、両方のスパイクによって活性化される。

出典：L. R. Squire and E. R. Kandel, *Memory: From Mind to Molecules*（Scientific American Library, New York, 1999）.（イラスト：Joan M. K. Tycko）

こうしたNMDA型受容体のはたらきによってLTPが起きるのだとしたら、NMDA型受容体をブロックする薬剤を使えば、LTPもブロックできることになる。海馬のシナプスにおいては、ほとんどの場合、その種の薬剤によって実際にLTPをブロックできることが確かめられている。また、流入したカルシウムイオンと即座に結合する薬剤をニューロンに注入すると、カルシウムイオンと他の分子との相互作用を止めることができ、その結果、LTPがブロックされる。NMDA型受容体を通してカルシウムイオンが流入すると、それに反応して、樹状突起の何種類もの酵素が活性化する。短時間に大量のカルシウムイオンが流入した時に活性化される酵素の例としては、カルシウム／カルモデュリン依存性プロテインキナーゼⅡアルファ（通常はCaMKⅡと略す）があげられる。この酵素には、リン酸基をタンパク質に転移し、その機能を変化させるはたらきがある。CaMKⅡのはたらきが、LTPにどのように関係するのかはまだわかっていないが、細胞膜上のAMPA型グルタミン酸受容体を増やし、それによってシナプスを増強するのではないかとも言われている。注意しなくてはならないのは、NMDA型受容体のはたらきにより、CaMKⅡが活性化し、AMPA型受容体が追加される、という流れがLTPの形態として一般的だとしても、それが唯一の形態ではないことだ。グルタミン酸塩放出量の増加、AMPA型受容体の伝導性の向上（AMPA型受容体が増やされるのではなく、すでに存在する受容体の伝導性が上げられる）など、また違った方法でLTPが起きる場合もある。LTPが起きる際の生化学反応もさまざまである。

一方のLTDはどうか。周波数が比較的低いスパイクがやや長く持続した場合に、シナプス抑制が起きるのはなぜなのか。興味深いのは、LTDにも、多くの場合、LTPと同様にNMDA型受容体が関与するということだ。周波数の低いスパイクの持続により、NMDA型受容体のマグネシウムイオンによるブロックが一部解除されるのである。これにより、カルシウムイオンの流入が起きる。だが、瞬時に大量に、というのではなく、少量流入する状態が比較的長い時間続く。カルシウムイオンが少量ずつ長時間流入してても、CaMKⅡを活性化するには不十分なので、LTPは起きない。この場合は、その代わりに、逆の作用をする酵素が活性化される。リン酸基を除去するプロテインフォスファターゼ1（PP1）である。PP1が活性化されると、AMPA型受容体が細胞膜から除去されることになる。その結果、シナプス強度は下がる。LTPと逆のLTDが起きるわけだ。このように、NMDA型受容体のはたらきによりPP1が活性化され、AMPA受容体が除去されるというのが、海馬で起きるLTDの一般的な形態である。LTDが起きるメカニズムはこれだけではなく、他にもいくつかある。これはLTP、LTDの両方に言えることである。一つのシナプスで、LTP、LTDの起き方が何通りもある、ということもあり得る。

ここまで書いてきたことをまとめると、事実や出来事についての記憶（リチャード・モリスの迷路の実験のような、位置情報の記憶なども含む）には、海馬のシナプスでのLTPやLTDが少なくともある程度は関与している、ということになる。このLTP、

LTDの発生には、すでに述べたとおりNMDA受容体が重要な役割を果たす。それを確かめるには、通常、ラットにNMDA受容体をブロックする薬剤を投与する実験を行う。LTPやLTDがほとんど起きない状態で、モリスが使ったプールの迷路の実験をし、プール内の台の位置を学習できるかどうかを見るわけだ。この実験はすでに、いくつもの研究施設で行われているが、薬剤を投与されたラットの空間記憶の保持能力は、著しく損なわれることがわかっている。海馬中の重要な領域（CA1領域）に、機能するNMDA型受容体が見られない「ミュータントマウス」を使った実験でも同様の結果が得られた。どのケースにおいても、ラットやマウスの感覚、運動の機能全般は、まったく正常である。純粋に記憶のみの障害であり、見ることや泳ぐことに不自由はなく、水の中を泳がされることによって感じるストレスのレベルも正常なラットやマウスと違いはなかった（図5－10参照）。

プールの迷路でラットが学習をする前後で、海馬の組織がどう変わるかを分析するということは可能だろうか。学習によって海馬にどのようなことが生じるかを、電気、生化学、構造などの側面から調べようという試みは、かなり以前からすでに何度も繰り返されている。時折、その成果らしきものが報告されるが、実のところ、まだ努力が十分に報われているとは言えない。いくつか問題があるからだ。まず、空間学習によって変化が生じるシナプスは、海馬のシナプスのごく一部であり、しかも、あちこちに分散している。そして、それが具体的にどこにあるシナプスかを知る有効な手段は今のところ

NMDA 型受容体 → 短時間に大量のカルシウムが流入 → CaMKⅡ → ? → ? → AMPA 型受容体の追加 → LTP

NMDA 型受容体 → 少量のカルシウム流入が長時間持続 → PP 1 → ? → ? → AMPA 型受容体の除去 → LTD

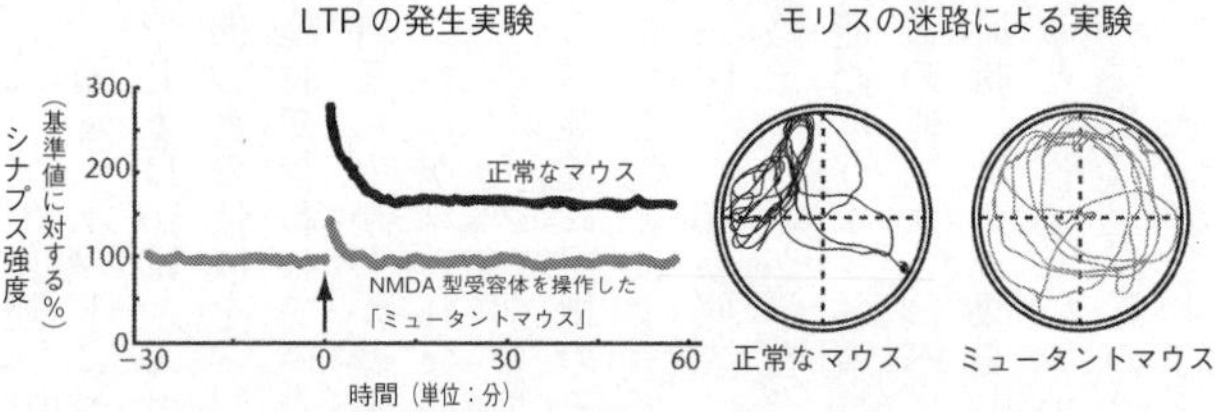

図 5-10　海馬中の重要な領域に、機能する NMDA 型受容体が見られない「ミュータントマウス」を使った実験。このマウスでは、LTP、LTD が起きず、空間学習ができない。上の図には、まず NMDA 型受容体によって、どのような順序で LTP、LTD が起こるかが示してある。“？” になっている箇所では、AMPA 型受容体の追加、除去に至る前にいくつかの反応が起きるはずなのだが、今のところ具体的にどのような反応なのかわかっていない。左下のグラフは、LTP の発生実験における、シナプス強度の経時変化を示したもの。上向きの矢印で示されたタイミングで高周波スパイクが起き、LTP が発生している。右下は、モリスの迷路で訓練を受けたマウスの、プールでの動きの軌跡。これは、水中の台を取り去って実験した時のものである（この実験は「プローブトライアル」と呼ばれる）。すでに取り去られた台をマウスがどう探すかどうかを観察した。正常なマウスは、台がプールの左上に置かれていたことを正しく記憶している。一方、LTP、LTD の起きないミュータントマウスは、台の位置をほとんど記憶しておらず、迷路のあちこちを泳ぎ回っている。

出典：J. Z. Tsien, P. T. Huerta, and S. Tonegawa, The essential role of hippocampal CA1 NMDA receptor-dependent synaptic plasticity in spatial memory, *Cell* 87: 1327–1338（1996）.
（イラスト：Joan M. K. Tycko）

ない。シナプス強度を電気的に調べるにしても、シナプスの構造や生化学的な特性を調べるにしても、干し草の山から針を見つけるようなことをしなくてはならない。シナプスの大海から、その時の記憶に関係があるほんのわずかなシナプスだけを見つけ出し、変化を観察するなどということは、ほぼ不可能と言っていいだろう。

海馬のNMDA型受容体の機能を阻害するような処置を施すと、ラットやマウスの空間学習が妨げられるという実験から見て、おそらく海馬に宣言的記憶が蓄えられるのにLTPやLTDが必要という仮説は正しいように思える。だが、この実験によって、仮説の正しさが完全に証明されたかというと、残念ながらそうとは言えない。NMDA型受容体を操作することで空間学習を妨げる実験は確かに成功したが、一方でNMDA型受容体に関わる酵素のはたらきをブロックすることで、LTPやLTDを阻害するという試みは必ずしも成功していない。CaMKⅡやPP1、またはある種のAMPA型受容体のはたらきをブロックすることで、ほとんどのLTP、LTDはブロックできるのだが、それで必ず空間学習に障害が起きるわけではないからだ。この時のLTP、LTDを阻害するための操作の影響が、LTP、LTD以外に及んでしまっている可能性も高い。NMDA受容体を通してカルシウムイオンが流入すると、PP1やCaMKⅡだけでなく、他にも多くの酵素が活性化される。酵素によって連鎖的に起きる反応にもさまざまな種類がある。たとえば、CaMKⅡは、リン酸基を、海馬のニューロンの何百種類というタンパク質に転移させる。この中には、LTPに関与しないニューロンも含まれる。

つまり、たとえ薬剤投与などの操作によって、空間学習の阻害に成功したとしても、それが本当にLTPやLTDをブロックしたせいなのか、それとも他の副作用によるものなのかは断定できないのである。

ラットやマウスの海馬を破壊すると空間学習ができなくなるのは、空間での位置に関する記憶が海馬に蓄えられることを示唆するのだろう。また、実験の結果から見て、それにはシナプス強度の変化、LTPやLTDが関与している可能性が高い。だが、まだそう断定することはできない。海馬のシナプス強度を上下させることで記憶が保持できるのはなぜなのか。なぜ、ラットやマウスはそれでモリスのプールをはじめとする迷路で学習ができるのか。この問いに対しては、今のところ端的には「わからない」としか答えようがない。海馬を解剖するなどして構造、機能を調べても、その答えは明らかにはならないのだ。問いにもっと正確に答えるとすれば、「まだわからないが、興味深いヒントが得られてはいる」という具合になるだろうか。

場所の記憶、脳内地図

ロンドン大学ユニバーシティカレッジのジョン・オキーフ、リン・ネーデルらは、研究室の人工的な環境の下で、ラットを使って海馬中のニューロンの動きを調べた。それでわかったのは、海馬のニューロンのうち、「錐体細胞」と呼ばれるものの約三〇パー

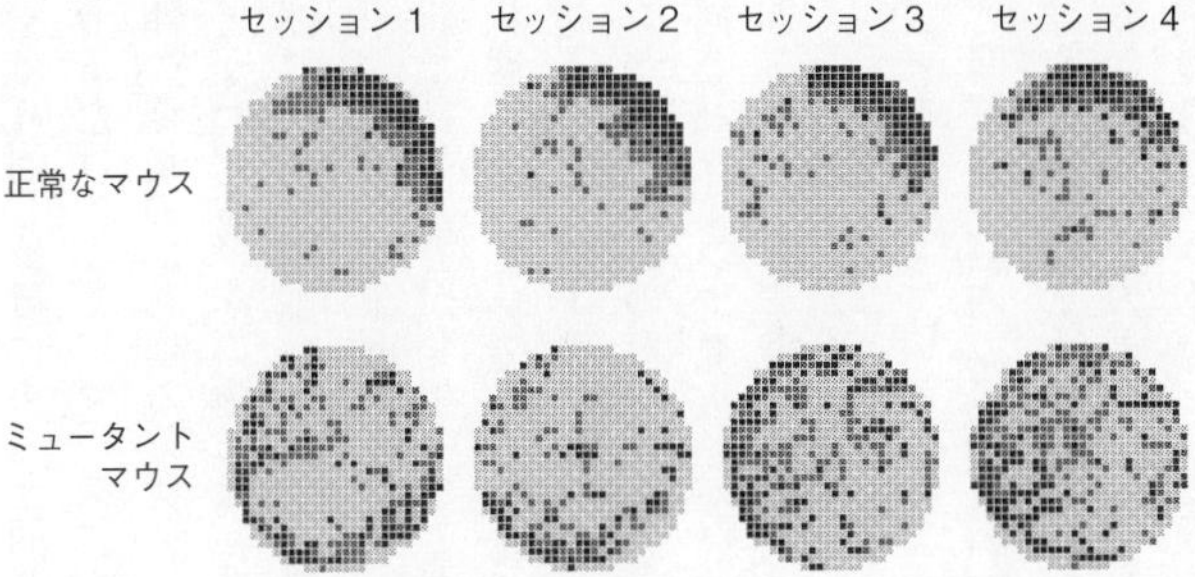

図5-11　マウスの海馬の活動パターン。マウスが未知の環境に置かれて、周囲の様子を探る時、「錐体細胞」がどのように発火するかを示している。黒くなっている部分は、発火が活発に起きている。逆に明るいグレーの部分は発火が活発ではない。正常なマウスの場合、マウスのいる位置と、発火する細胞に一定の対応関係が見られる。非常に狭い範囲にだけ対応する細胞もあれば、かなり広い範囲に対応する細胞もあるが、実験を繰り返しても、この対応関係に大きな変化は見られない。LTPの起きない（CaMKⅡが常に活性化されている状態にした）ミュータントマウスの場合、マウスのいる位置と発火する細胞の対応関係が安定せず、実験のたびに変動する。このマウスでは、空間学習にも障害が起きる。
出典：A. Rotenberg, M. Mayford, R. D. Hawkins, E. R. Kandel, and R. U. Muller, Mice expressing activated CaMKII lack low frequency LTP and do not form stable place cells in the CA1 region of the hippocampus, *Cell* 87: 1351-1361 (1996).（イラスト：Joan M. K. Tycko）

セントは、空間上の位置の記憶保持に使われているらしいことだ。ラットを未知の環境に置くと、周囲の様子を探り始めるが、数分後、海馬には、ラットが特定の位置に来た時に発火するニューロン（たとえば、ケージの左上隅に来た時に発火するニューロンなど）が現れる（図5-11）。このニューロンは、「場所細胞」と呼ばれるが、いったん、ラットを移動させ、数日後にまた元の環境に戻しても、やはり同じ位置に来ると同じように発火をすることが確かめられている。場所細胞はラットだけでなく、マウスにもある。海馬のニューロンについて詳しく調べていけば、周囲の環境のあらゆる位置について、それぞれに対応して発火する場所細胞が存在することがわかる。その中には、非常に狭い範囲にだけ対応する細胞もあれば、かなり広い範囲に対応する細胞もある（図５‐11）。海馬の錐体細胞を操作し、CaＭＫⅡが常に活性化されている状態にした「ミュータントマウス」を使い（このミュータントマウスでは、新たにＬＴＰが発生することはない。すでに起き得る限りのＬＴＰが発生してしまった状態になっているからである）、場所細胞のはたらきを観察してみると、面白い現象が起きる。ミュータントマウスが周囲の様子を探る間、場所細胞には特徴的な発火パターンが見られるのだが、ミュータントマウスの場合、しばらく後に同じ場所に戻しても、同じパターンで発火しないのだ（図５‐11）。このマウスでは、空間学習にも障害が起きることから、実験の結果は、場所細胞の発火パターンの保持にＬＴＰが必要であること、また、この発火パターンはマウスが場所についての記憶を保持するのに必要であることを示唆していると考えられる。

問題は、脳内での「地図」とも言うべき、海馬の発火パターンについて詳しいことはまだ正確にはわかっていないということだ。感覚系は、すでに述べたとおり、脳内に外界の「地図」のようなものを持っている。外界において、物理的に隣接していれば、脳内の対応ニューロンも物理的に隣接している。視覚系であれば、外界の隣接している場所から届いた光は、一次視覚野内の物理的に隣接する細胞を刺激することになる。触覚系なら、体表面上の隣接する地点に対する刺激は、一次体性感覚野内の隣接する細胞を刺激する。しかし、海馬の「地図」は、それとは違っている。確かに、外界の各地点について、対応する場所細胞はあるのだが、その位置関係は外界での位置関係を反映していない。外界の各地点に対応して、海馬に点在する複数の場所細胞が同時に発火するのだ。外界の同じ位置に対応する場所細胞どうしが、海馬では正反対の地点に位置するなどということもあり得る。他の場所細胞の位置関係も、まったく外界の位置関係には対応していない。動物のした経験がニューロンの機能や構造に分子レベルでどのように影響するか、ということはわかり始めている（LTP、LTDなど、ニューロンの興奮しやすさに変化が起きることもわかっている）。この影響と、ある種の学習との関連もわかってきている。だが、宣言的記憶の保持から取り出しまでのすべてを、分子レベルで説明できるという状態には、まだほど遠いと言えるだろう。

「記憶」は、進化の偶然の産物に過ぎない

記憶の保持は、特定のニューロンのはたらきだけで説明できるものではない。また、記憶の保持に特化した領域が脳にあるわけでもない。記憶には、脳の多数の部位が同時に関与しているし、脳の持ついくつもの機能、特徴（脳自体の可塑性、シナプスの可塑

性など）が相まって、はじめて記憶の保持が可能になっていると言える。それに関わっている化学反応も多数に及ぶ。さらに重要なのは、記憶に関わるニューロンのはたらき、化学反応は、どれも記憶に固有のものではないということだ。記憶のメカニズムは、はじめからその目的で作られたというより、進化の過程で場当たり的に作られたものの借用、転用ととらえるのが正しいだろう。胎児期から乳幼児期にかけての発達段階では、脳の「配線」が行われるわけだが、記憶のメカニズムは、おそらく、この配線のメカニズムを転用したものだろう。どちらも、経験に影響を受けるところが共通している。

記憶のメカニズムは、進化の過程でどのように生じてきたのだろうか。それについて考えるには、脳の進化が、次の三つの制約を受けるという点に注目すべきだ。

①脳をゼロから設計し直し、別のものに作り替えることはできない。既存の生物の脳に手を加えるしかない。

②いったん作って機能し始めたシステムは、たとえ状況によって不都合が生じることがあっても、なかなか機能を停止できない。

③脳の基礎をなすニューロンは、個々には低速で信頼性の低いプロセッサである。一度に送れる信号は非常に限られている。

人間の脳が現在のような巨大で複雑なものになったのは、以上のような制約があったからだろう。高度な処理をするためには、多数のニューロンを複雑に相互接続せざるを得ない。個々のニューロンは性能、信頼性が低いからだ。脳が大きく、複雑になると二つの問題が生じる。まず、頭が大きくなると、産道を通れなくなるということ。そして、シナプスの配線の仕方を、あらかじめ遺伝子に記録するのが難しくなることだ。五〇〇兆もあるシナプスをどのように相互接続するかを逐一記録していたら、大変な情報量になってしまう。この問題を解決するには、すでに述べたとおり、遺伝子では脳の配線をおおまかにだけ決めるようにするしかない。そして、本格的に脳を成長させ、シナプスを形成するのを、誕生後まで遅らせるようにする。そうすれば、胎児の頭が小さくなり、産道を通り抜けられるようになる。脳の細かい配線は、感覚器から得られる情報に基づいて行う。そのためには、感覚器からの情報によって、シナプスの強度が変更できるような（つまりＬＴＰやＬＴＤが起こせるような）メカニズム、あるいはシナプスを成長、収縮させせられるようなメカニズムが必要である。軸索、樹状突起の枝分かれを進めたり、作られた枝をなくしたり、といったことができなくてはならないのだ。こうしたメカニズムは、精密さの点では多少、劣るものの、基本的に、すでに成長を終えた脳が記憶の保持に使うものと同じである。

「レモンを与えられたら、レモネードを作ればよい」という言葉があるが、記憶のメカニズムは、まさにそのとおりのことを実践したと言えるかもしれない。私たちの意識や個性の根本となる「記憶」だが、実は、進化上の制約から生まれた偶然の産物に過ぎないのである。つまり、人間の「人間らしさ」自体が、偶然の産物である、と言ってもいいだろう。

第6章　愛とセックス

人類は変質者!?

セックスに関して言えば、人類は哺乳類界では空前の「変質者」である。これほど「倒錯」した種は他には見当たらない。といっても、別に自動車のエンジンを見たり、不潔な足の臭いをかいだり、警官が縛られているところを想像したりして興奮する人がいるから、というわけではない。他の種にそういう変態性があるかどうかはよくわからないし、たとえそれがあったとしても、インターネットなど、伝達のための手段を持たないのだから表に出しようもない。私が話題にしたいのは、人間にとってはごく普通の性生活のことだ。実は、人類の「ごく普通」の性生活は、最も近しい動物たちの多くと比べても、非常に変わっており、とても多数派とは言えない。

どのくらい好色か、どのような性生活をするかは、同じ人間でも大きな個人差があり、また文化によっても大きな影響を受ける（文化による影響については後ほど述べる）。

しかし、ここでは、とりあえず人間一般にとって標準と思われる性生活に絞って考えることにする。異性愛者が一人の決まった相手と行う、ありふれたセックスのことである。それを他の多数の哺乳類と比較してみるのだ。人間の性生活というのは、個々にはロマンチックなストーリーもあるのだろうが、それを省略して、ごく簡単にまとめてしまえば次のようになる。「あるところに男と女がいて、出会い、お互いに魅力を感じ、結婚して夫婦になる。性行為は、人目につかないところで行い、夫婦になった相手以外とのセックスは拒否する。セックスは、生殖を目的としないものを含め、何度も繰り返し行う。女には、妊娠していなければ排卵周期があるが、その周期内のどの段階でもセックスはする。妊娠がわかっても、しばらくはセックスを続ける。子供が産まれた後、男は子供を育てるのに必要な資源を提供して、女を助ける。時には子供の面倒を見ることもある（子供が複数いれば、そのすべてについて同じことをする）。男と女は一夫一婦の関係をずっと続け、女の年齢が上がって閉経を迎え、子供を産まなくなった後も、かなり長い間、セックスはできる状態が続く」

角度を変えて考えてみよう。マーガレット・チョーというコメディアンが「一夫一婦制って変……だいたい相手の名前や素性がわかるっていうのがね」などと言って爆笑をとっていたが、人間以外の動物の観点では、そう思う方が常識と言っていいだろう。哺乳動物の九五パーセント以上は、長続きのする「つがい」を作らない。そもそも、つがい自体、作らない動物も多い。オスもメスも、激しく乱交するのが普通であり、しかも、その乱交は開かれた場所、群れの皆から見える場所で行われるのが普通だ。「一夜限りの恋」や「公衆の面前でのセックス」は標準であって、まったく例外ではない。このように、人間以外の哺乳類のほとんどで公開の乱交が行われることは、父親が子育てにほとんど、あるいはまったく貢献しないということにつながる。交尾が済むとオスが群れを離れ、どこかへ行ってしまうという動物も少なくない。群れにはとどまっていても、オスが自分の子供を認識していない場合もある。

このように書くと、人類以外の動物は皆、放蕩者のように感じるかもしれない。だが、ある意味では、彼らは非常に「真面目」とも言えるのだ。人間は、妊娠の可能性が低いか、妊娠が不可能なタイミングでも頻繁にセックスをする（排卵周期の中でも妊娠しにくい時期や、妊娠中、閉経後でもセックスをする）。だが、他の哺乳類は、ほとんどがメスの排卵の時期に合わせ、その時期にのみ交尾をする。人間の場合、排卵の時期は隠されている。男性は女性がいつ妊娠可能なのか、まず知ることはできない。女性は、自分の排卵がいつなのか、学習によってわかるようにはなるが、他の動物のメスのように本能的にそれを知ることができるという確かな証拠はない。それに関しては、数多くの研究がなされてきたが、排卵前期に最もセックスへの関心が高まるというようなことがあるかどうかは明確になっていない。

それに対し、他の哺乳類の場合、メスは自分の排卵が迫っていることを外に向かって積極的に知らせる。体の一部が大きく腫れる「性的腫脹」で知らせる動物もいれば、独特の臭いや、音、性的関心を暗示するような動作（生殖器を見せる動作など）で知らせる動物もいる。閉経後のセックスは、他の動物では「する、しない」以前の問題である。人類以外のメスは、ある年齢以降、確かに受胎能力が徐々に衰えるものの、この時点を境に完全に生殖能力がなくなる、などということはないからだ。閉経は、おそらく人類に特有の現象だろう。

もちろん、ここで述べたような人類と他の動物の違いは、あくまで一般論である。人類以外にも、テナガザルやプレーリーボールのように、長期間持続する「つがい」を作り、父親が育児に参加する動物はいる。イルカやボノボなど、楽しみのためにセックスをする動物は人類以外にも少ないながら存在するし、ベルベットモンキーやオランウータンのように、メスの排卵期が外からわからない動物もいる。人間だって、みんながオジーとハリエットのような家族（五〇年代のアメリカにおける理想的な核家族のこと。テレビ番組『オジーとハリエットの冒険』から）というわけではない。生涯伴侶を変えない人ばかりではないし、同時に複数の伴侶を持つ人もいないわけではない。社会として、一夫多妻や一妻多夫の制度をとっているところもある。とはいえ、大多数の人間が一夫一婦で、少なくとも同時に複数の伴侶は持たないのが普通というのは間違いのないことだ。ここで重要なのは、人間の場合、排卵周期が一巡りする間に複数の相手と性交する女性は少ないということである。遺伝子を調べてみると、子供の父親の大半（九〇パーセント超）が、母親の夫、もしくは長期にわたるパートナーであるとわかる。また、父親のほとんどは、子供を何らかのかたちで世話し、扶養している（ただし、金銭、食べ物、住居を提供し、他者から危害を加えられないよう保護してはいても、母親のように、いわゆる「世話」をするわけではない父親も多い）。

人間の「性的行為」の中には、他の動物にも見られるものもある。たとえば、オーラルセックス（男女とも）や、マスターベーションなどはその例だろう。マスターベーションをする動物は人間の他にもいるし、オス、メス、どちらにも見られる。道具を使う者もいる。しかし、リチャード・シモンズのダイエット体操のＤＶＤを見てマスターベーションをするなどという種は今のところ人類だけだろう。従来、動物がマスターベーションするのは、人間に捕獲された場合だけと考えられていたが、野生のボノボやレッドコロバスモンキーを調査した結果、オス、メス問わずマスターベーションするという信頼に足る証拠が得られている。性器を直接自分で刺激しないマスターベーションを行う実例も見つかっている。フランク・ダーリングは一九三七年に刊行した有名な著書『アカシカの群れ（*A Herd of Red Deer*）』の中で、オスのスコットランドアカシカが発情期にするマスターベーションについて書いた。頭を下げ、草の中で角の先を行ったり来たりさせるのだという。すると、ペニスが勃起し、数分後には射精するらしい。その他、同性愛的な行動も、多数の哺乳動物で、オス、メスを問わず観察されている。ただ、同性愛の「つがい」が長期間続くという例は、私の知る限り人類以外には見つかっていない。

脳が決めた性の特徴

なぜ、人類は性に関してこのように「変わった」進化を遂げたのか。排卵期を隠し、楽しみのためにセックスをし、一夫一婦の関係をずっと続け、父親が誕生した子供の面倒を見る。なぜ、そうなったのか。類人猿には、同じような傾向を一部共有する者もいる。ボノボは楽しみのためにセックスをするし、テナガザルは「つがい」を長年維持する。だが、人類とまったく同じ行動をとる動物は他にいない。つまり、性に関する人類の特徴は、霊長類の進化の歴史の中でも、ごく最近獲得されたものと見るべきだろう。

ここで述べたいのは、人類の性に関する特徴は、「場当たり的」な脳の設計が直接の原因となって生じたものなのではないか、ということだ。特徴の一つ一つについて起源を探ってみよう。まず、なぜ排卵期が外からわからなくなったのか、そしてなぜ楽しみのためにセックスをするようになったのかということだ。ミシガン大学のキャサリン・ヌーナンとリチャード・アレクサンダーが唱える「女が排卵期を隠すのは、男を常にそばに置いておくため」という仮説は一応の説得力がある。逆に考えてみればわかるだろう。もし、排卵の時期が誰の目にも明らかだったとしたらどうだろう。男性は、生殖の成功のため、妊娠の可能性の高い時期にある女性を選んで性交するようになるに違いない。そして、時期が過ぎたらその場を去り、別の妊娠の可能性の高い相手を探そうとするはずだ。自分がいない間に他の男性がやってきて、最初の女性を妊娠させるかもしれないという心配はいらない。もう妊娠する時期は過ぎているからだ。このような繁殖スタイルは、ヒヒ、ガチョウをはじめ、他の多くの種でも見られる。一方、排卵期が隠されていると、妊娠の可能性を十分に高めるためには、排卵周期のあらゆる段階で性交をし続けなくてはならない。また、男性がその場を離れ、別の相手との生殖を試みるにしても、その間、他の男性が、いつもの伴侶と性交をしてしまう恐れがある。それがたまたま、妊娠の可能性が高い時かもしれない。反対に、見つけた別の相手が、ちょうど妊娠しやすい時期であるなどということはあまりないだろう。そう考えていくと、排卵期が隠されている場合は、常に同じ伴侶とともにいて、同じ相手と性交し続けるのが男性にとって最良の戦略ということになる。

男性に関しては、それでいいだろう。では女性はどうか。どんな得があるのか。できるだけ優れた男性の遺伝子を子供に与えるためには、いろいろな男性と性交する方が良いのではないだろうか。実際、大部分の哺乳類も含め、他の多くの種のメスは、まさにそういう戦略を採っている。だが、人間の場合は、他の種と大きな違いがある。たとえば、メスのオランウータンなら、自分だけで容易に子供を育てることができる。ところが、人間の場合はそうはいかないのだ。他の動物の子供は、ほとんど、離乳が済めば自分で食べ物を見つけられるようになる。ところが、人間の子供が独立して自分で食べ物を得られるまでには、さらに何年もの時間がかかるのだ。そのため、男性と長期にわたる夫婦関係を結び、父親にも子育てに貢献してもらった方が、女性にとっては結果的に繁殖に成功する確率が大きく上がるわけだ。男性が、その女性の戦略に乗るのには二つの理由がある。一つは、生まれてきた子供がほぼ間違いなく自分の子供と確信できるということだ。面倒を見ていた子供が実は他の男性のものだったということはないので、労力も与えた資源も無駄にならない。もう一つは、同じ相手との頻繁なセックスから生まれる「絆」が両者にとって喜びとなる、ということだ。この喜びが、人間が、妊娠の可能性がまったくない時（妊娠中、あるいは閉経後）でもセックスをする理由の一つではないだろうか。

ポイントは、子供を育てる上で、人間の女性が少なくともある側面では他の種に比べてはるかに多く男性の助けを必要とすることだ。人間の子供は乳児期にはまったくの無力であり、もう少し大きくなっても、自分で自分を養う能力は持てない。なぜそうなのだろうか。誕生直後、人間の脳は、大人の三分の一の体積しかない。脳の成長、配線のかなりの部分は、誕生後、子供の時代に、経験によって得られた情報に基づいて行われる。したがって、子供の時代をどう過ごすかは非常に重要だ。人間の脳は、五歳までの間、爆発的な速度で成長を遂げるが、二〇歳くらいまでは完全に大人の脳にはならない。他の種の五歳児とは違い、人間の五歳児は、脳が十分に発達しておらず、自分で食べ物を見つけることも、捕食者から身を守ることもできない。

また違った見方もできる。進化上の制約から、脳はゼロから設計し直すことはできない。すでに述べたとおり、進化で可能なのは、古いものを残したまま、新しいものを付け加えることだけだ。これは、進化して新しい機能が加わる度、脳が大きくなるということを意味する。さらに重要なのは、脳の基本構成要素であるニューロンの設計は大きく変えられないことだ。人間も、太古から存在するクラゲのような生物と、ニューロンの基本構造という点ではほとんど違わない。電気の伝導性は悪く、処理速度も低く、信頼性もない、一度に伝えられる情報の量も非常に限られる、そんなニューロンを使うしかないのである。性能の悪いニューロンを使って高機能の脳を作ろうとすれば、膨大な数を複雑に相互接続するしかない。そうすれば必然的に脳は巨大になる。それで結果的に一〇〇〇億のニューロン、五〇〇〇兆のシナプスのネットワークという脳ができあがったのだ。ネットワークはあまりに複雑過ぎ、ニューロンどうしの接続をどうするかを逐一遺伝子で指示するなどということは不可能である。そこで、経験を基に「使うものを残し、使わないものは取り除く」という方法で巨大なネットワークを構築していく。この作業には、相当な量の感覚情報が必要になるので、それを取り入れるのにどうしても非常に長い時間を要する。誕生後、脳が大人になるまでに時間がかかるのはそのためだ。他の動物では考えられないほど、長い間、子供でいなくてはならないということである。母親の産道の大きさという物理的な制約もある。脳が大きく成長し過ぎると、サイズが合わず、産道を通り抜けられない。実際、今の脳のサイズですら、ごく最近になるまで、産まれる時に亡くなる子供はかなり多かった。人類にごく近い霊長類でも、そのような例はほとんど見られない。

このような事情から、人類の場合、他の動物とは違い、子供を育てる上で女性が男性に大きく依存するようになった。排卵の時期を隠したことで、男性は常に一人の女性のそばにいて、時を選ばずに性交するようになり、子育ての成功のために協力するようになった。一夫一婦の関係においては何度も同じ相手と性交をし、その多くが楽しみのためになるが、それには主に二つのメリットがある。まず、産まれてきた子供が間違いなく自分の子だと男性が確信できること、そして、夫婦の絆が深まり、長続きしやすくなることだ。これはどちらも、男女両方で長きにわたって子供の世話をし続けることにつながる。極端なことを言えば、もし人類のニューロンが、はるかに効率の良いプロセッサだったとしたら、一夫一婦制が今ほど世界共通のもの、普遍的なものにならなかった可能性は高いだろう。

「いや、しかし……」と言う読者の声が聞こえるようだ。私の説明は事実と食い違うのではないか、と感じている読者もいると思う。母親だけで子供を育てている人は大勢いる。私の住む街にもいる。それで特に大きな問題はないという人もいるのは確かだ。子供を持つことを喜ばない人もいるし、そうした人から子供を引き取り、自分の遺伝子を受け継がない子供を喜んで育てている人も多い。ゲイだっている。数は少ないが中には子供を育てているゲイもいる。長年連れ添った伴侶がいながら、よそでセックスをする人もたくさんいる。全部、本当のことだが、こうした現象については、人間の性行動の進化がどのように起きるかという観点から考えてみる必要がある。進化は非常にゆっくりとしか進まない。環境が急速に変化しても、ゲノムがそれに即座に対応するわけではない。近代になって、私たちの社会は急激に変化している。その中には、性行動に影響を及ぼしそうな変化も少なくない。避妊ができるようになったし、受胎を助けるような技術も生まれている。また社会の慣習や政治のシステムの変化、科学の進歩などにより、女性が一人で生きていくことが以前より容易にできるようになった。こうした変化のほとんどは、ほんの一世代前くらいに起きたことだ。そのため、性行動に関わる脳部位を作る遺伝子が、近代社会の新しい環境による淘汰をまだ受けていないと考えられる。これは、性行動に関してだけでなく、生物としての人間の進化を考える時は、よく問題になることだ。人を性行動に向かわせる力は、元々、必ずしも、遺伝子を次世代に残せる状況、年齢だけにはたらくわけではない。誰かに性的魅力を感じること、誰かを伴侶にしたいと感じること（要するに「恋に落ちる」ということだ）などは、元々、子孫を残す、残さないとは関係なく起きる（不妊症、閉経で子供ができない場合でも恋には落ちるし、同性愛もあり得る）。そうだとすれば、可能なら避妊をするのも自然なことである。一方、子供を育てたいという気持ちも、元来、自分の遺伝子を残す、残さないということに直接、関係はない。自分の遺伝子を受け継がない子供であっても、育てたいと強く望むカップルがいてもおかしくはない。近代においては、長年の伴侶以外とセックスをする人がかつてないほど増え、離婚率も高まっている。だが、驚くべきことに、産まれてくる子供の九〇パーセント超が、母親の夫、あるいは長年のパートナーを父親に持つというのは国や地域を問わず、ほとんど変わっていない。そのことは、広く行われている遺伝子テストの結果からわかる。父親の子育てへの貢献の仕方も、離婚、再婚が増えたとはいえ、あまり変わっていない。文化により考え方や習慣に違いはあっても、現代のニューヨークやロンドンに暮らす人々の性行動も、根本的には伝統的な社会に生きる人々とそう違っていない、と言っていいだろう。

脳の性差とは何か？

ここまでは、人間の「標準的」と思われる性行動について、また脳の非効率な設計が性行動にどのように影響したと考えられるかといったことについて書いてきた。ここからは、ちょっと角度を変えて、脳の機能が、性的衝動、恋愛などにどのように影響しているかを見ていこう。そのためには、まず性的行動に必須となる前提条件について考えなくてはならない。それは、「性別」である。私たちは、どのように男や女になるのだろうか。

性別の発生を説明するのは、そう容易ではない。生物学的要因だけでなく、社会的要因も関わってくるからだ。性染色体が〝XX〟で、卵巣や膣があれば女性、性染色体が〝XY〟で、睾丸とペニスがあれば男性、というような単純な話ではないのだ。そういう話にしてしまうことが問題なのは明らかだ。誰もが知っていることだが、自分の性別に違和感を持つ「性同一性障害」の人は少数ながら存在する。染色体の性と、心の性とが一致しないと強く感じている人たちだ。体の外見的な特徴がどうであれ、そう感じるのである。たとえ社会から大きな圧力を受けようと、それは変えられない。比較的裕福な国の場合、そうした人たちは反対の性の服装をする、ホルモン治療を受けるといったことをする。外科手術によって、部分的、あるいは完全に性を転換してしまう人もいる。自分の性別に違和感を持つ人は、染色体上は男性である人に多いが、逆に自分を男性だと感じる女性がいないわけではない。社会が許せば、彼らのほとんどは、反対の性の服装をするが、だからといって女装をする男性、男装をする女性がすべて性同一性障害というわけではない点には注意が必要だ。むしろ、自分の染色体上の性別に特に違和感を持っていない人が大半であると言ってもいい。自分が男であること、女であることをかえって強調するような巧妙な手段として、女装、男装が使われていることも多い。

自分のことを男性である、女性であると自覚した時に、どのような考えを持つか、周囲からどのような期待をされるかは、社会によって大きく異なるし、人によっても違う。男性とは何か、女性とは何かということ自体、社会によっても、家庭によっても違い、人によっても変わってくる。それは誰もがわかっていることだ。たとえば、「女性とは」の定義は日本とイタリアでは違うだろう。また、その定義は、近年、急速に変化してきている。その社会、文化で、男性であること、女性であることをどうとらえているかは、

「性を入れ替える」伝統的な制度などに見ることができる。ネイティブ・アメリカンには、「トゥー・スピリット（二つの魂）」と呼ばれる風習が広く見られた。これは主に染色体上、男性である人物が女装して女性になるという風習である。また、数は少ないものの、染色体上は女性である人が男装して男性になる例もあった。こうした人々は、特別ないわば「シャーマン」のような地位を与えられ、男の世界と女の世界をつなぐ能力を持つとされた。ポリネシアには、第一子を母親の助っ人とみなし、性別を問わず、女性としての役割を担わせるという風習があった。生物学的には男性だが、第一子であるために、女性の役割を与えられた人は、タヒチやハワイでは「マフ」、サモアでは「ファファフィネ」と呼ばれた。ヨーロッパ人で最初にこの風習に出会ったのは、よく知られるバウンティ号乗組員でウィリアム・ブライ艦長の部下だったジェームズ・モリソンである。一七八九年、タヒチでのことだ。モリソンは「彼らの中に〝マフ〟と呼ばれる男たちがいた。インドの宦官にどこか似ているが、去勢されているわけではない。彼らは決して女と暮らすことはなく、自身が女のように生きる。髭は引き抜いてあり、女の服を着て、女たちとともに踊り歌う。声は女のようだ。敷物などの布地を作り、染色することに長けており、女たちに仕事を与える役目も担っている」という記述を遺している。ネイティブ・アメリカンのトゥー・スピリットと同様、マフにもやはり高い社会的地位が与えられていた。幸運をもたらす存在と考えられ、権威もあった。ハワイの王、カメハメハI世が、彼らを自分の屋敷に住まわせたのは、そういう理由からだ。マフやトゥー・スピリット、あるいは性同一性障害の人たちを見ればわかるとおり、生物学上の性別は性染色体と性ホルモンのはたらきによって決まるものの、実際にその人が男性として生きるか女性として生きるかの決定には、生物学的要因と社会的要因の両方が影響する。二つが相互作用するため、とても簡単にこうだと結論を出すことはできない。

男性の脳、女性の脳には、何かはっきりとわかる違いはあるのだろうか。その違いは、男性である、女性であるという自覚に影響しているのだろうか。男性の脳は平均すれば、女性の脳よりやや大きい。これは、体の大きさの違いを考慮して補正しても同じである。特に差異が大きいのは、右大脳半球の厚さだ。興味深いのは、視床下部の〝ＩＮＡＨ３（Third Interstitial Nucleus of the Anterior Hypothalamus＝視床下部前部間質核）〟と呼ばれる部分の大きさが、男性は女性の二～三倍にもなる、ということだ。ＩＮＡＨ３は、テストステロンの受容体の密度が異常に高い部分である。ＩＮＡＨ３のニューロンの活動は、男性に特徴的な性交時の行動（詳細は後述）に関係が深いため、この違いは非常に示唆的であると言える。だが、何もかも男性の方が大きいと思うのも間違いだ。女性の脳の方が、体の大きさに比較して大きくなっている重要部位が二つある。脳梁と前交連である。いずれの組織も軸索の束（白質）で、左脳から右脳へ、または右脳から左脳へ情報を運ぶ役目をする。脳の中でも最も外側にあり、進化上、最も新しくできた部位である大脳皮質の左側と右側をつなぐために特に重要な組織だ。もちろん、ここに書いたことはとても完全とは言えない。他にも大きさの違う部位はあるだろう。今後、研究が進めば、さらに男女で大きさの違う部位は見つかるはずだ。違いは大きさだけではない。細胞の構造（樹状突起の枝分かれの多さなど）、生化学的構造（神経伝達物質受容体やイオンチャネルの密度など）、電気的機能（特定のニューロンのスパイクの頻度、タイミングなど）といったことに違いが見られる部位もある。

脳の違いだけではない。男性と女性は、行動、能力の面でも一貫して違っている。この点に関しては異論も多いし、政治的な問題もはらんでいるが、現在までに世界各国のさまざまな人々によって行われた研究成果を総合すれば、そう結論づけて良さそうである。たとえば、全体の傾向として、ある種の言語操作に関しては、男性より女性の方が優れている。一定の条件に当てはまる単語をできるだけ早く見つけ出すといった「言語流暢性」をテストすると、男性より女性の方が総じて結果が良い。これは世界各国、共通している。また、社会的知性（人間関係に必要な知性）、他人への共感、他人との協調といった能力でも、女性は男性よりも全体として優れている。新奇な発想をする、似ているものを見つけ出すといった能力の他、算術計算の能力でも女性は男性より上だ。だが、数学的推論になると、男性の方に分がある。数学の文章題、幾何学の問題などでは平均すると男性の方が高い得点を取る。空間把握の必要な作業も男性の方が得意だ。三次元の物体を頭の中で回転させる、背景と図形を区別するといったことは男性の方がうまくできる。大ざっぱには、男性と女性では認知スタイルに違いがあると言えるだろう。当然、こうした違いは、かなりの人数を調べた時の平均であって、個々の男女について調べれば、得手、不得手は大きく異なってくる。また、総合的な知能ということになると、男女に大きな違いはなく、テストをしても、結果は男女ほぼ同じになる。

男性と女性では脳の構造に違いがあり、脳の機能も男性と女性では異なっているのは確かである。しかし大事なのは、そうした解剖学的な違い、能力の違いは、どの程度、遺伝的なものなのかということ、社会、文化によって違いが生じているわけではないのかということだ。昔からある「氏か育ちか」という話である。大人の男女で脳を比較して、解剖学的な違いが見られても、それだけでは違いが遺伝的なものと証明することはできない。第3章で触れたとおり、ニューロンの配線、細部の構造には、経験が影響を与える。ニューロンには、一定のパターンの電気的活動が起きた時に発現する遺伝子というのもある。女の子が女の子として「普通に」育てられると、左脳と右脳との間を結ぶ軸索の束（脳梁と前交連）が大きく成長するのかもしれない。男の子が男の子として育てられると、ＩＮＡＨ３の成長が促されるのかもしれない。

今のところ、脳の性差は、社会や文化の影響もあって生じると考えておくべきだろうが、それを肯定する証拠も否定する証拠もまだ見つかってはいない。しかし、「脳の性差は遺伝的なもの」という主張を裏付けるかもしれない証拠がいくつかあり、議論の的になっている。まず、性差が非常に幼いうちから存在するということ。これは人間に限らず、さまざまな種について言えることだ。女の子は、新生児の段階から、他人の声、顔といった「社会的刺激」に注意を向けている時間が長い。一方、男の子は、モビールなどの「空間刺激」に惹きつけられやすい。サルやラットの子供でも、オスはメスよりも「荒っぽい」遊びを好む傾向が見られる。迷路をうまく通り抜けるなど、空間把握の面でオスがメスよりも優位という傾向は、ラットでも見られる。

研究では、男の子でも女の子でも、出生前のテストステロンのレベルにより、成長してからの空間把握能力が予測できるという結果が得られている。テストステロンは一般に睾丸から分泌される「男性ホルモン」とされているが、副腎でも作られ、少量ながら女性にも存在する。ケンブリッジ大学のサイモン・バロン＝コーエンらの最近の研究によれば、子宮内で大量のテストステロンにさらされた子供は、生後一二ヶ月でのアイコンタクト（他人と視線を合わせること）の頻度が下がる傾向があり、生後一八ヶ月での言語能力の発達度合いも低いという。この結果からすれば、テストステロンにさらされることが、「男らしい」認知や能力の形成に寄与しているように見える。それが人生のごく初期においてすでに明確になっているわけだ。

性ホルモンに異常が生じた人を観察すると、その作用がより明確にわかる。たとえば、先天性副腎過形成と呼ばれる、副腎が肥大化する病気を持った女の子や、母親が妊娠中にジエチルスチルベストロール（DES）というステロイド剤を投与され、子宮内で通常よりはるかに多い量のテストステロンにさらされた女の子を観察するわけだ。こうした状況の女の子に対して認知テストをすると、結果が男の子に近いものになる傾向が見られる（数学的推論や空間把握の能力が高まる）。行動も、女の子より男の子に近くなる。活動的な遊びを好み、おもちゃも社会的なもの（人形など）より物質的なもの（トラックの模型など）を好む。動物の実験でもそれに似た結果が得られた。誕生直後にテストステロンを投与したメスのラットは、迷路での空間把握能力テストの結果が、平均でオス並みになる。

アンドロゲン不応症という病気にかかった男の子では、逆のことが起きる。これは、睾丸は通常レベルのテストステロンを分泌するのだが、受容体の異常により、テストステロン（男性ホルモン、あるいはアンドロゲン）に反応ができず、体（や脳）が、女性のように発達する病気である。コーネル医科大学のジュリアン・インペラト＝マギンリーらは、この病気の患者に対し、視覚による空間把握能力についての実験を行った。それでわかったのは、患者の空間把握能力は、平均的な男の子だけでなく、平均的な女の子に比べても著しく低いということである。おそらく、これは、誕生前、そして誕生後の早い時期に、テストステロンの作用を受けることができなかったためであると思われる。したがって、少量とはいえ、副腎由来のテストステロンにさらされる女の子に比べても、空間把握能力が低くなったのだろう。同じような結果は、誕生時に去勢したオスのラットを使った実験でも得られる。このオスのラットも、メスのラットに比べ、迷路を通り抜ける能力が低くなる。

認知に関する男女の相違の一部は、脳の構造の違いに由来すると思われる。脳梁は一般に女性の方が男性より大きいが、ＵＣＬＡのメリッサ・ハインズらは、脳梁、特に膨

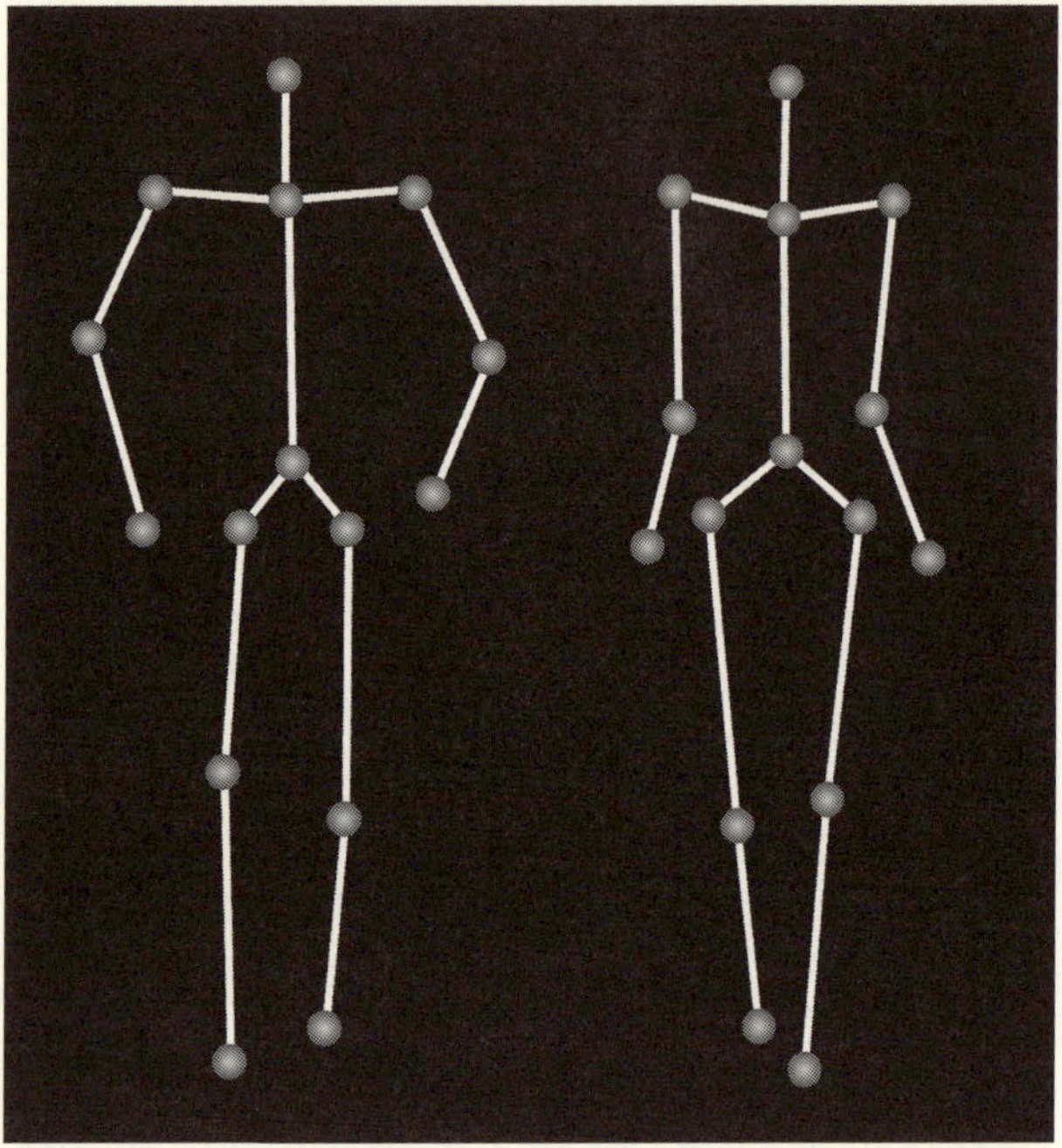

図 6-1　男と女はどう区別されるか。この図では、棒をつないで人間の形を作ってある。このように、極めて情報の少ない状況でも、私たちはどちらが男でどちらが女なのかが容易にわかる。人間の視覚系に、非常に高い性別認識能力があるということがこれで証明される。

出典：図は、クイーンズ大学（カナダ、オンタリオ州）のニコラウス・トロジェ教授の厚意により提供されたもの。男女の区別は、この人形がアニメーションになり、「男らしく」、または「女らしく」歩けば、さらに容易になる。アニメーションは、トロジェ教授の Web サイト（www.biomotionlab.ca/Demos/BMLgender.html）で見ることができる。

大部と呼ばれる部分が発達しているほど、「言語流暢性」が高まることを発見した。膨大部が発達していると、左脳と右脳の言語中枢間でやりとりされる情報量が増えるからではないか、というのが彼らの仮説である。

脳の機能や認知の性差というものが、広く一般の人の関心を集めるようになったのは、当時、ハーバード大学の学長だったラリー・サマーズの発言以降のことだろう。二〇〇五年一月一四日、サマーズは、全米経済研究所の科学、工学の多様化をテーマとした会合で、発言を行っている。「科学、工学の分野の最高レベルで活躍する女性が極端に少ない理由は、脳の機能に遺伝的な差異が存在するということである程度説明ができる」と述べたのだ。男女の適性には元々、違いがあり、高いレベルではそれがより明らかになるというのである。共通の数学、科学の試験を受けた場合、成績の上位二パーセントに占める人数は、男性が女性の約四倍になるという。数学や科学（あるいは工学）の「エリート」と呼ばれる人たち、トップランクの大学の学生の多くが男性なのには、そうした背景があるというのがサマーズの主張だ。発言に対しては激しい非難の声が起こり、数ヶ月後にサマーズが辞任した後も反論は続いた。

サマーズの言うことは本当に正しいのか、ここでは先に述べた脳の構造と認知スタイルの違いを踏まえて検証してみよう。まず、サマーズの主張の根拠となっている「試験」について考えてみる。確かに男女の平均点、そして点数の分布に違いが生じるような試験を作ることはできるだろう（分布の違いの大きさは、上位二パーセントを構成する男女比にも影響する可能性がある)。しかし、問題は、この試験の結果が良かったからといって、その人がトップレベルの科学者やエンジニアとして成功できると予測してよいのかということだ。私の知る限り、それを判断するためのデータは今のところ存在しない。ただ、私の経験から言って、試験結果の良い人がトップレベルの科学者やエンジニアになるわけでは必ずしもなさそうだ。幸せなことに、私には世界でも有数の科学者(ほとんどが生物学者だが)と言える知人が何人もおり、長年、やりとりをしている。一つ明らかなことは、特定の認知能力に長けているからといって、それが直接、科学のトップレベルでの成功にはつながらないということだ。科学者といっても必要な思考、認知の種類はさまざまだ。ある人は数式を使って考え、またある人は言葉を使って考える。空間把握を主に必要とする人もいる。一つ一つ順を追って推論すること、論理的に考えて結論を導き出すというスタイルをとる人もいれば、ひらめき、直感を大事にし、ひらめいたことが本当に正しいのかを後から検証するスタイルの人もいる。アインシュタインは数学者としては一流とは言えなかったというのが定説になっているが、それでも、その数学で物事が表現される物理の世界で、パラダイムを転換させるほどのことを成し遂げた。

サマーズの主張が正しいのであれば、共通の試験によって確かめられる男女の認知傾向の違いを根拠に、科学のトップレベルでどの程度成功できるかを確実に予測できるはずだ。また、サマーズが正しいのなら、一流の科学者に女性が少ないのは、元々、数学や科学の能力が極めて高い人の集団の中に女性が少ないから、ということになる。だが、一九九五〜二〇〇六年の間、ジョンズ・ホプキンス大学医学部で、入学審査委員会議長、そして大学院課程の責任者を務めた私の経験から言えば、そうであるかは疑わしい。この大学院課程は、世界でも最高のレベルであり、極めて優秀な学生が多数集まっている。一九九五〜二〇〇六年までの期間、大学院課程に進んだ学生の男女比は、半々に近かった。課程を修了した学生の男女比も半々くらいで、業績（一流誌に掲載された論文の数など）もほぼ同じだった。ところが、その先になると、女子の脱落が目立つようになる。博士研究員（ポスドク）にまでなる女子は、ほんのわずかだ。ポスドクから、名門大学の教授にまでなろうとする女子となるとさらに少なくなるし、実際に教授の地位を得る人はもっと少ない。このことは、ジョンズ・ホプキンス大学医学部での教授の男女比を見ても明らかだ。二四人中、女性は三人しかいない。それでも少なくとも、神経科学の分野においては、サマーズの主張は正しくないと私は思っている。科学に関して非常に高い才能のある人は、女性にも数多くいるが、能力があるにもかかわらず、さまざまな理由から科学者になるまでのルートの途中で脱落するケースが驚くほど多いのだ。理由の中には、社会的なものも多数含まれている。女性の出世があまり歓迎されないという社会の意識もその一つである。また、テニュア（終身在職権）など、昇進に関わる制度に柔軟性がない（出産、子育ての期間が考慮されない）ことも理由としてあげられるだろう。その他、女性があからさまに差別されることも珍しくない。

サマーズの発言は、科学に少なくとも二つの理由で損害を与えた。一つは、この発言がなければ科学者やエンジニアの道を志したであろうと思われる女性が、考えを改めたかもしれないということだ。間違いなく、何人かはそういう人がいるだろう。発言をそのまま正しいものとして受け止めた人もいれば、女性の科学者がアカデミズムの世界で歓迎されないことを発言から感じ取った人もいたはずだ。もう一つの損害は、サマーズ発言の反動である。そのせいで、脳の機能や認知スタイルの性差についてものを言うこと自体、悪いことのようにとらえられがちになってしまった。あまりに「ポリティカリー・コレクト〔道徳的に正しい、差別的でない〕」な学説が出た場合、それは疑ってかかる必要があるし、男性が科学の世界を支配している現状を正当化するような学説も疑わしいと思うべきだろう。とはいえ、ただ、そうした学説を頭から否定するだけ、というのも誠実で知的な態度とは言えない。先天的なのか、後天的なのかは定かではないが、男女の認知スタイルにある程度の違いがあることは事実である。その違いがないかのように装うことは、かえって女性の権利伸長を妨げることになるのではないか（同じことは、他のすべての被差別集団に言える）。科学者の世界は、今よりもっと性差に配慮した「女性に優しい」、女性を排除しないものになる必要がある。そして、男女の別なく、純粋に個人の能力や功績で評価がなされる仕組みが必要だろう。こうして、多様性を持たせていくのだ。男女の脳の持つ機能や認知スタイルに違いがあることを示す証拠は次々に見つかっていくかもしれないが、そうした証拠は決して頭から否定はしないようにする。

愛とセックスの仕組み

男女の脳の違いについては、ひとまずこのくらいにしておく。次は愛とセックスについて話そう。愛については、一九七〇年代のアートロックバンド、ロキシーミュージックが「愛は麻薬。僕をとりこにする」と簡潔にまとめてくれている。だが、神経生物学の立場から言って、これは果たして正しいのか。愛は、そして少なくともセックスは麻薬のようなものと言っていいのだろうか。当然のことながら、神経生物学においては、愛や魅力といったことより、セックスについての方が解明が進んでいる。脳とセックスの関わりについてはかなりわかっているが、脳と愛の関わりについては、まだあまりわからないのだ。

ロンドン大学ユニバーシティカレッジのアンドレアス・バーテル、セミール・ゼキは、脳と恋愛との関係に関して、ユニークなアプローチによる研究を行っている。本当に、狂おしいほどの恋愛をしていると自ら主張する二〇代の男女を被験者として集め、愛する人の顔写真を見ている時の脳の活動を映像化技術を使って調べたのだ。そしてその後、別の写真でも同様の実験を行っている。被験者に年齢が近く、知り合ってから一定以上の期間が経つにもかかわらず、強い恋愛感情や性的関心を抱かない異性の友人の顔写真

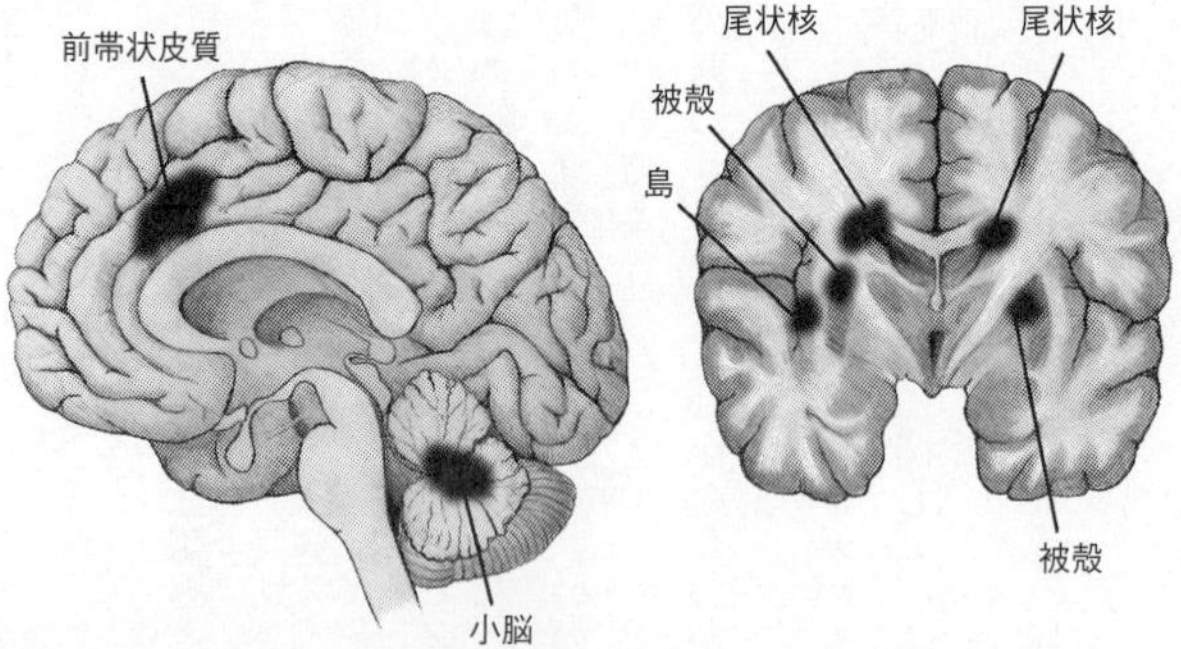

図6-2　恋人の写真を見た時に活動が盛んになる脳の部位。左図：脳の正中線に沿って縦に切り取った図。脳走査装置を使用して作成。左側が前。右図：耳のすぐ前で横方向に切り取った図。どちらの図でも、活動部位は黒で示してある。

出典：A. Bartels and S. Zeki, The neural basis of romantic love, *Neuroreport* 11: 3829-3834 (2000).
（イラスト：Joan M. K. Tycko）

に替えたのである。二つの実験を比較すれば、単なる視覚による顔認識ではなく、恋愛のみに対応して活動する脳の部位が明らかになるはずだ。比較によってわかったのは、愛する人の顔写真を見た時には、島と前帯状皮質（感情に訴える情報を処理する際に重要な役割を果たす部位）など、離れた位置にあるいくつかの部位の活動が盛んになるということだ。驚くのは、被殻や尾状核、小脳など、一般には感覚と運動の調整に関与していることで知られる部位が盛んに活動するということである（図6-2）。反対に、愛する人の顔写真を見た時に活動が低下する部位も複数存在する。これには、大脳皮質のいくつかの部位の他、扁桃体（感情、攻撃、恐怖に関係の深い部位）も含まれる。

バーテルとゼキが被験者としたのは、恋愛の相手との交際期間が二年を超える人だった。後に、アルバート・アインシュタイン医科大学のルーシー・ブラウン率いるグループも同様の実験を行っている。この時は、恋愛初期にある人、相手との交際期間が、二〜一七ヶ月という人を被験者としたが、結果はほぼ同じだった。交際期間の長い被験者と、だいたい同様の活動パターンが見られたのである。ただ、交際期間の短い人の場合は、共通して腹側被蓋野にも盛んな活動が見られたという点が、長く交際している人と違っていた。腹側被蓋野は、「報酬」に深く関与する部位であることを考えると非常に興味深い。この部位は、快い感覚に強く反応する。実はヘロインやコカインによって活性化される部位も、主にここなのだ。ヘロインやコカインを使った場合と同様、恋愛初期にいる人には、判断力が極端に低下するという現象が見られる。特に、恋愛の対象に関する判断力は低くなってしまう。こうした点から、ロキシーミュージックの歌詞は少なくとも一面では正しいと言えるだろう。愛は確かに強力な麻薬なのだ。その効き目はそう長くは続かない。これも麻薬に似ている。愛の場合、効いているのは、せいぜい数ヶ月から一年というところだ。綺麗に咲いた薔薇の花びらも、やがては落ちてしまうのだ。こんなジョークがある。

Q——彼女とは外見に惹かれて結婚したんですって？

A――ええ。でも、今の、じゃないですからね。

こうした実験結果をどう考えればいいのだろうか。一つ言えるのは、即座にこうだ、という判断を下してはいけないということだ。この場合、どちらが原因で、どちらが結果なのかが非常にわかりにくい。脳の活動の変化が、恋愛時に起きる感情に影響を与えていると考えてよいのかは、まだわからないのである。また、実験自体の難しさもある。被験者が恋人の顔写真を見ている時、本当はどのような精神状態にあるのか、外から知るすべはない。「愛情」以外の要因が結果に影響を与える可能性を完全に排除するのは困難だ。単に恋人の顔の方が友人の顔より見慣れているだけのことかもしれない。そうでないと言い切れる人はいないだろう。仮に、実験で観察される脳の活動パターンを恋愛感情によるものだと認めるにしても、関わっている部位が一つだけでないことだけは確かである。それでも感情や報酬に関与する部位の活動が盛んになるというのは興味深い。最も驚くのは、感覚と運動の調整に関与する部位（被殻や尾状核、小脳など）が活発になるということだ。この事実は、問題に新たな観点を付け加えるものと言えるだろう。

二〇代の被験者が深く愛している相手の顔写真を見た時には、おそらく性的に興奮していると考えられる。では、その時の脳の活動パターンは、他人の性行為の写真や映像を見た時のものと比較してどうなのか。他人の性行為（異性愛）の映像を見ている間の

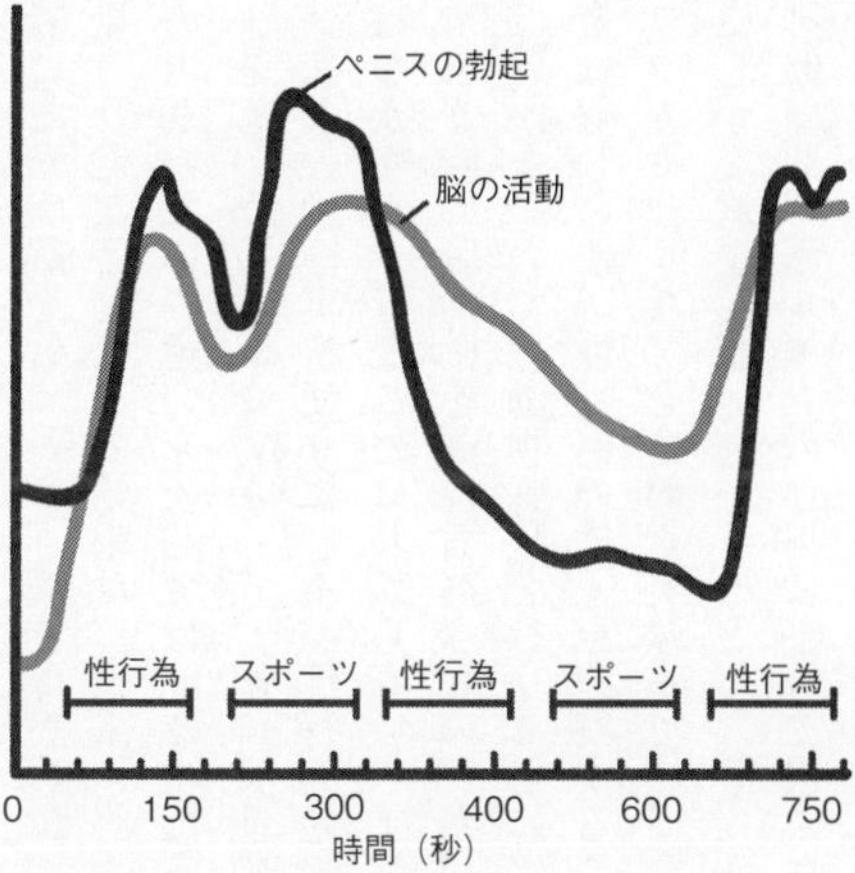

図6-3　性行為の映像を見た時、スポーツの映像を見た時のペニスの勃起、脳活動の記録。脳の活動は、「島」と呼ばれる部位で記録している。二つのデータには明らかな相関関係が見られる。

出典：B. A. Arnow, J. E. Desmond, L. L. Banner, G. H. Glover, A. Solomon, M. L. Polan, T. F. Lue, and S. W. Atlas, Brain activation and sexual arousal in healthy, heterosexual males, *Brain* 125: 1014–1023 (2002).（イラスト：Joan M. K. Tycko）

脳内活動（男女とも）について調べた研究もいくつかある。そうした研究では、映像を見ている間の興奮度がどのくらいかを被験者に尋ねる、ということも行われている。スタンフォード大学のブルース・アーナウらの研究では、男性の興奮度を、特製の空気圧カフを取り付けたコンドームをペニスに装着して計測した。性的興奮に固有の脳内活動を他と区別するため、同じ男性の被験者について、性的興奮の起きると思われる映像を見ている時と、風景やスポーツなど、性的に興奮しないと思われる映像を見ている時とで、脳内活動の比較も行われた。性行為の映像を見ている際の脳内活動パターン（図6－3）は、研究により幾分ばらつきがあるものの、総じて恋人の顔写真を見た時のものに似ている。活動する部位が一部重なるのである（図6－2）。いずれの場合も、前帯状皮質、島、被殻、尾状核の活動が盛んになる。

それに加え、性行為の映像を見た際には、後頭葉、側頭葉の視覚に関連する部位、そして前頭葉の意思決定、判断の能力に関わる部位も活発になる。ただし、腹側被蓋野の活動は盛んにならない。モントリオール大学のシェリフ・カラマらは、男女両方を被験者にした実験を行ったが、興味深いのは、男性にだけ、視床下部にかなり盛んな活動が見られたことだ。この結果は、慎重に解釈すべきだろう。確かに性行為の映像を見た時の男女の反応の違いを表してはいるのだろうが、その違いは、社会的、文化的な背景によるものかもしれないからだ。脳の機能の性差を表しているとは限らない。

恋人の顔写真を使うにしろ、性行為の映像を使うにしろ、写真や映像を使った実験ではなかなか十分なことはわからない。より正確なことを知るには、性行為そのものをしている時の脳活動を調べるべきなのだが、その場合、通常は人間を被験者にするわけにはいかないので、動物実験を行うことになる。動物に「今、どんな気分か」と尋ねることは難しいが、性行為の様子を観察することは間違いなく可能だ。注意すべきなのは、ラットやサルなどを含め、実験室での研究に使われる動物のほとんどは、メスの排卵期にしか交尾をしないということだ。したがって、性行動がいつ開始されるかは、メスの排卵周期、ホルモンの作用によって決定される。メスのサルは、二段階の過程を経て発情を始める。まず卵巣ホルモンであるエストロゲンの濃度が高まり、次にプロゲステロンの濃度が高まるのである。両者はそれぞれ、交尾活動に違った影響を与える。エストロゲンは、一日かそれ以上の期間作用し、視床下部の、腹内側核と呼ばれる領域におけるシナプス接続を促す。第1章でも述べたが、これは摂食行動に関与する領域である。おそらく、腹内側核には摂食行動に関わる部分と、性行動に関わる部分とがあるのだろう。エストロゲンはまた、この領域のニューロンに、プロゲステロンの受容体を作る役割を果たす（エストロゲンは、プロゲステロン受容体を作る遺伝子のプロモーターと結合し、転写を開始させる）。しばらく後にプロゲステロンの濃度が高まると、それがプロゲステロン受容体と結合する。これにより、メスはオスを探すようになり、生殖器を見せるなどの誘惑的な動作（ラットの場合は耳をピクピク動かすなど）をするようになる。メスの腹内側核は、二種類の信号を統合する。一つは電気信号である。この電気信号は、オスを見る、オスの発する音を聞く、または臭いをかぐといった感覚刺激によって生じるものだ（これで「魅力的なオスが近くにいる」ということが伝達される）。もう一つはホルモンの信号である。これは卵巣の状態を知らせる（今、交尾をすれば子供ができると知らせる）。この両方の信号が合わさってはじめて事態が進行することになる。腹内側核でのニューロンの活動を調べると、求愛期間にも、その後の交尾期間にも、スパイクの発火が盛んに生じていることがわかる。腹内側核に損傷を受けたメスは、たとえ卵巣ホルモンの機能が正常でも、まったく上記のような行動をしなくなってしまう。逆に、腹内側核に人為的に電気刺激を加えると、メスの発情期に特有の行動が強化される。

エストロゲン濃度が高まると、膣の内側の細胞で、オスにとって魅力的なにおいを発する物質も作られる。この物質は、膣の細胞から直接分泌されるわけではなく、膣粘液のエストロゲン豊富な環境を好むバクテリアが作る。この物質の発するにおいが、オスの興味を惹きつけるカギになる。だが、排卵後の時期になると事情は変わる。サルの場合、排卵後に膣から発せられるにおいは、オスにとって魅力的でないばかりではなく、不快にさえ感じられるものになるのだ。発情している（排卵直前の）メスザルの膣から、においの物質を取り、発情していないメスザルの膣の周囲に塗ると、オスは騙されて、においに惹きつけられ、交尾をしようとする。

人間に関しても、おそらくこれと同様のことが言えるのだろう、とつい思ってしまうが、そう決めてしまうのは早い。実は、ラットやサルと、人間とでは、かなり大きな違いがある。すでに述べたとおり、人間の場合、性行動に果たす嗅覚の役割が他の哺乳動物ほど大きくない。また人間の女性の場合、卵巣ホルモンは、性衝動にさほど強くは影響を与えない。医療上の理由から卵巣を除去した人でも、性衝動に変化は見られないのが普通だ。

オスの場合も、視床下部に性行動を引き起こす部位があるのはメスと共通している。ただし、それは腹内側核ではなく、「内側視索前野」と呼ばれる部位である。先に触れた〝ＩＮＡＨ３〟を含む部位だ。〝ＩＮＡＨ３〟は、テストステロン受容体の密度が異常に高く、オスの方がメスよりも大きくなる。メスの腹内側核と同様、内側視索前野は、感覚刺激によって生じる電気信号（脳内のより高い位置にある、感情に関わる部位からの信号も含む）と、ホルモンの信号を統合する。ただ、腹内側核と異なるのは、ホルモンがテストステロンであるということだ。テストステロンの作用を（去勢や、テストステロン受容体をブロックする薬剤の投与によって）なくすと、発情したメスを見るなどして性的刺激を受けても、内側視索前野のニューロンでのスパイク発火は活発にならない。テストステロンの作用をなくす処置をすると、マウンティングなど、オスに特有の性行動が見られることも少なくなる。内側視索前野だけを選び出して破壊すると、マウンティング行動はまったく行われなくなってしまう。だが、妙なことに、これで性衝動そのものが完全になくなってしまうわけではないようだ。なくなるのはメスによって引き起こされる性衝動だけである。オスのサルは、内側視索前野が破壊されても、楽しみのためにマスターベーションはする。

オスザルの内側視索前野に人為的に電気刺激を加えると、近くにいるメスザルを相手にマウンティングを始め、性器を挿入する。ただし、メスが発情していなければ、交尾は長く続かない。メスが発情していない場合、オスは何度かいいかげんに性器の挿入をしてみるが、すぐにメスから離れてしまう。内側視索前野は非常に小さな部位で、ペニスの勃起、マウンティング、性器挿入といった行動を引き起こすことに関与する。しかし、ここで重要なのは、内側視索前野は、こうした行動を起こすよう、直接命令を出しているわけではないことである。ペニスの勃起を起こすのは脳幹で、マウンティングや性器挿入の行動を司るのは、運動野など運動を制御する部位だ。内側視索前野は、こうした部位にはたらきかけるわけだ。

射精には、内側視索前野はさほど重要な役割を果たさないようだ。内側視索前野に人為的に電気刺激を加えても、射精は起きない。内側視索前野の電気的活動を記録しても、射精と相関関係があるような爆発的な活動は見られない。この部位が射精を引き起こすのであれば、そうした活動が見られるはずだ。だが、むしろ射精時には、非常に静かな状態になる。射精後の数分間も同じである。オスは射精後しばらく性的に不活発になり、次の性行動をすぐに始めるのは困難か不可能になるが、その背景には、この内側視索前野の特性があるのかもしれない。

歯磨きで起こるオーガズム

次に「オーガズム」についても触れておくべきだろう。オーガズムという現象は、生理学的に見ると、男性でも女性でも驚くほど似通っている。心拍数、血圧が上がり、筋肉が本人の意志とは関係なく収縮し、強い快感を覚える。オーガズムには、球海綿体筋、骨盤筋、外肛門括約筋といった骨盤筋の他、尿道の壁の筋肉などが関わる。男性の場合は射精が起き、女性の場合も腺液の射出が起きることがある（最近の調査では、女性の約四〇パーセントが、どこかの時点での腺液の射出を経験している、という結果が得られた)。

近年、オーガズム時の男性の脳内活動の様子を映像化技術で調べる研究も行われている。ただ、被験者の男性が置かれる状況が、とても「セクシー」とは言えないものであることは容易に想像がつくだろう。まず、頭はストラップでしっかりと固定されてしまって動かせない。しかも、閉所恐怖症なら怖くてたまらないような、PET(ポジトロン断層撮影)装置の狭い金属チューブの中に入れられてしまう。下半身は装置の外だ。血管には、放射性の薬剤を注射される。PETでは、これによって、脳の各部位の血流量がわかり、その部位の活発度を知ることができるのである。被験者は、目を閉じ、できるだけ動かずに寝ているよう言われる(脳内の視覚や運動に関わる部位が活性化するのを防ぐため)。その状態で、連れの女性が手によって刺激を与え、オーガズムへと導こうとする。これで本当にオーガズムに達することのできる人がいるのだとしたら、驚きと言う他はない。とはいえ、オランダ、フローニンゲン大学病院のガート・ホルステージらの研究では、一一人の被験者のうち、八人が実験中に射精できたという(うち三人は、二回の射精に成功した)。

男性のオーガズムに際しては、脳の多数の部位が活性化する。腹側被蓋領域など、中脳の報酬に関わる部位が大きく活性化するであろうことは容易に予測ができる。この点から見れば、愛もオーガズムも同様に、快感をもたらす効果という面ではヘロインやコカインに似ていると言える。前頭葉、頭頂葉、側頭葉など、それぞれが離れた場所にある大脳皮質の部位も数多く活性化する。不思議なのは、大脳皮質の場合、活性化する部位がどれも脳の右側にあることだ。その他、小脳も大きく活性化することがわかっている。これは、まったくの予想外というわけでもない。小脳には、運動によって実際に生じた結果と、あらかじめ予測していた結果との間のずれを検知する役割もあるからだ。そう考えれば、オーガズムの際、無意識に起きる運動により、小脳が大きく活性化するのはごく自然なことになる。女性のオーガズムに際しての脳内活動を調べた研究結果は、本書執筆時点ではまだ正式な発表にはいたっていないが、発表前の学会への事前報告によれば、オーガズム時の脳内活動のパターンは、男女とも驚くほど似ているということだ。両者の違いは、主に中脳水道周囲灰白質の領域の活動が、男性より女性の方が強い点である。これはエンドルフィン含有ニューロンの多い部位であり、女性の方が、セックスによって得られる快感、満足が強くなることにつながっている可能性がある。

オーガズムは複雑な現象で、さまざまな側面があり、介在する脳内部位も多数にのぼる。そのことは、「中隔」という部位（辺縁系の部位で、感情や記憶への関わりが深い）に電気的な刺激を加えるといった実験などによってもわかる。男性の場合、中隔に刺激を加えると、まったく快感を伴わないオーガズムが起きるのだ。同様に、右側頭葉てんかん（右側頭葉には、辺縁系が位置する）にかかった人でも、快感を伴わないオーガズムが、発作が引き金になって勝手に起きてしまう、ということがある。ただ、注意すべきなのは、発作が原因で起きるオーガズムがすべて性的快感を伴わないものかと言えば、そうではないということだ。台湾、長 庚《チャンガン》記念病院のヤオ・チャン・チュアンらは、歯磨きを数秒間行った後、側頭葉てんかんの発作と、性的快感を伴うオーガズムが起きた四一歳の女性の例を報告している（図6－4）。ある意味でこれは「オーラルセックス」と言えるかもしれない。この女性の場合は、発作によって、腹側被蓋領域を含む中脳の報酬回路が活性化されたということも考えられる。逆に、発作によってオーガズムが起きても性的快感のない人は、報酬回路が活性化しないのかもしれない。

すでに述べたとおり、感覚と感情（喜びの感情、嫌悪の感情など）では、脳内の対応部位が異なるが、「快感のないオーガズム」は、このことと関係があるとも考えられる。普段、感覚と感情は密接に結び付いているため、両者の対応部位が異なるなどということは表面上わからない。それが明らかになるのは、「カプグラ症候群」や「痛覚失象徴」（第4章を参照）など、特殊な状況に陥った場合だけである。側頭葉てんかんの発作によるによる快感のないオーガズムも、その一つと言えるだろう。

オーガズムが起きると、直後に強い快感が得られるが、その後にも穏やかな余韻が長く続くことが多い。この現象は、特定の相手との関係を長く続ける上で重要な意味を持っていると考えられているが、男性、女性ともに、オキシトシンというホルモンが介在しているようだ。オキシトシンは、視床下部の制御の下、脳下垂体から分泌されるホルモンである。オキシトシンの分泌をブロックするような処置を施すと、オーガズム直後

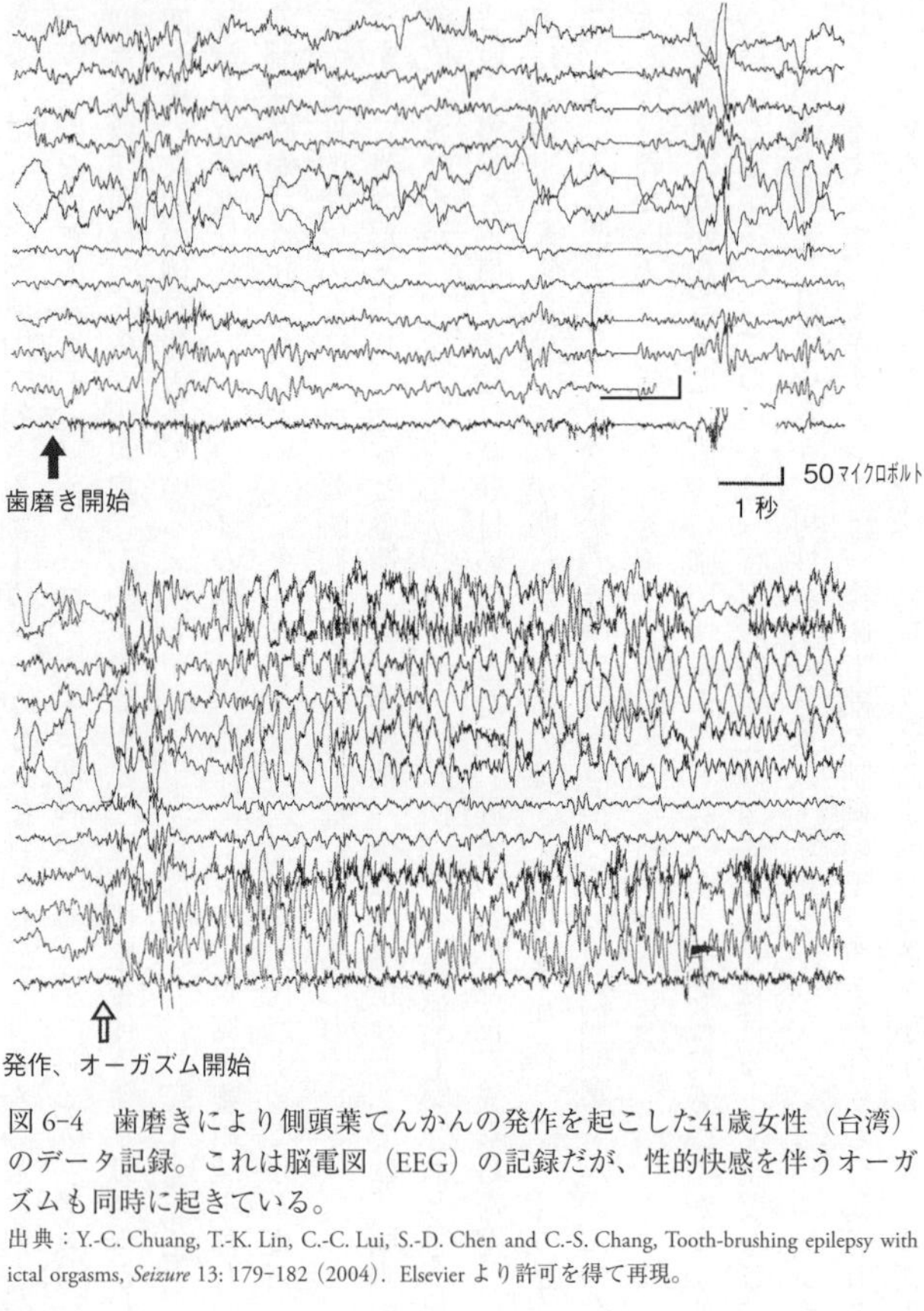

図6-4　歯磨きにより側頭葉てんかんの発作を起こした41歳女性（台湾）のデータ記録。これは脳電図（EEG）の記録だが、性的快感を伴うオーガズムも同時に起きている。

出典：Y.-C. Chuang, T.-K. Lin, C.-C. Lui, S.-D. Chen and C.-S. Chang, Tooth-brushing epilepsy with ictal orgasms, *Seizure* 13: 179–182 (2004). Elsevier より許可を得て再現。

の強い快感はなくならないが、オーガズムの余韻は阻害される。注目すべきなのは、オキシトシンの分泌が、オーガズムなど性行動に関わることだけでなく、人間どうしの「絆」作り全般に強く関係しているということだ。オキシトシンの分泌は、出産時や授乳時にも見られ、母子の絆作りに大きく貢献していると考えられる。

性的指向と脳の関係

私たちはつい、他人の性的指向、性行動について、簡単にまとめてしまいがちだ。単に「あの人はホモだ」「ヘテロだ」「バイセクシャルだ」などと言って、それで片付けてしまうことが多い。だが、これはあまりにも粗い分類である。人間の性行動は、本能だけで決まるのではない。他にもいくつもの要素が絡み合っている。誰もが、心の中に、恋愛の相手、セックスの相手との理想の出会いといった類のことを思い描いており、その細かい内容は人それぞれに違っている。一口に、ホモだ、ヘテロだと言っても、その中には、実に多くのバリエーションがあるのだ。たとえば、ゲイのコミュニティに属する同性愛の男女が、自分の性別を自らどう認識しているかは、人によって違う。女性の同性愛者（レズビアン）にも、「男役」もいれば「女役」もいる。その他にも、いろいろな種類のレズビアンがいて、ただ、男役、女役ということでは分類し切れない。劇作家で俳優のハーベイ・ファイアスティンは自分のことを「レザーでできたピンクのピニャータのようなゲイ」と表現している。面白い表現だが、いったいどういう意味だろう。男役ということなのか、女役ということなのか、そのどちらでもないのか。同性愛でない「ストレート」の人も、やはり一様ではない。恋愛、性行動において演じる役柄、ペルソナは人それぞれだろう。

このように人間の性的指向は微妙なものなので、分析は非常に難しい。しかし、あえて大ざっぱに分ければ、少なくとも米国や欧州においては、男性の約四パーセント、女性の約二パーセントは常にホモセクシュアルで、男性の約一パーセント、女性の約二パーセントは常にバイセクシュアルであると言える。残りはヘテロセクシュアルだ。この数字は、聞き取り調査を基に割り出したものだが、聞き取りの対象者を偏りなく選び出すことは困難なので、なかなか信頼できる数字が得にくいというのは確かである。ただ、ここにあげた数字に関しては、厳重な管理の下、慎重に行われた多数の研究によって確認されたものなので、概ね、妥当であると考えていいだろう。ホモセクシュアル、バイセクシュアルの行動が一貫して続いている人のみの数字である点にも注意して欲しい。ちょっと試したことがあるという人は入っていない。たった一度でも、同性を相手にオーガズムに達したことのある人ということなら、数字はもっと大きくなる（男性で約二五パーセント、女性で約一五パーセント）。

性的指向が生物学的理由で決まっているか否かという問いに対しては、それを問うこと自体を嫌悪し、拒否する反応が出がちだ。議論はどうしても政治的な色合いの濃いものになってしまう。近年、この問題について科学的な発見が多くなされ、それが注目を浴びるようになったことで、そうした傾向はさらに強まってきている。宗教的、政治的に保守的な人々の中には、同性愛は、個人の自由意志を認めたことによって生じた罪である、と解釈したがる人が多くいる。自由にするから、同性愛を選ぶ者がいるというわけだ。彼らは、性的指向が、遺伝的なものであれ、非遺伝的なものであれ、生物学的理由(非遺伝的な理由とは、遺伝子以外の情報、たとえば胎内でさらされたホルモンの量などを指す)で決まることを示唆するような研究は、すべて攻撃しようとする。逆に、同性愛活動家や政治的左派の人たちは、同性愛が社会的に受容されるよう、同性愛者の人権が阻害されないようはたらきかける。彼らの意見にしたがえば、性的指向は「目の色」と同じようなもの、ということになる。選び取るものではなく、生まれつき持っている特徴ということだ。この考え方にも危険な部分がある。仮に、性的指向がすべて遺伝的に決定されるものだったとしたら、ゲイかどうかを確かめるための遺伝子テストのようなものが行われる恐れもあるし、ゲイになる可能性のある胎児を中絶する、などということが起こる恐れもある。

現在までに得られている証拠を、できる限り客観的に検証してみよう。「氏か育ちか」という類の議論はすべてそうだが、必ず両極端の立場というのがある。しかし、絶対にどちらかでなくてはならない、というわけではない。本書では、すでに第3章で、知的能力や性格などへの遺伝子、環境の影響について触れた。知的能力も性格も極めて複雑なもので、絶対的な評価が難しいため、どうしても意見が分かれてしまう。今のところ、知性や性格の場合は、遺伝子、環境ともにだいたい五〇パーセントずつ影響しているとする意見が主流だ。性的指向についても、今後、研究が進めば同様の結論になっていく可能性がある。

性的指向は、本当に遺伝するものなのだろうか。統計的には、兄弟姉妹に同性愛者がいると、自分自身も同性愛者である確率は急激に高まる。女性同性愛者の姉、妹がいる場合、女性が同性愛者である確率は約一五パーセント（母集団が全女性なら、この数字は二パーセントになる）、男性同性愛者の兄、弟がいる場合、男性が同性愛者である確率は約二五パーセント（母集団が全男性なら四パーセント）だ。興味深いのは、女性に同性愛者の兄、弟がいても、自分が同性愛者である確率は上がらないということである。また、その逆のことも言える。もちろん、こうした研究結果が得られているからと言って、それが即、性的指向が遺伝するものというわけではない。兄弟、姉妹は、同様の教育を受け、同様の環境で育つことが多いからだ。より説得力があるのは、一卵性双生児、二卵性双生児の比較研究により得られる証拠だろう。男性の一卵性双生児の場合、どちらか一方が同性愛者なら、もう一方も同性愛者である確率は約五〇パーセントである。二卵性双生児では、この数字は、約三〇パーセント（双生児でない兄弟の数字と大きくは違わない）にまで下がる。同様の調査を女性に対して行うと、一卵性双生児の一方が同性愛者なら、もう一方も同性愛者である確率は四八パーセントになり、二卵性双生児では、この数字が約一六パーセントまで下がる（やはり、双生児でない姉妹の場合とほぼ同じ）。

こうした結果から明らかに言えるのは、一卵性双生児であっても、性的指向が一致しないケース（一方が同性愛者で、もう一方がそうでないケース）が多数あることだ。これは、性的指向が目の色のように、一〇〇パーセント遺伝するものではないということを示す。また一方で、性的指向の少なくとも一部は、確かに遺伝的に決定されることも示す。だが、調査対象が一緒に育った双生児である場合には、結果を少し割り引いて考える必要がある。仮に、一卵性双生児の方が、二卵性双生児よりも育ち方が似通う傾向があるのだとしたら、そのことも同性愛者になる確率に影響するはずだ。より正確に調べたいのなら、当然、別々に育てられた双生児も対象にしなくてはならない。実際、そうした調査も行われている。本書執筆時点では、まだ調査が進行中なので、結果は出ていない。

男性の同性愛は、母親から受け継ぐX性染色体のはたらきにある程度関係していると見られている。それを示す証拠は次のようなものだ。男性の中には、少数ながらX染色体を一つ余分に持つ人がいる。通常は遺伝子型がXYになるところ、XXYになるわけだ。これは「クラインフェルター症候群」と呼ばれ、テストステロンのレベルが低くなり、精子の数が少なくなるなどの現象が起きる。ある研究では、クラインフェルター症候群の男性には、一般の男性に比べて同性愛者が多い（約六〇パーセント）という結果が得られている。遺伝子型が普通の男性にも同性愛者はいるが、別の研究では、そうした男性の場合、母方のおじや、男性のいとこが同様の性的指向を持つ確率が通常より大幅に増えるという結果が得られた。だが、父親や父方の親戚で同性愛者が通常より多いことはない。つまり、一貫してX染色体を通じての「母系伝達」ということだ。

以上のような研究結果が示唆するのは、性的指向のすべてを遺伝子が決めるわけではないが、遺伝子の影響は男女問わず強いということ、また女性の場合は、男性に比べて遺伝子の影響がやや弱いということである。性的指向に遺伝子が関与するとしたら、いったいどのようなかたちで関与するのだろうか。ここで少し、遺伝学、とりわけ遺伝子が人間の行動にどのように関与するかということについて触れておいた方がいいだろう。知的能力、外向的、内向的といった性格、性的指向などは、かなりの程度遺伝する。ただし、そうした要素に影響する遺伝子は一つではない。影響する遺伝子は複数ある。その複数の遺伝子の変異があいまって影響を及ぼすわけだ。ここで仮に、知的能力が、大脳皮質を構成するニューロンの数、相互接続の緊密さ、スパイクの起きやすさで決まるとしよう。そうだとすると、遺伝子に、ニューロンの総数を増やし、樹状突起や軸索の成長、枝分かれを促進するような変異、またスパイク発火に関係するイオンチャネルを増やすような変異が起きれば、知的能力は高まることになる。すでに述べたとおり、性的行動に際して活動が盛んになる部位は脳内に多数存在することから、性的指向の決定に関わる遺伝子も複数あると想像される。

男性の同性愛に母系の遺伝が影響していることから考えて、男性の性的指向に影響する遺伝子を探す場所としては、X染色体が有力な候補になることは間違いない。国立保険研究所のディーン・ハマーらは、同性愛の男女で、同性の兄弟姉妹に少なくとも一人、同性愛者のいる者何人かを対象にDNAを調べた。また、対照群として、同性愛でない男女についても、同様にDNAを調べた。X染色体で、一定の間隔ごとにいくつか一続きのDNAを調べるという方法で調査を進めた結果、Xq28と呼ばれる領域において、同性愛の男性とそうでない男性の間で有意な違いが認められた。一方、同性愛の女性の場合は、同様の違いは認められなかった。これだけでは、「この遺伝子」と特定できるわけではない。この領域の一つ以上の遺伝子の変異が、男性を同性愛者にすることに影響している可能性があるというだけのことだ。最近では、同性愛の男性を対象に、X染色体以外のDNAも調べる研究も行われている。ゲノム全体（二三対の染色体すべて）に散在するマーカー（生物個体の遺伝的性質、系統の目印となるDNA配列のこと）について解析をするのだ。この研究では、七、八、一〇番染色体に、関連領域が見つかっている。ただし、本書執筆時点では、ハマーの研究を追試した論文はまったく発表されていない。同性愛に特定の遺伝子が影響を与えているという考えが正しいかどうかが確認されるまでには、しばらく時間がかかりそうだ。

性的指向がかなりの部分、生物学的に決定されるにしても、そのすべてが遺伝子の影響であるとは限らない。発生、発達の段階で、遺伝子以外の要因に影響を受けることもあり得る。母親の胎内にいる時は、母体のストレス、免疫システムの状態などにも影響を受ける。子宮内に他の兄弟姉妹がいると、それによってホルモンに影響が出ることもある。後者の影響は、ラットの場合は重要のようだ。子宮内でオスの兄弟の隣にいたメスが幾分、身体的、行動的に「オス化」するという現象が時折見られるからだ。兄弟から流れてきたテストステロンの影響である。人間においても双子以上の多胎妊娠の場合には、同様のことが起きる可能性はある。しかし、ラットほど多くは見られないはずだ。人間の場合は、母親から胎児への血液供給経路がより明確に分かれているからだ。ラットの場合、母親からの血流は、胎児に順次、供給されるようになっている。ある胎児が、他の胎児の「下流」に位置するという具合になっているのだ。

遺伝子、あるいは非遺伝的な要因がはたらいて、人が同性愛者になる時、脳にはどのようなことが起きているのだろうか。一つ考えられるのは、たとえば男性の同性愛者なら、脳の構造、機能が、ある側面で「ストレート」の女性のようになっている、ということだ。逆に、女性の同性愛者なら、脳の構造、機能が、ある側面でストレートの男性のようになっているということになる。この考えが正しいか否かを検証する方法としてすぐに思いつくのは、通常の男女で構造的な違いがすでにわかっている脳内部位について調べてみることである。ソーク研究所のサイモン・ルベイが行ったのは、まさにそういう研究だ。ルベイは、同性愛の男性、同性愛でない男女の遺体を解剖し、視床下部の部位、〝INAH3〟の体積を計測した。対象となった同性愛の男性はすべてAIDS

で亡くなった人で、同性愛でない男性にも一部ＡＩＤＳで亡くなった人（静脈注射でドラッグを使用していた人）が含まれるが、残りは他の原因で亡くなった人である。また女性はすべてＡＩＤＳ以外の原因で亡くなった人だ。同性愛でない男性のＩＮＡＨ３の体積は、これまでにすでにわかっていたとおり、同性愛でない女性の二〜三倍という結果が得られた。興味深いのは、同性愛の男性のＩＮＡＨ３の体積が、平均すると同性愛でない女性とほぼ同じであったことだ。つまり、同性愛でない男性の二分の一から三分の一の大きさしかなかった。このような違いは、視床下部の隣接する部位、ＩＮＡＨ１、２、４などには見られなかった。いずれも、同性愛でない人の場合、男女で体積に違いが見られない部位である。

男性の同性愛者でＩＮＡＨ３の体積が小さくなったのは、ＡＩＤＳのせいであるとは考えられないだろうか。ＡＩＤＳが脳細胞に影響を与えることはわかっているので、あり得ない話ではない。だが、おそらくそうではないだろう。ＡＩＤＳで亡くなってはいても、同性愛でなかった男性のＩＮＡＨ３の体積を平均すると、やはり、同性愛者だった男性よりも相当に大きくなるからだ。ルベイは、最初の研究の後、ＡＩＤＳ以外の原因で亡くなった同性愛男性についても、ＩＮＡＨ３の体積を調べているが、ＡＩＤＳで亡くなった同性愛男性と同様、ＩＮＡＨ３の体積が小さいことを確認している。

その他、前交連を調べる研究も行われている。先述のとおり、前交連は、通常、女性の方が男性より大きい傾向にある。前交連は、軸索の束（白質）であり、左脳から右脳へ、または右脳から左脳へ情報を運ぶ役目をする。その大きさを、UCLAのローラ・アレン、ロジャー・ゴルスキが、同性愛男性、同性愛でない男女について計測した。その結果、わかったのは、同性愛男性の前交連が、平均して同性愛でない男性より大きく、同性愛でない女性よりもわずかに大きいということだ。

INAH3や前交連に関するこうした解剖学的研究の成果は、現在、非常に注目されている。注目され過ぎという面もある。世界中の新聞、雑誌が早まって、まるで同性愛が遺伝性のものであることが科学的に証明されたかのような報道をしてしまった。同性愛者は皆、そうなるように生まれついていると決めつけてしまったのだ。だが、以上のような成人だけを対象にした調査では、相関関係を完全に証明することはできない。確かに、性的指向が少なくとも部分的には生物学的要因によって決定されるという考えに合致する結果が得られてはいるが、同性愛者の脳が誕生時、そして誕生直後にどうなっているかを調べなくては、まだ結論を下すことはできない。社会や文化の影響を受ける前の脳の状態を知る必要があるのだ。

もし同性愛者がそうなるように生まれついているのだとすれば、女性の同性愛者なら脳の男性化が、男性の同性愛者なら脳の女性化が起きるはずである。そして、そのことが、ごく幼いうちの、性的でない行動や生理機能にも影響するはずだ。それを確認する方法としてまず考えられるのは、同性愛者本人、親類、友人に、子供時代の記憶を語ってもらうというものだ。話を聞いて、男性化、女性化を示す特徴が出ていたかどうかを検証するのである。ただ、これは容易ではない。尋ねた相手がどのくらい正確に覚えているかわからないし、話を聞く相手を偏りなく選ぶということも非常に難しい。とはいえ、男性同性愛者が、実際に子供時代から「女らしい」行動をとっていたという記憶を語るケースが多く見られるのも事実であり、これは興味深いことと言えるだろう。カリフォルニア大学サンディエゴ校のジェームズ・ウェインリッチらの研究によれば、男性同性愛者のうちでも、子供時代の「女らしい」行動が際だっていた人ほど、大人になってからの行動、役割も「女らしい」とされるものになる傾向があるということだ（たとえば、肛門性交においても「受け入れる」側になりたがる）。ここで、先に述べたことを思い出してもらいたい。「ストレート」「ゲイ」「バイセクシュアル」といった分類は、あまりに粗過ぎるということだ。この分類を、遺伝子や行動を調べる研究、あるいは解剖学的な研究に使用してしまうと、たとえ何か興味深い発見があってもそれに気づかない恐れがある。たとえば、同じ男性同性愛者でも、「男役」ならＩＮＡＨ３が大きく、前交連が小さい、「女役」ならばＩＮＡＨ３が小さく、前交連が大きいということがあるかもしれない。反対に、女性同性愛者でも「女役」ならばＩＮＡＨ３が小さく、前交連が大きい、「男役」ならばＩＮＡＨ３が大きく、前交連が小さいという可能性もある。これでも分類はまだ粗いが、言いたいことはわかってもらえると思う。脳の構造は人によって少しずつ違い、それが部分的にせよ、人による性的指向の微妙な違いに影響を与えているのかもしれないということだ。

本人や近しい人に記憶を語ってもらうのは、いわば「回顧的」な研究手法だが、それよりも確実性が高いのは、先を見越した「予見的」な手法だろう。英国王立医科大学のリチャード・グリーンが行った研究では、まさにそういう手法が採られている。この手法では、まず就学前の子供の中から、「女らしい」行動が見られる男の子を選び出す。

そして、その子の成長を、何年にもわたって観察し続けるのである。これまでの観察では、選び出した子供の六〇パーセント超が、ホモセクシュアル、バイセクシュアルの大人に成長するという結果が得られている。成人全体に占めるホモセクシュアルやバイセクシュアルの割合が五パーセントにすぎないことを考えると、これは驚くべき数字だ。

同様の研究としては、男性の脳を女性化する、あるいは女性の脳を男性化するような操作が行われた場合、同性愛者になる確率が変わるかどうかを観察するというものもある。この場合は、人間だけでなく、動物を対象にした研究が必要になるだろう。たとえば、オスのラットが、内側視索前野（ＩＮＡＨ３を含む部位）に損傷を受けると、他のオスに対し、耳をぴくぴく動かす、背中を反らせて性器を見せるなどの「メスらしい」性的行動をとるケースが多く見られる。この傾向は、内側視索前野を損傷したオスのラットにエストロゲンを投与するとさらに強まる。同様の効果は、テストステロンのはたらきを阻害するような処置（誕生時に去勢する、テストステロン受容体のはたらきを阻害する薬剤を投与するなど）によっても得られる。何より興味深いのは、妊娠しているラットを強過ぎない程度のストレスにさらす（透明なプラスチックのチューブに閉じこめ、明るい光に当てるなど）と、発育中の胎児のテストステロンのレベルが低下することだ。胎児がオスだった場合、成長した時の性行動はメス化する。メスへのマウンティングはしようとせず、自らがメスであるかのような行動をとるのだ。これは、誕生前や誕生直後にテストステロンのはたらきを阻害すると、ラットが「ゲイ」になるということである。

当然ながら、これを補完するような実験も行われている。メスを通常より高いレベルのテストステロンにさらす実験である。ラットやヒツジのメスを胎児の時点で何らかの処置をして、大量のテストステロンにさらすのだ。すると、行動が「オスらしく」、攻撃的になり、マウンティングなどもするようになる。また、重要なのは、人間の女性でも、先天性副腎過形成という病気を持っていて、子宮内からテストステロン・レベルが高い場合、通常の女性に比べてはるかにレズビアンになる率が高くなることだ。

性的指向がどの程度、生物学的要因で決まるかということに関連して行われている議論にはさまざまなものがあるが、その中でも特に微妙なのは、「果たしてゲイやレズビアンは、性的指向、行動を変え、ストレートになれるのか」というものだろう。ニューヨーク州立精神医学研究所のロバート・スピッツァーなど、何らかの処置によって少なくとも一部は変更が可能とする論文を発表している研究者もいる（報告によれば、男性の約一七パーセントは、処置後に「元とは反対の性的指向のみ」を持つようになったという）。ただ、主要な臨床心理学者、精神科医の団体などは、こうした主張をまとめに受け取ってはいない。政治的動機に基づく「ジャンクサイエンス（真の科学とは言えない科学）」であるとの声も出ている。主張に反対する人たちは、スピッツァーの被験者の選択が偏っていることを根拠の一つにあげている。被験者が「エックス・ゲイ・ミニストリー（同性愛者やその家族を聖書に基づいて支援する団体のこと）」から選ばれているのでは、妥当な結果は得られないというのだ。そもそも性的指向を変える「治療」を人に勧めるのが妥当なのかということ自体、道徳的、社会的な問題と言える。また、たとえ性的指向を「治療」で変えることができる人がいたとしても、それは性的指向が部分的にせよ生物学的要因によって決定されるか否かという議論に直接には影響しない。利き手は、ほぼ確実に生物学的要因で決定されているが、左利きの人を訓練によって右利きに変えることはほとんどの場合可能だ。カトリックの聖職者などは、普通の性的衝動を持っていながら、宗教的な教えを受け続けることで、性行為を慎むようになる。同性愛者の一部が何らかの「治療」を受けた結果、完全に異性愛的行動だけをとるように変わることは本当にあるかもしれない。だが、それだけでは性的指向の一部または全部が誕生時、あるいは誕生直後の生物学的要因によって決まるものか否か、という問いへの答えにはまったくならないのである。

以上、述べてきたとおり、本人や家族に記憶を語ってもらう、双生児を比較する、関連するＤＮＡを探す、遺体の脳を解剖学的に調べる、性ホルモンを操作するなど、研究の方法はいくつかある。そうした研究により現時点までに得られている結果から見て、性的指向が少なくとも部分的に生物学的要因によって決まることは間違いないだろう。だが、同時に、全体の三〇パーセントになるか九〇パーセントになるかはわからないが、性的指向の決定要因が特定できないケースは今後も残るだろう。また生物学的要因のうち、遺伝的なものと、非遺伝的なものの割合がそれぞれどのくらいか、ということもすぐにわかるようになるとは考えられない。本当のことが明確にわかるのは遠い未来だろうが、性的指向も、やはり人間の持つ他の多くの特性と同じなのではないだろうか。おそらく、社会的、文化的な要因と、生物学的要因のどちらもが決定に影響を与えていると考えられる。そして、生物学的要因には、遺伝的なものと非遺伝的なものがあるに違いない。遺伝的な要因に関わる遺伝子は一つではなく複数存在しているだろう。

第7章 睡眠と夢

眠らせない実験

一九五二年、朝鮮戦争当時のことだが、中国軍の捕虜となった空軍兵たちの行動に、米軍は一時、パニックに陥った。ありもしない戦争犯罪（生物兵器の使用など）を告白する者や、米国を放棄すると書かれた宣誓書に署名する者、共産主義を擁護する発言の録音に応じる者などが現れたのだ。そうした空軍兵は捕虜となった者の六〇パーセント超にのぼった。これをきっかけに、米国では、中国に関してさまざまな憶測が飛び交うことになる。CIAや軍情報部の中でも、なぜ中国にそんなことができたのか、いくつもの説が唱えられた。新種の「洗脳ドラッグ」を使った、催眠術だ、精神に変調を来すような電場を利用した、などの声もあった。だが、何年かしてから明らかになった真相は、実に「つまらない」ものであった。中国人が、空軍兵に署名や発言を強制する手段として使ったのは、主として、むち打ちと、睡眠を長時間にわたって奪うことだったのである。

それならばまったく目新しい話ではない。睡眠を奪うことは、古来、拷問の理想的な方法として知られていたからだ。古代ローマ人は、囚人の尋問や処罰などに、この方法を幅広く使っていた。身体的痕跡は残らない上、知的機能に恒久的な変化をもたらすこともない。ほとんどの場合、一晩か二晩、ぐっすり眠れば、また元に戻るのだ。実際、朝鮮戦争における米軍、国連軍の多数の捕虜たちは、解放後、大半が発言や署名を撤回している。「洗脳」などされていなかったわけだ。彼らの根本的な人格、信念などは一切、変えられていなかった。睡眠を奪われたために、あくまで一時的に、妄想にとらわれ、暗示にかかり、精神的に異常な状態に陥ってしまっていたのである。

反体制活動家で、後にイスラエル首相にもなったメナヘム・ベギンは、自伝的な著書『白夜のユダヤ人――イスラエル首相ベギンの手記（*White Nights*）』（永淵一郎訳、新人物往来社）の中で、自身がKGBによって睡眠を奪われる拷問を受けた際のことを次のように記述している。

尋問を受ける捕虜の頭には、次第に、もやが立ちこめ始めた。精神的疲労は極限に達し、死にかかっていた。足元はおぼつかず、望むのは、「眠りたい」ということだけであった……

この欲求は、経験したものならわかるだろうが、「飢え」や「渇き」ですら、かなわないのではないかというほどのものである。

尋問者が「眠らせる」と約束さえすれば、言われるままに何にでも署名する、そんな捕虜が何人もいた。

解放すると約束されたわけでも、満腹できるだけの食べ物を与えることを約束されたわけでもない。署名すれば、「眠りを妨げない」と約束されただけだ。署名すれば、それまでに何昼夜も続いたような妨害をされることはもうない。たった、それだけのことだった。

ベギンの記述を見ると、睡眠を奪うことの効果もよくわかるが、同時に拷問の手段としての限界も見える。人に何かを強制する手段としては非常に有効なのだが、たとえば、長時間、睡眠を奪われた状態の人物の供述はあまり当てにはならない。一定以上の時間、眠っていない人間には、幻視や幻聴、パラノイアなどが起きることが多いからだ。「こう言えば眠らせてもらえそうだ」と思ったことならば、なんでも言ってしまう可能性がある。ただ、覚えておくべきなのは、睡眠を奪うという拷問は、現代ですら、まだ普通に行われているということだ。「拷問犠牲者のケアのための医療基金（英国）」のアンドリュー・ホッグは、「どこでも一度や二度は使ったことのある、拷問の手段としては、ごくありふれたもの」と言っている。ここでの「どこ」には、米国や英国、インド、イスラエルといった民主国家も含まれている。こうした国々では、軍や警察による尋問に関する最近のガイドラインでも、極めて長時間にわたって睡眠を奪うという手法を容認している。

人間はどのくらいの時間、眠らずにいられるのだろうか。現時点での世界記録は、一九六五年にランディ・ガードナーによって達成された一一日間である。当時、一七歳の高校生だったガードナーは特に深い意味もなく記録に挑戦した。覚醒剤などは使っていない。起きている間、はじめのうちは、不機嫌になる、怒りっぽくなる、動作がぎこちなくなるといった様子が見られた。時間が経つにつれ、自分はプロのフットボール選手であるといった妄想を抱くようになり、幻視(自分の寝室から森に向かう道が見えるなどと言い出した)、パラノイア、集中力の欠如といった現象が見られた。だが、驚いたことに、こうした症状は、一五時間ほど眠るだけで、ほぼすべてなくなってしまった。その後、身体的にも、認知、感情の面でも障害が長く続くようなことはなかったのである。

睡眠に関してはラットを使って恐ろしい実験が行われている。ラットを死に至るまでまったく眠らせないのだ。その結果、死ぬまでに要する期間は三〜四週間であると確認された。死亡の正確な原因を完全に特定することはできないが、眠っていないラットが皮膚に損傷を負い、免疫系が徐々に衰えてきていたのは事実だ。免疫系が衰えると、通常であれば消化管だけに存在する良性のバクテリアが増殖し、体内の他の場所にも進出し始める。この時、天然の免疫抑制剤とでも言うべきコルチゾールと呼ばれるステロイドホルモンが徐々に集積され、中核体温（内臓など、環境温度に影響されない体の深部の体温）が少しずつ低下する。睡眠が妨げられたことで人間が死亡したという例が科学論文で報告されたことは、今までのところない。しかし、第二次世界大戦中、ナチスの強制収容所で行われた実験の記録にはそれを示唆する部分がある。また、一九世紀の中国では、睡眠を奪うことによる処刑が行われていたとの報告もある。それによれば、人間の場合も三～四週間、眠らなければ死に至るようだ。たとえ、四週間、何も食べなくても死ぬかどうかはわからないが（健康状態、年齢によっても異なるし、医師の適切な処置が受けられるかによっても変わる）、四週間眠らなければ確実に死ぬ、ということだ。

睡眠はなぜ必要なのか？

ラットにも人間にも、生きていくのに睡眠が必要であることは明らかだ。そうなると、また新たな疑問が湧いてくる。睡眠の生理学的な機能は何なのか、なぜ睡眠はそんなに重要なのかという問いだ。この簡単な問いに対する明確な答えを、私たちはまだ持っていない。驚くべきことだが、本当である。すぐに思いつくのは、眠りには休息の機能、全身の疲れを回復させる機能があるのではないかということだろう。確かに、睡眠中、細胞の増殖、修復（遺伝子の発現、タンパク質の合成）は、脳をはじめとする体内の組織において促進されるように見える。とはいえ、じっと動かない人よりも、活発に動き回っている人の方が多く眠るかというと、一概にそうとは言えない。さらに、短い時間、激しい運動をしたら、それで睡眠時間が長くなるかというと、それもはっきりとはわからない(ただし、睡眠の内容には少し影響を与える。後述のレム睡眠、ノンレム睡眠の持続時間、ノンレム睡眠の各ステージの持続時間が変わることがある)。

睡眠には、エネルギーを節約する機能があるのではないかという意見も以前から出されている。特に、温血動物(哺乳類や鳥類など)の場合、そういうことはありそうだ。周囲の気温に比べ、体温を常にかなり高く保っておかねばならず、それには相当な量のエネルギーが必要だからだ。実際、寒い土地に住む小型の哺乳類は、体の表面積と体重の比からして体温が失われやすいので、断熱性の高い巣穴などで長時間眠ることが多い。ただし、睡眠は、温血動物でのみ進化した行動というわけではないようだ。爬虫類や両生類の脳電図(EEG)を見ると、彼らもやはり睡眠をとっていることがわかる。ザリガニやショウジョウバエ、ミツバチのような無脊椎動物にも睡眠らしき状態があるらしいことが現在ではわかっている。睡眠中の体全体でのエネルギー消費は、起きて活発に動いている時に比べ間違いなく減少するのだが、問題は、静かに休息するだけでも、眠るのと同じくらいエネルギーの節約になるということである。眠っている時の方がエネルギー消費が少ないのは確かだが、ただ休息している時との差はごくわずかだ。したがって、休息やエネルギー節約のみを根拠に睡眠を完全に説明することはできない。

睡眠の役割としては、動物の行動を、「生産性」の高い時間に限定するということも考えられる。生産性が高いとは、ここでは、食べ物を見つけられる確率は高いが、自分が誰かの食べ物になる確率は低いことを意味する。つまり、人類を含め、多くの種が夜に眠るということになる。齧歯類の多く、コウモリ、フクロウなどはその逆で、昼に眠るが、原則は同じである。食べ物ができるだけ見つかるように、誰かの食べ物にはできるだけならないようにしているのだ。この仮説を支持する証拠はいくつか見つかっている。ライオンやジャガーなど、食物連鎖の頂点に位置する哺乳類の睡眠時間は長く（一日に約一二時間）、シカやアンテロープといった広い場所にいる草食動物の睡眠時間はそれよりはるかに短い。草食動物の中にも、地上性のリス、ナマケモノなど、長時間（フタツユビナマケモノの睡眠時間は一日二〇時間にもなる）、眠るものもいる。こうした草食動物は、多くが捕食者に襲われにくい場所（地下の巣穴、高い木の上など）で眠る。そのため、長く眠ることができるのだ。しかし、この説明も、やはり十分なものとは言い難い。もっと説得力のある答えを得るには、睡眠自体がどのような仕組みになっているのかをより詳しく調べる必要があるだろう。

人間の睡眠についての科学的研究は、少々、奇妙なかたちで始まっている。睡眠の仕組みがどのようなものか、ということに関して最初に研究が行われたのは一九世紀のフランスである。だが、研究者たちは、最も簡単なはずの、睡眠の「観察」をしようとしなかった。まず、眠っている人を一晩中、観察し続け、体がどう動いていくかを逐一記録するというのが最も簡単なはずなのだが、それはしなかったのだ。彼らがまず試みたのは、眠っている人の「夢」に、外から影響を与えることである。眠っている人の鼻のそばで香水のビンを開ける、鳥の羽根でくすぐるといったことをして、数分後に起こし、夢に影響があったかを確かめる。結局、この種の研究では、さほど有用な成果は得られなかった。睡眠に対する認識は、一九五〇年代に至るまで非常に単純なもので、しかもまったくの誤りだった。睡眠中は何も動かず、何も変化しないと考えられていたのである。体の動きはほとんどなく、脳もほとんど活動しない。覚醒するまでその状態は続く。そういう認識であった。

一九五二年、ユージーン・アセリンスキーはシカゴ大学のナサニエル・クレイトマンのもとで学ぶ大学院生だった。クレイトマンの研究室では、睡眠中の人（大人）の脳電図（EEG）をとっていた。これにより、睡眠時の脳波が、不規則な低電圧のものから、徐々に高電圧でゆっくりしたもの、規則的なものに変わっていくことがわかった。当時、これは眠りが深くなっていっている証拠と考えられ、いったん深くなった眠りは覚醒まで継続すると考えられていた。この頃は、三〇〜四五分間、脳波の移り変わりを記録したら、それで機械を止めてしまうのが普通の手順だった。記録紙の節約のためだ。ある夜、アセリンスキーは、研究室に被験者として、当時八歳だった自分の息子アルモンドを連れてきた。アルモンドが眠りに落ちてから約四五分間、アセリンスキーは、記録紙に脳波が記録されていくのを見ていた。やがて、脳波は「熟睡」の印とされるゆっくりとしたものになったが、驚いたことに、その後、脳波は再び変化を見せた。アルモンドの姿を見ると、明らかに眠っていて、まったく動かないのだが、脳波は覚醒している時に近いものになったのである。現在では、この状態は「レム（REM＝Rapid Eye Movement＝速い目の動き）睡眠」と呼ばれている。眼球が素早く動くのが観察されるためにこの名がついた。大人の場合は、レム睡眠の段階になるまで、眠りに落ちてから九〇分ほどかかるのだが、アルモンドのような子供の場合はもっと早くレム睡眠に入る。

アセリンスキーとクレイトマンは、この発見について一九五三年に発表を行ったが、睡眠の研究は、それによって新たな時代を迎えたと言えるだろう。その後、何年間かの研究により、さらに詳しいこともわかるようになってきた。一晩中、脳波を記録し続けるという研究（当然、記録紙は大量に積み上げられることになった）も行われ、大人の睡眠は九〇分周期であることもわかった（図7－1参照）。この周期の中には、まず徐々に眠りが深くなり、脳波がゆっくりとしたものになっていくという段階が含まれる。この段階は「ノンレム睡眠」と呼ばれ、さらにステージⅠ（入眠期）からⅣ（深睡眠期）までの四つの段階に分けられる。特に妨害も受けずに普通に眠った場合、九〇分間の周期はだいたい四～五回繰り返される。ここで興味深いのは、九〇分周期の性質が時間の経過とともに変わっていくということだ。段々、レム睡眠の割合が増え、ノンレム睡眠の割合が減っていく。覚醒前の最後の周期では、五〇パーセントをレム睡眠が占めるくらいになる。

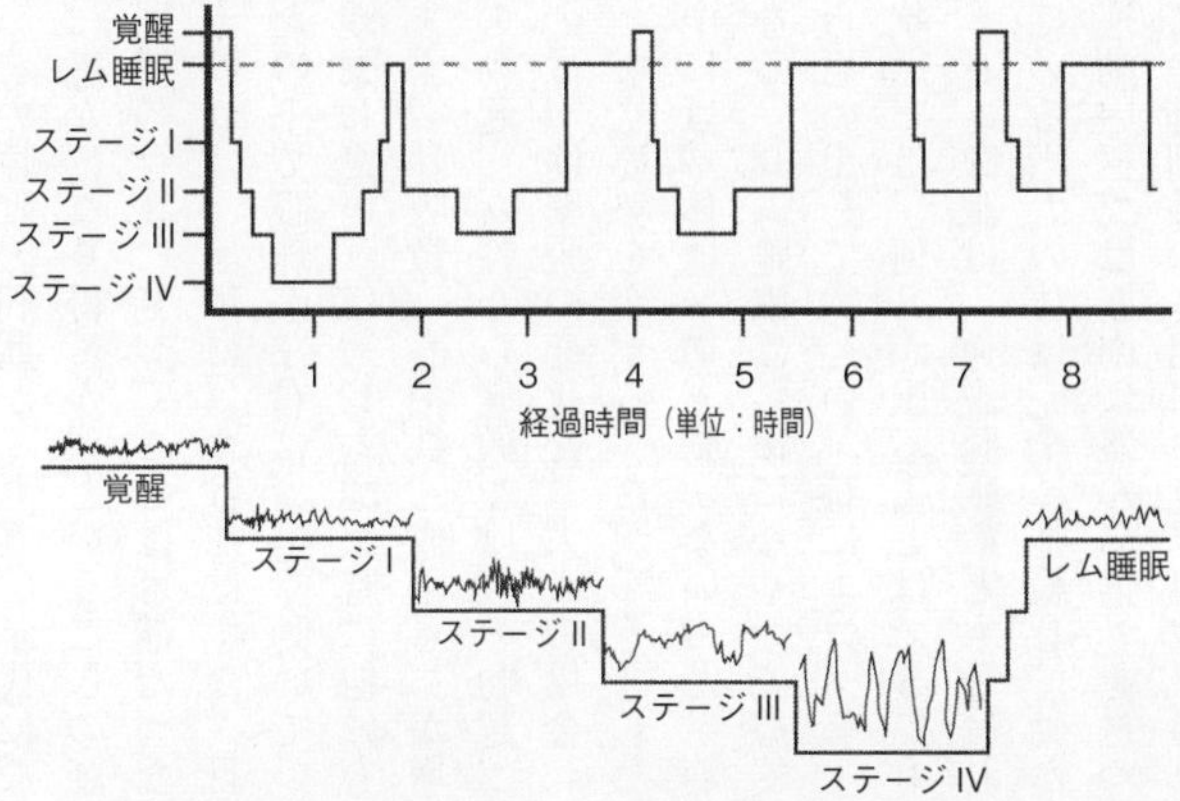

図7-1　人間（大人）の睡眠の段階。上のグラフは、ある夜の睡眠の段階がどのように移り変わっていったかを示したもの。縦軸が睡眠の段階になっている。このグラフは、脳電図（EEG）の記録を基に作られている。脳波によって、どの段階にあるかを判断したものである。通常、夜の睡眠の場合は、ほぼ誰でもこれと同じようなパターンになる。約90分の周期で同じパターンを繰り返しているのがわかる。ステージⅠ（入眠期）からⅣ（深睡眠期）のノンレム睡眠の後、しばらくレム睡眠が続くというパターンだ。一晩に、このサイクルを4～5回繰り返すのが普通である。パターンを繰り返すにつれ、レム睡眠の比率が増え、それに伴ってノンレム睡眠（ステージⅠ-Ⅳ）の比率が減少する。下の図は、各段階での脳波を示したものだ。レム睡眠時の脳波が、覚醒時や入眠期のものに似ている点に注意。

出典：E. F. Pace-Schott and J. A. Hobson, The neurobiology of sleep: genetics, cellular physiology, and subcortical networks, *Nature Reviews Neuroscience* 3: 591-605（2002）. Macmillan Publishers, Ltd. の許可を得て一部変更の上、転載。（イラスト：Joan M. K. Tycko）

この睡眠の周期が一九五〇年代になるまで発見されなかったのは、科学者が時にいかに愚かになり得るか、ということの証拠と言える。仮に脳電図をとらなかったとしても、周期の存在に気づくことは可能だっただろう。ただ一晩中、眠っている人を観察してさえいれば、簡単に気づけたはずだ。目を閉じていても、角膜の膨らみがあるため、まぶたの下で眼球が左右に素早く動いているのが容易に見てとれるからだ。また、注意深く観察していれば、レム睡眠時に他にもさまざまな変化が生じることに気づいただろう。まず、呼吸数（心拍数、血圧も）が増加する。それから、性的な反応（男性ではペニスの勃起、女性なら乳頭や陰核の勃起、膣液の分泌など）も見られる。さらに驚くべきなのは、筋緊張の変化だ。大人の場合、睡眠中に通常、一晩で約四〇回、自ら意識することなく姿勢を変える。だが、そうした動きは、レム睡眠中には一切起きない。レム睡眠中には、体は一切、動かないのだ。筋緊張がまったくなく、体は完全に弛緩した状態になる。レム睡眠は、横になった姿勢でないと不可能だ。次に飛行機に乗ることがあったら思い出して欲しい。特にエコノミークラスの窮屈な席で毛布にくるまっているような状態では、何とか眠ることはできても、レム睡眠に入ることはできないのである。

レム睡眠は「逆説睡眠」とも呼ばれる。脳波を見ると、覚醒時に似ているのに、眠っている当人の体は完全に弛緩して動かないからだ。このようなことが起きるのは、脳の運動中枢では筋肉に盛んに信号を送っているのに、その信号が脳幹のレベルで、シナプスの抑制性の作用によりブロックされているためである。ただし、ブロックされるのは、脳から脊髄に向かう命令の流れだけだ。脳幹から脳神経に向かう命令、つまり目や顔を動かす命令（あるいは心拍数を制御する命令）の流れは妨げない。リヨン大学のミッシエル・ジュヴェは、ネコを対象に、運動命令をブロックしている抑制性線維を切断する実験を行ったが、その結果は実に奇妙なものだった。ネコは、レム睡眠の際、目を閉じたまま、いろいろと複雑な動きをしてみせたのである。走り出すこともあれば、何かに襲いかかることもあり、実際には存在しない餌を食べているように見えることもあった。確実なことはわからないが、これは「夢」がそのまま行動に出てしまっているようでもある（このことについては後でも述べる）。同じような現象は、「レム睡眠行動障害」という病気にかかった人間にも見られる。ほとんどの場合、五〇歳超の男性がかかる病気だが、この病気になると、レム睡眠時に夢がそのまま行動に現れてしまう。殴る、蹴る、跳ぶ、走るなどの行動をすることもある。当然、そばで寝ている人がいれば、その人を暴力によって傷つけてしまうこともあり得る。ただ、この病気は、クロナゼパムという薬剤（「クロノピン」という商標で販売されている）を就寝時に服用すれば、治ることが多い。クロナゼパムは、抑制性神経伝達物質であるＧＡＢＡに対応するシナプスの強度を高めるはたらきをする薬剤である。レム睡眠行動障害は、いわゆる「夢遊病」とは異なる。夢遊病は、ノンレム睡眠時にのみ起きる。

人間の睡眠は、年齢によっても変化が生じる。レム睡眠に費やす時間の割合は、誕生時には五〇パーセントにもなるが、壮年期には二五パーセントに低下し、高齢になると一五パーセントにまで低下する（同じようなレム睡眠時間の減少は、ネコやイヌ、ラットなどにも見られる）。他の哺乳類と比較してみると、人間の睡眠パターンはちょうど平均的と思える特性を持っていることがわかる。それに対し、両極に来るのが、レム睡眠が全体の六〇パーセントを占めるカモノハシ、そしてレム睡眠が全体のわずか二パーセントにとどまるバンドウイルカである。哺乳類においては、レム睡眠の比率と、脳の大きさや構造の間に、明確な相関関係はないようだ（図7-2参照）。ノンレム睡眠をする生物は、進化のかなり早い段階から（約五億年前頃から）いたようだが、真のレム睡眠をする生物は、温血動物が現れるまで存在しなかった。現存の哺乳類では、最も原始的なもの（カモノハシやハリモグラ）でもレム睡眠が見られるが、爬虫類や両生類にレム睡眠は見られない。

レム睡眠とノンレム睡眠が交互に行われる理由

ここまでに書いたことを踏まえて、再び「睡眠はなぜ必要なのか」という根本的な問いに立ち返ってみよう。少しは答えに近づけるかもしれない。問いは、大きく二つに分かれることになるだろう。一つは、爬虫類や両生類（あるいは、おそらく一部の無脊椎動物）のように、ノンレム睡眠だけから成る場合、睡眠の主な役割は何かという問い。もう一つは、（哺乳類や鳥類のように）レム睡眠とノンレム睡眠が交互に行われる睡眠

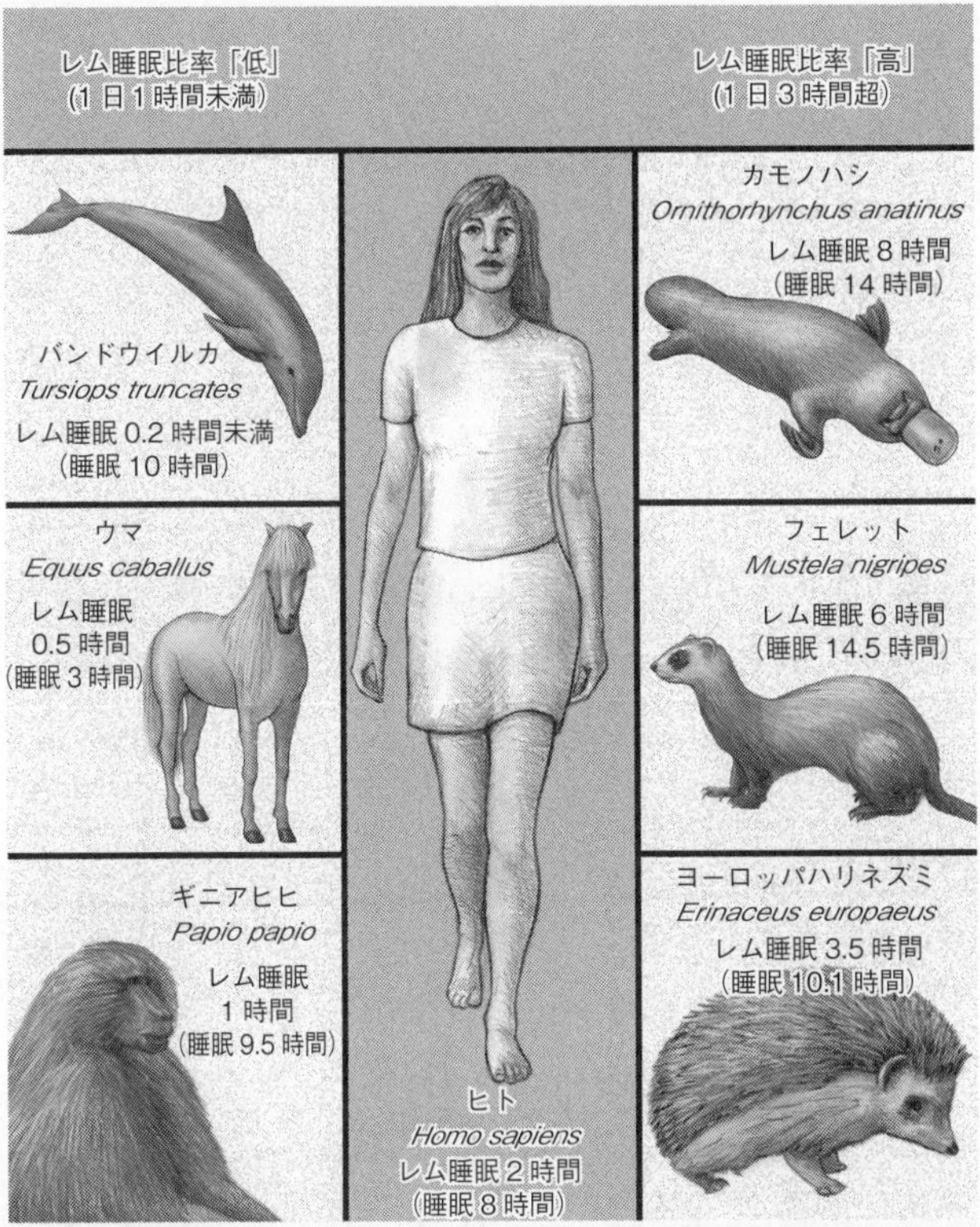

図7-2　哺乳類の睡眠時間とレム睡眠時間。人類は、レム睡眠の時間でも、あるいは総睡眠時間に占めるレム睡眠の比率でも、全体のだいたい中間に位置する。

出典：J. M. Siegel, The REM sleep-memory consolidation hypothesis, *Science* 294: 1058–1063 (2001); copyright 2001 AAAS.（イラスト：Joan M. K. Tycko）

の主な役割は何か、という問いだ。ノンレム睡眠だけの睡眠なら、先述のとおり、休息のため、エネルギー節約のため、行動を「生産性」の高い時間（捕食者に襲われる危険が少なく食べ物が見つかる可能性が高い時間）に限定するため、ということでほぼ説明がつくかもしれない。一方、レム睡眠とノンレム睡眠が交互に行われる睡眠は、哺乳類や鳥類だけに有効な（特に、幼い間に重要な意味を持つ）役割を持っているはずだ。どのような役割なのか、いくつかの仮説について検討してみよう。第一の仮説は、少々、単純で「つまらない」印象の説だ。ノンレム睡眠の際に脳の温度が下がる（実際には温度は細かく上下するので、正確には、エアコンで言うところの「設定温度」が下がると言うべき）ことはよく知られている。逆にレム睡眠の際には脳の温度が上がる。つまり、レム睡眠とノンレム睡眠が交互に行われるため、脳の温度が低くなり過ぎたり、高くなり過ぎたりすることが抑えられているというのだ。この仮説は、温血動物だけにレム睡眠が見られる事実にうまく合致する。だが、同じ哺乳類の間でもレム睡眠の占める割合が異なること、年齢が上がるほどレム睡眠の割合が減っていくことは説明できない。

もう一つの仮説は、レム睡眠とノンレム睡眠を交互に行うことが、発達の初期段階の脳の成長を何らかのかたちで促進しているというものである。特に、誕生直後に、経験に基づいて脳を発達させていく段階で、何らかの役割を果たしている可能性はある。この説を支持するような証拠も、実験によって得られている。子猫の一方の目を短期間、人為的に閉じさせておくという実験だ。数時間、目を閉じさせた状態を続けると、見えなくなった目への光の刺激が脳に伝わらないため、その分、視覚野のニューロンが不活発になり、同時に、見えている目への光に対する反応が強まる。子猫がその後に眠ると、ニューロンの反応性の変化は、睡眠中も持続するか、幾分、強化される。しかし、人為的に目を閉じさせるのをやめ、子猫を眠らせないようにするか、ノンレム睡眠だけをさせると、ニューロンに生じた反応性の変化はいずれ失われてしまう。逆に、レム睡眠だけをさせると、反応性の変化は、通常の睡眠をさせた場合よりもさらに強化される。

レム睡眠とノンレム睡眠を交互に行うことが、経験に基づく脳の発達だけに関与しているのだとしたら、大人になってからもこの睡眠パターンが継続されることには意味がないようにも思える。大人になった後には、もはや何の機能も持たなくなるという可能性もないではないが、おそらくそういうことはないだろう。すでに述べたとおり、経験に基づいて脳が発達する際にはたらくメカニズム（軸索や樹状突起が成長する、シナプスの発火のしやすさ、シナプス強度が変化するといったメカニズム）は、幼年期が過ぎてもなくなるわけではない。大人の脳では、このメカニズムが、記憶の保持に使用されるのだ。同様のことが、睡眠にもあるのだろうか。幼年期において、睡眠には、経験によって生じた脳の変化を強める役割があるようだが、大人になると、それとは少々、違った役割を担うのかもしれない。たとえば、記憶の統合や定着に役立っていることはあり得る。

レム睡眠とノンレム睡眠が交互に現れる睡眠パターンと記憶の関係については、ハーバード大学医学部のロバート・スティックゴールドが明快な仮説を立てているので、それを基に考えるといいだろう。スティックゴールドは次のように書いている。「睡眠、特にレム睡眠に特有の機能とは、脳、精神の状態を変化させることである。その際、元はバラバラの、もしくは結びつきのさほど強くない記憶、多くの場合、感情を伴った記憶どうしをつなぎ合わせ、一つの『物語』のようなものにまとめていく……この『記憶の再活性化』または『記憶の関連付け』とでも呼ぶべき作用、記憶の定着、統合の作用は、我々がこの世界で生きていくための能力を高めていくと言える」

何か簡単な学習をして、その効果を翌日にテストする実験を行った場合、被験者が学習の直後に眠ると、テストの成績が良くなることが多い。人間を対象にした実験でも、ラットを対象にした実験でも、多くの場合、同様の結果が得られている。ただし、この種の実験でわかるのは、記憶の定着に睡眠は絶対に必要というわけではないことだ。学習後、八時間覚醒が続いても忘れずに残る記憶もあるからだ。このことは、覚醒しているのが昼間であっても夜間であっても同じである。とはいえ、レム睡眠とノンレム睡眠が交互に起こる睡眠をとることで、目に見えて学習効果が向上するのも確かだ。「一晩寝て、朝に考えた方がよくわかる」というのは、世界中に流布している経験則ではないかと思うが、この実験は、ある意味で、この経験則の正しさを実証するものなのかもしれない。

睡眠がきっかけとなって何かを発想した、という逸話は世の中に数多くある。ビートルズのポール・マッカートニーは、代表曲である「イエスタデイ」のメロディを、夢から覚める時に思いついたと言っている。また、一九世紀、ドイツの化学者、フリードリヒ・ケクレは、ヘビが自分の尾を噛んでいる夢を見たことがヒントになって、ベンゼンの環状構造を思いついたと言っていた。米国の発明家、エリアス・ハウも、ミシンの発明にとって最も重要な発想（ミシン針の先端に穴をあけ、そこに糸を通す）は、眠っている時に得たと話していた。こういう「天啓」とも言えるような素晴らしい発想が睡眠中に得られるのは、実際によくあることなのだろうか。それとも、ここに書いたような話はどれも偶然、良い結果につながっただけで、睡眠が優れた発想を生んだわけではないのだろうか。

人間の学習と睡眠を奪われることとの関係については、ドイツ、リューベック大学のジャン・ボーンの研究室で面白い研究が行われている。夜、眠ることで、解決困難と思われた問題に関してヒントが得られることが多いとよく言われるが、果たしてそれは正しいのかどうかを確かめることが研究の第一の目的だった。この研究のために、単純なルールを順に当てはめていけば解けるという数字の問題が用意された。ただ、問題には、秘密の解法が隠されており、それに気づけば、普通にルールを当てはめるよりもはるかに早く解けるようになっている（問題の詳細は図7-3を参照）。最初の挑戦では、被験者のうちで秘密の解法に気づいた人は誰もいなかった。だが、一晩眠ってから再度、取り組んでみると、二二人の被験者のうち一三人が秘密の解法に気づいた。一方、やは

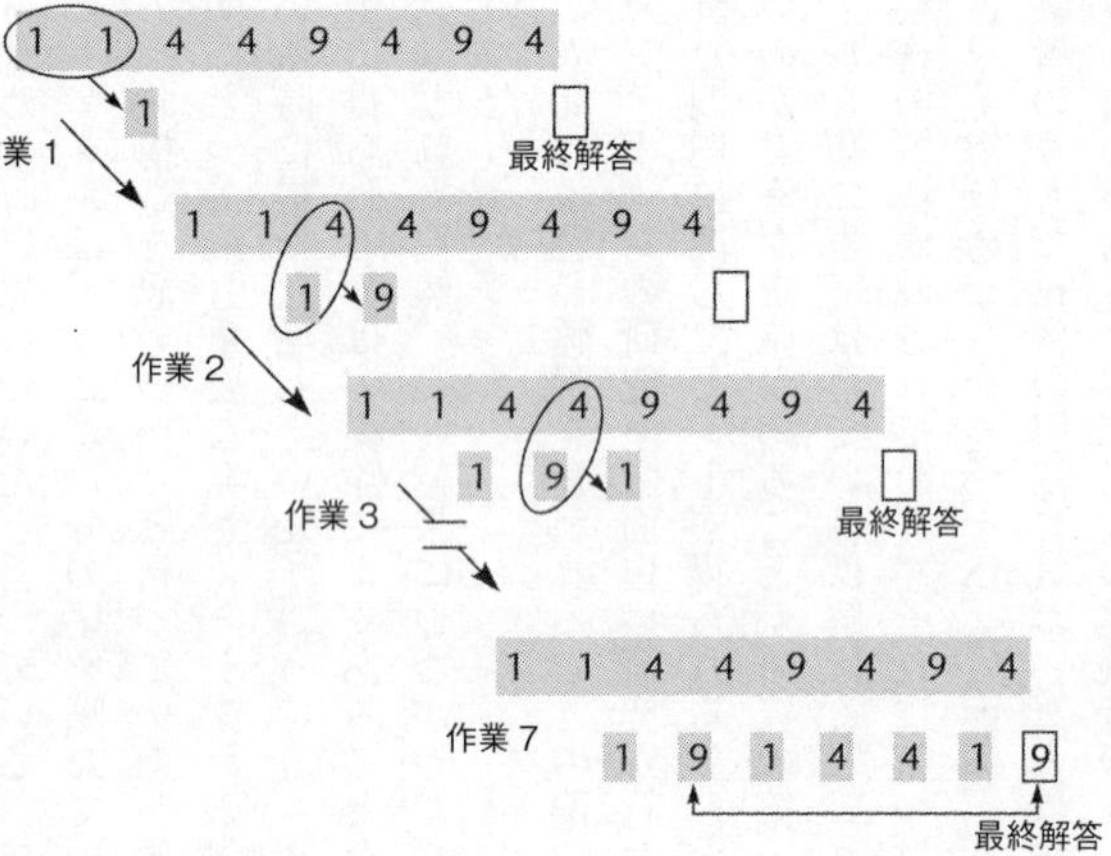
1 1 4 4 9 4 9 4
1
作業 1
最終解答
1 1 4 4 9 4 9 4
1 9
作業 2
1 1 4 4 9 4 9 4
1 9 1
作業 3
最終解答
1 1 4 4 9 4 9 4
作業 7
1 9 1 4 4 1 9
最終解答

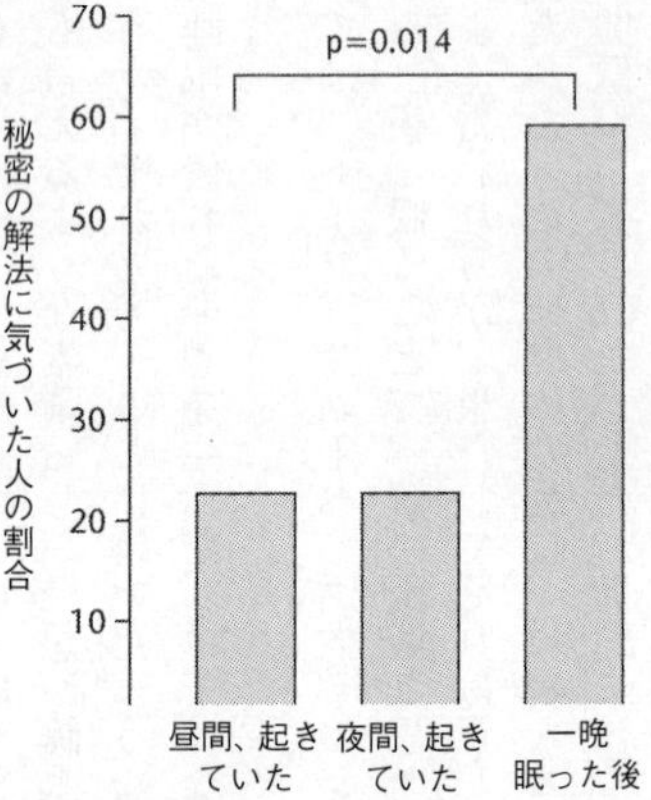
秘密の解法に気づいた人の割合
70
60
50
40
30
20
10
p=0.014
昼間、起きていた
夜間、起きていた
一晩眠った後

図7-3　眠ることが発想に与える影響を調べる実験。被験者には、簡単なルールを順に当てはめていけばできる問題を、何度か解くトレーニングをしてもらう。その後、しばらく時間を置いて再度同じ問題を解いてもらうのだが、その間、起きていた人と眠っていた人とで比較する。また、起きている人は、待ち時間が昼間である人と夜間である人に分ける。上の図は、被験者が問題を解いている様子を示したものである。毎回、被験者には違った8桁の数字が提示される。ただし、8桁を構成する数字は、必ず1、4、9のいずれかである。どの問題でも、被験者は、図のように「最終解答」となる数字を見つけ出さなくてはならない。そのためには、隣り合う2つの桁について、左から順に、2つの簡単なルールを基に作業していくことになる。ルールの1つ目は、「2つの桁の数字が同じなら、その数字を作業の『解答』とする」というもの（たとえば、両方の桁が1であれば、解答を1とするということ）。ルールの2つ目は、「2つの桁の数字が違っていれば、1、4、9のうちの、使われていない数字を『解答』とする」というものだ（たとえば、2つの桁が1と4であれば、解答を残りの9とするということ）。最初の2桁について作業をした後は、その解答と次の桁について同様に作業をし、さらにその解答と次の桁について同様の作業をする、というように繰り返していく。そして、7回目の作業の結果が「最終解答」になる。解答が出たら、各被験者はその旨を報告する。被験者に対しては、最終解答が得られたら、その時点で即、それを知らせるように、とだけ指示する。実は、後半3回の作業で得られる解答は、密かにその前3回の作業で得られる解答をちょうど「鏡に映した」ようになっているのだが、そのことは被験者には知らせない。つまり、2回目の作業で得られた解答が常に最終解答と同じになるということだ（図中の矢印で示されているとおり）。この隠れたルールを発見できた被験者は、順に作業をしなくても、2回目の作業が終わった時点で、もう最終回答が得られたと報告できる。下のグラフは、一定の時間経過後、隠れたルールをどのくらいの人が発見できたかを示す。眠っていた人、昼間に起きていた人、夜間に起きていた人の間で結果にどのような違いがあるかがわかる。

出典：U. Wagner, S. Gais, H. Haider, R. Verleger, and J. Born, Sleep inspires insight, *Nature* 427: 352-355 (2004). Macmillan Publishers, Ltd. の許可を得て再現。

り同じだけの間隔をあけて二度目の挑戦をしたが、その間、一切眠らなかった被験者の場合、秘密の解法に気づいたのは二二人中五人にとどまった。この実験では、「睡眠は発想の助けになる」という結論が下された。

人間あるいは実験動物を対象に、レム睡眠をさせないようにする実験も数多く行われている。脳波の変化を観察し、「レム睡眠に入った」とわかったら、起こすのである。これまでのところ、何らかの学習の後、レム睡眠だけを妨げると、記憶の定着が阻害されるという結果が得られているようだ。実験によっては、結果が非常に顕著なものになるケースもある。たとえば、被験者に、目で見て模様の違いを区別するという課題を与え、できるだけ素早く区別ができるよう訓練してもらうという実験。区別に要する時間が短くなるほど、学習効果があったことになる。この場合、訓練後に、レム睡眠を完全に奪ってしまうと、訓練の成果がまったくあがらない。しかし、普通に眠った場合、あるいはノンレム睡眠だけを奪った場合には訓練に成果があったことが確認できる。ここで注意すべきなのは、レム睡眠を奪うことで定着が阻害されるのが、記憶の中でも、ルールや技能、何らかの手順、無意識の連想などに関するものということだ。つまり、「非宣言的記憶」ということになる。一方、事実や出来事についての記憶、「宣言的記憶」の定着は、レム睡眠を奪っても阻害されない。したがって、模様の違いを区別する訓練を受けた後、レム睡眠を奪われて一晩を過ごした場合、訓練の成果（区別に要する時間が短くなる）は見られない（非宣言的記憶は定着しない）が、訓練を受けている時に起きた出来事は明確に記憶される（宣言的記憶は定着する）のである。レム睡眠をとるタイミングも重要になる。記憶の定着を良くするには、訓練を受けてから二四時間以内にレム睡眠をとる必要がある。昼間に何かの技能の訓練を受けたり、何かの手順を学習したりして、その夜に眠れなかった場合、たとえ次の夜に眠れたとしても、訓練や学習の成果は上がらない。同様のことはラットでも起きる。ただし、訓練や学習からレム睡眠までの時間は、人間より短くなくてはならない。ラットの場合、訓練からだいたい四〜八時間以内にレム睡眠がとれないと、有効な成果が期待できない。

レム睡眠の際には、前日の記憶の「プレーバック」が行われることもあるようだ。マサチューセッツ工科大学（MIT）のケンドール・ルイーとマット・ウィルソンは、ラットを対象に海馬中の多数の「場所細胞」（図5－11）に同時に電極を挿し、その活動の様子を調べた。電極を挿したラットには、報酬として餌を与え、一方通行の円形トラックを繰り返し走るという訓練をさせた。ラットが走っている間は、円形トラックの各地点に対応する場所細胞が順に活性化していく様子が観察できた。観察は、ラットが訓練を終え、眠った後も続行された。すると驚くべきことに、レム睡眠の際には、トラックを走っている時と同じようなパターンで場所細胞の活性化が起きたのである。このパターンは、スパイクの一つ一つまで、覚醒時のものを完璧に再現しているというわけではない。ところどころ正確さを欠く場合もあるし、確かに同じようなパターンなのだが、進行の速度が覚醒時と異なる場合もある。しかし、レム睡眠時のニューロンの活動パターンは、統計的に見て、訓練中のものに偶然似たというより、訓練中のものを再現していると見るのが妥当と結論づけられた。別の研究施設でもいくつか同様の実験が行われたが、やはり結果は同じだった。この脳活動の「プレーバック」は、トラックについての記憶の定着にとって重要なのだろうか。そうだとしたら、どのような側面で重要になるのか。レム睡眠中、脳活動のプレーバックが行われている時、ラットは円形トラックの夢を見ているのか。今のところこうした問いへの答えは得られていない。

ここに書いたような実験結果を見ると、レム睡眠と記憶の定着が深く関係していることは疑いないとつい思ってしまう。確かに一見、そう見えるのだが、少し詳しく調べると、その確信はすぐに揺らぎ始める。たとえば、ラット、人間の両方について、ノンレム睡眠だけを奪う実験をしてみると、それもやはり、ある種の非宣言的記憶の定着に悪影響を及ぼすことがわかる。レム睡眠だけを奪った場合よりも小さいとはいえ、影響があることは間違いない。最近の研究では、ラットの場合、新奇な経験によるニューロンの活動パターンの「プレーバック」は、レム睡眠よりも、深いノンレム睡眠（ステージⅢ、Ⅳ）の際に顕著だという結果も得られている。また、重要なのは、レム睡眠を奪おうとすれば、どうしても被験者にストレスを与えるため、多くのストレスホルモンが体内を巡るようになることだ。人間でもラットでも、それが学習を妨げる恐れは十分にある。ラットにストレスを与えたり、人為的にストレスホルモンを投与したりすると、脳のシナプスの機能、形態の変化が妨げられることもわかっている。

レム睡眠と記憶の定着の関連性についてはまだ確たることが言えるわけではないが、ヒントになるような現象はいくつか見つかっている。たとえば、セロトニン再摂取抑制剤（プロザックをはじめとするSSRI）、三環系抗鬱薬（例――エラビル）など、最近の抗鬱薬には、レム睡眠を減少させる作用がある。一方、旧来の抗鬱薬、つまりフェネルジン（ナルディル）などのモノアミン酸化酵素阻害薬の場合には、レム睡眠を完全にブロックする。脳幹に何らかの外傷性の損傷を負った場合にも、同様の現象が起きることがある。ただし、いずれの場合も、（ストレスホルモンなしで）レム睡眠が完全に奪われてしまうにもかかわらず、記憶に著しい障害が見られるなどということはない。反対に、ベンゾジアゼピン類の抗不安薬（バリウム、ザナックス、ベルセドなど）には、強い記憶阻害作用があるにもかかわらず、睡眠のパターンには影響がない。

こうした現象をどう考えればいいのだろうか。レム睡眠とノンレム睡眠を交互に行う睡眠が、記憶の定着、統合に何らかの役割を果たしていることだけはおそらく間違いがない。ただし、その際、レム睡眠の方がより重要な役割を果たしているとする考えが正しいかというと、少々怪しい。私は、個人的には、レム睡眠、ノンレム睡眠のどちらかというより、睡眠全体としてとらえるべきではないかと考えている。眠っている間、レム睡眠の次はノンレム睡眠、その次は……というように繰り返していくサイクルそのものに意味がある、と考える方がおそらく妥当だろう。その理由については一応、理論的な説明がなされており、海馬と大脳皮質の間の情報の流れは一方通行で、流れる方向が交互に入れ替わるといったことも言われているのだが、それについてはここでは詳しく触れない(興味の湧いた読者は、「参考文献」で紹介している資料をあたってみて欲しい)。

眠っている状態が覚醒している状態と特に違っているのは、どういうところだろうか。脳が、断片的な記憶どうしを相互に結びつけ、情報を統合する処理をしようとした場合、眠っている状態の方が、覚醒している状態より好都合なのは確かだろう。眠っている時には、外からの感覚情報が減少する。それにより、本来ならば非常にかけ離れているはずの記憶どうしも結びつきやすくなる。記憶どうしの結びつきの自由度が高まるということだ。外から次々に感覚情報が入ってくる状況では、とてもそんなことはできない。睡眠のこの特性は、後に触れる「夢」においても重要な意味を持つ。

体内時計の進化

ここまで、睡眠の役割について、またレム睡眠、ノンレム睡眠といった睡眠の種類について話をしてきたが、睡眠に関連する脳のはたらき、睡眠時の脳における化学反応などについては言及してこなかった。次に、非常に基本的なことについて考えてみよう。私たちは日々の生活の中で睡眠と覚醒を繰り返し、そこに一種の「リズム」が生じているわけだが、このリズムを作る手がかりとなっているのは何だろうか。脳内に「時計」

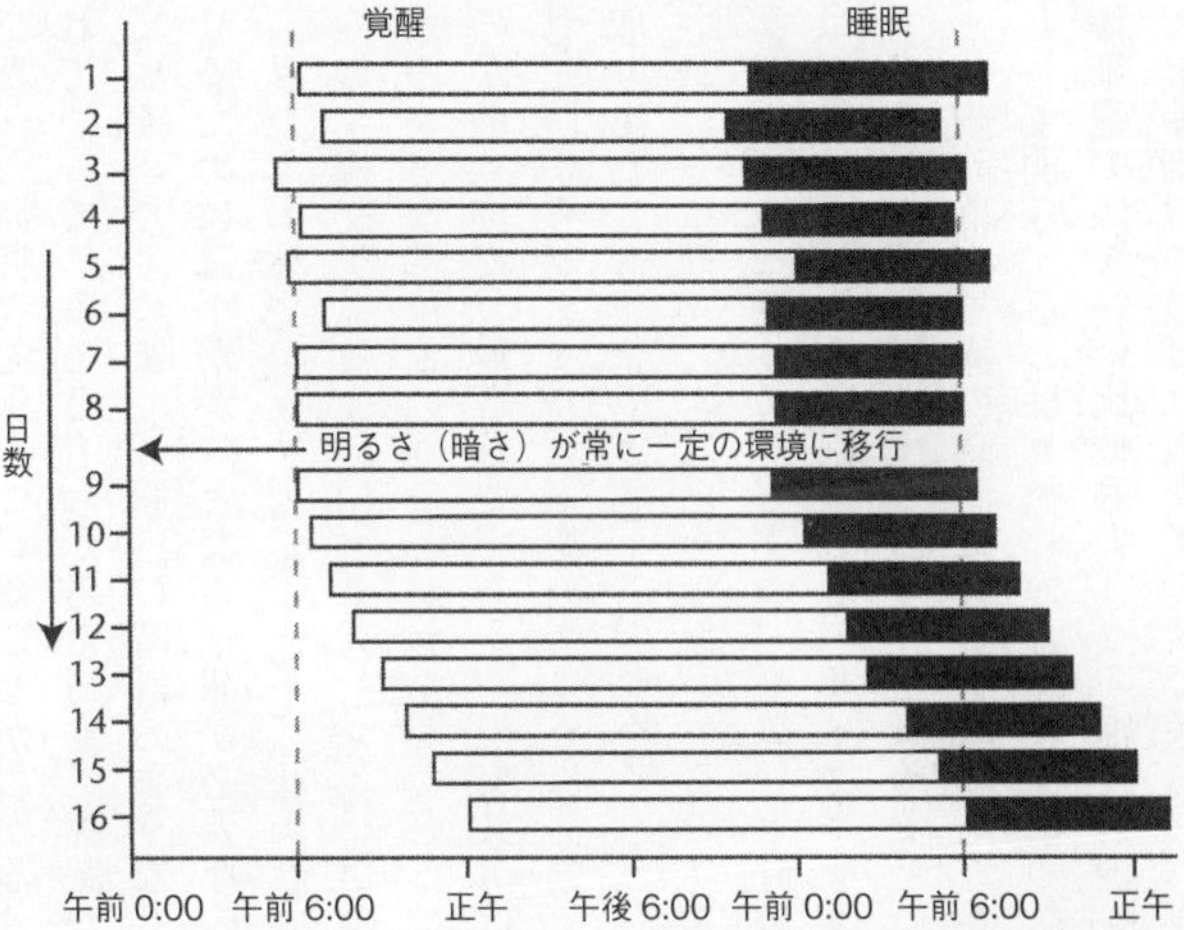

図7-4　時刻を知る手がかりが外界から得られなくなった場合の睡眠と覚醒のパターンの変化（人間の場合）。昼間明るくなって夜暗くなるという手がかりが得られなくなっても、睡眠と覚醒のサイクルは維持されるが、外界の時刻とのずれは徐々に大きくなっていく。このグラフでは、白い部分が覚醒、黒い部分が睡眠を表す。（イラスト：Joan M. K. Tycko）

のようなものがあるのか。あるいは日光など、外界に存在するものを手がかりにしているだけなのだろうか。図7－4は、それに関する実験の結果を示すものだ。この実験で被験者は、八日間、普通に昼間明るくなって夜暗くなる状況で生活した後、昼も夜もまったく明るさ（暗さ）が変わらず、睡眠と覚醒のリズムを作るための手がかりが外から得られない、という状況に移された。図を見ると、睡眠と覚醒のサイクルは、ほぼ二四時間周期（平均二四・二時間）を保っていることがわかる。だが、一方で、外界の時間からは徐々にずれていっていることもわかるだろう。睡眠が開始される時刻がわずかずつだが遅くなっていくのだ。つまり、脳内に時計のようなものがあるのは確かだが、外界の時間に合わせるためには手がかりとなる情報が必要なのである。

私たちの体で「タイムキーパー（体内時計）」の役割を果たしているのは、視床下部内の「視交叉上核（読んで字のごとく、視神経が交叉する場所の上にある核）」と呼ばれる小さな部位ということがわかっている。体内時計は他にもあるが、視交叉上核のものが最上位で、最も重要である。視交叉上核は、約二万のニューロンの集まりで、生まれた時から絶えずリズムを刻むように活動をしている。たとえ視交叉上核を脳から外に取り出しても、（少なくともハムスターなどの動物の場合は）栄養液の中で培養をしていれば、このリズムは止まらない。このリズムは、周期がほぼ二四時間であることから、概日リズム（サーカディアンリズム）と呼ばれている。視交叉上核に損傷を受けた動物は、もはや正常な睡眠、覚醒のサイクルを維持できなくなる。昼夜問わず、でたらめなタイミングで短時間ずつ眠り、目覚めるという状態になってしまう。

体内時計を外界の時間に合わせるにあたり、手がかりになるのは光である。それに主として関与するのは、網膜の特殊な種類のニューロンだ。映像を作り出す桿体細胞や錐体細胞ではない。比較的大きく、細長い細胞で、網膜神経節細胞と呼ばれている。網膜神経節細胞の信号は視交叉上核に送られ、周囲の光の強さを知らせる。重要なのは、網膜神経節細胞を活性化するのが強い太陽光だけではないという点だ。太陽光に比べて弱い人工の光でも活性化されるのである。したがって、人工の光のもとで夜更かしを続けることは、概日リズムを強制的に二五時間、二六時間に変更しようとしているのに等しい。その結果、朝、頭がなかなかはっきりしないということになるわけだ。概日リズムが変わる程度は、最大でも一日あたり一時間くらいである。つまり、飛行機に乗って時差が五時間の土地に行ったとすると、現地の時間に完全に合わせられるまでに約五日間を要することになる。これが、よく知られる「時差ボケ」という現象の原因になるのだ。

体内時計は、単に睡眠と覚醒のサイクルを作り出すためだけの装置なのだろうか。必ずしもそうではない。睡眠や覚醒には関係なく、外界の時間に対応して動く機能を備えた生物は多数いる。植物にさえ、一日のうちのある決まった時刻に花を開き、閉じるものがかなりいるくらいである（図7－5参照）。そのことについてはすでに、一世紀に古代ローマの哲学者、大プリニウスが言及しており、一八世紀にはスウェーデンの博物学者、植物学者であったカール・フォン・リンネが詳しく研究している。リンネは、花の開く時刻、閉じる時刻を注意深く調べれば、庭に花を植えることで正確な時計が作れると言っていた。人間の視交叉上核にあるような体内時計と同様の生化学的機構は、他のより原始的な生物にも見つかっており、現在では、植物や菌類にもあることがわかっている。それだけ、外界の明暗のサイクルに自らを合わせる能力が生物にとって重要ということなのだろう。生物は、すでに一〇億年くらい前には眠るようになっていたので

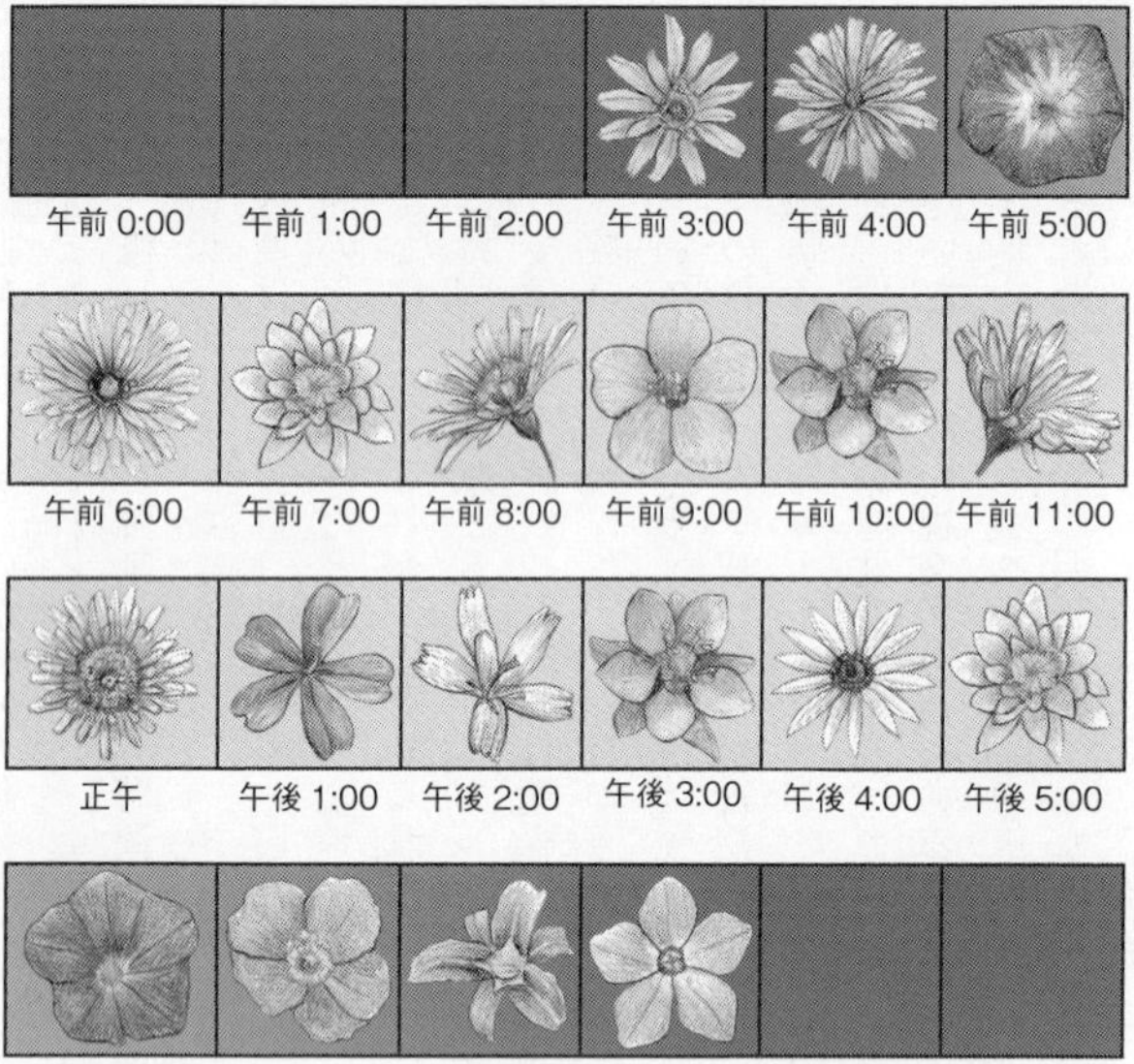

図 7-5　カール・フォン・リンネの言う花時計をヨーロッパの花で作ると、この図のようになる。それぞれ開く時刻の異なる花を使う。（イラスト：Joan M. K. Tycko）

はないだろうか。体内時計の進化は、生物の歴史の中で少なくとも二度、起きているとみられる。どちらも互いにまったく無関係に起きた進化だ。菌類の体内時計は、進化的に人間のものと同じ系統に属するが、シアノバクテリア（または古細菌、プロテオバクテリアなど）は、それとはまったく無関係に進化した体内時計を持っている。基本的な機能は同じである。興味深いのは、そうした原始的な生物の、人間とは別系統の体内時計が作られたのが、約三・五億年前と考えられることだ。その当時は、地球の自転周期がわずか一五時間であったと推定されている。

体内時計の進化を最初に促したものは何だったのか。その問いの答えはわからないが、いくつかの仮説はある。中でも魅力的なのが、一九六〇年代にコリン・ピッテンドリが立てた仮説だ。これは、「光の回避（escape from light）」仮説と呼ばれている。ピッテンドリらは、単細胞藻類に、DNA複製、細胞分裂が夜にしか起きない種があるという点に注目した。日光の紫外線を浴びると、分裂した細胞が死んでしまう場合があることはすでに知られていた。そのことから、ピッテンドリは、概日リズムが日光を避けるために進化したのではないかと考えたのだ。それにより、光の影響を受けやすい細胞分裂などの作業を暗闇の中で行えるようにしたというのだ。この仮説に関しては、最近、ヴァンデビルト大学のカール・ジョンソン、セレネ・ニカイドウが検証している。単細胞藻類であるコナミドリムシに紫外線のパルスをあて、それに耐えて生きるかどうかを実験したのだ。すると、細胞分裂が止まる昼間の生存率が最も高いという結果が得られた。コナミドリムシの培養皿を明暗の変化のない場所においても、夜の時間に細胞分裂をし、昼の時間には細胞分裂をしないというリズムは維持される。その際、外界の時間とのずれが徐々に大きくなっていくという点は人間の場合と同じだ。

視交叉上核の体内時計のはたらきについては、近年、分子レベルでかなりの程度までわかるようになってきた。その他、睡眠の開始や、睡眠の各段階に関与する脳の仕組みについても詳しくわかってきているが、睡眠を司る組織に視交叉上核の体内時計が具体的にどのように影響しているかは、まだあまりわかっていない。視交叉上核のニューロンから伸びる軸索は、視床下部のいくつかの隣接領域との間でシナプスを作る。そして、そこからさらに、脳幹や視床のいくつかの組織にもつながっている。また、視交叉上核は、少なくとも三つのシナプスが中継する複雑な回路を経て、松果体を刺激し、メラトニンというホルモンを分泌させる。健康食品の店などで「天然の睡眠薬」などと称して売られていることも多いメラトニンだが、このメラトニンのレベルは日没後に高まり、午前三時頃にピークに達する。メラトニンは体中に拡散するが、主に作用するのは、脳幹の睡眠を制御する回路である。

脳内で主に睡眠を制御している回路は、「脳幹網様体賦活系」と呼ばれているものだ。脳幹網様体賦活系のニューロンは、神経伝達物質として「アセチルコリン」を使い（そのことから「コリン作動性ニューロン」と呼ばれる）、軸索は、視床内のいくつかの部位へとつながっている。その部位では、視床と大脳皮質の間でやりとりする情報の制御が行われる。脳幹網様体賦活系のニューロンは覚醒時には活発になるが、ノンレム睡眠に入り、眠りが深くなるにつれ、徐々に不活発になる。脳幹網様体賦活系に人為的に電気刺激を加えると、眠っている動物が目覚めることも知られている。一方、脳幹網様体賦活系につながる視床の部位に電気刺激を加えると、それとは反対の効果がある。つまり、覚醒している動物が深いノンレム睡眠に入ってしまうのである。ノンレム睡眠からレム睡眠への移行が始まる時、脳幹網様体賦活系のニューロンは、再び活発に発火を開始する。その際、脳波は振幅の大きいものから振幅の小さな、不規則なものに変わる。これは、レム睡眠時と覚醒時によく見られる脳波である。だが、この時点で動物がレム睡眠に移行せず、覚醒するわけではないのはなぜだろうか。その答えは、やはり脳幹の組織にある。背側縫線核の「セロトニン含有ニューロン」である。また、青斑核のノルアドレナリン含有ニューロンも、睡眠のサイクルの制御に関与している。このニューロンは、レム睡眠時、ノンレム睡眠時の両方で不活発になる。つまり、主として、ここにあげた三つの脳内部位の相互作用が、眠りの段階がどのように移行するかを決めるわけだ（他にも関与する部位はあるが、その役割は小さい）。このように、複数の部位、複数の神経伝達物質が睡眠サイクルに関与しているということは、それに影響を与える薬剤を多数作れることを意味する。薬剤の作用の中には好ましいもの（アセチルコリン受容体のはたらきを阻害し、眠りをもたらすなど）もあれば、好ましくない副作用（セロトニンのレベルを上げることで、レム睡眠を阻害してしまうなど。抗鬱薬にはそういう副作用が多く見られる）もある。

なぜ夢を見るのか？

睡眠の話をするからには、「夢」のことに触れないわけにはいかない。夢に興味を持つ人は多い。夢が魅力的なのは、何と言っても、いつも「意味ありげ」だからだろう。国や時代を問わず、人は夢の意味について、あるいは夢を見る理由についてあれこれと考えを巡らしてきたが、夢を神や祖先からのメッセージであると考えるケースが多かったようだ。夢を通じて未来の指針を示してくれる、未来を予言してくれると考えたのである。ユダヤ教、キリスト教の聖書、イスラム教のコーラン、仏教やヒンズー教の教典などには、未来を予言する夢の話が出てくる。夢を見ている時は、魂が遠いところに旅をしているという考え方もあった。夢に何らかの意味を見いだす場合、最近の出来事や心配事が夢に出てきているというように、素直にとらえることもあるが、何か表には出ていない隠された意味、象徴的な意味があるのでは、と考えることもある。解読しなくては、そのままではわからないというわけだ。古代エジプト人は、紀元前一五〇〇年頃には、夢の解読に使う寺院を建てていた。寺院は手の込んだ作りで、夢を解読する訓練を積んだ神官がいた。当時から残る文献には、夢に出てくるさまざまなものの意味が列挙してある。そのほとんどが、予言、お告げに結びついている（たとえば、「カラスの夢を見たら、間もなく愛する者に死が訪れるであろう」など）。

時代はかなり下るが、一九〇〇年、精神分析学の父であるジークムント・フロイトは、有名な著書『夢判断』（高橋義孝訳、新潮社）の中で、夢に関して非常に詳しい解説をしている。フロイトによれば、夢は自分でも意識していない願望や不安が表に出てきたもの、ということになる。そのほとんどが、性的、あるいは暴力的な性質を持っている。

日中、意識はその願望や不安を抑圧している。ただ、夢であっても、あまりにそのままのかたちで提示してしまうと、驚いて目を覚ましてしまう恐れがある。そこで、夢では、抑圧された願望や不安が「象徴」に姿を変えて現れるとフロイトは考えた。フロイトによれば、たとえば「空を飛ぶ夢」は、性的な願望の象徴、男性が見る「歯の抜ける夢」は、去勢される不安の象徴（女性の場合は何の象徴であるか不明）となる。古代エジプトの神官も、フロイトの後を受けた現代の精神分析医も、全体として見れば、していることはさほど変わらないが、両者の目的は異なる。前者は未来を予測することが目的で、後者は、過去、現在の事象、人の心を探ることが目的だ。それでも、多かれ少なかれ、夢の解釈にあたって「象徴の事典」のようなものに頼っているという点で両者は共通している。

夢が意味ありげで、どこか象徴的に感じられるのは確かだ。夢の解釈を目的とした象徴の事典（「Xの夢はYの象徴です」というようなことが列挙された事典）は、毎年、何千、何万と発売される。夢を解釈するという行為は文化の違いを問わず広く行われているが、誰もがそれを受け入れているわけではない。そのほとんどが神経生物学者だが、中には夢の内容にはまったく何の意味もないと主張する人も少なからず存在する。夢は、他の重要な作業の副産物に過ぎないというのが彼らの意見だ。「重要な作業」とは、たとえば記憶の統合、定着などである。つまり、夢は、いわば「火そのものではなく、火から出た煙」ということだ。意見の対立があるわけだが、本当のところはどうなのか、順を追って、できる限り考えてみよう。まず、私たちが夢を見る時、脳の活動パターンはどのようになっているのかに触れ、次に、夢の持つ機能、夢はなんのために見るのかということに関わる仮説を紹介する。最後に、果たして夢の内容に何か意味はあるのか、という問いに対する答えを探してみることにする。

起きてみると、まったく夢を見た記憶がないという朝もあれば、一晩でたくさんの夢を見たと感じる朝もある。それは誰でも経験でわかるだろう。普通、夢は見ている最中か、見終わって数分以内くらいに目覚めない限り、思い出すことはできない。長年、夢はレム睡眠の際にのみ見るものと信じられてきた。しかし、現在では、睡眠のどの段階でも夢を見ることが、眠っている人を起こす実験からわかっている。起こしてみると、睡眠の段階にかかわらず、見ていた夢の話を聞くことができるのだ。ただし、夢の特性や、持続時間、頻度は段階ごとに違っている。次に、私自身の夢日記からいくつかの例を選び、具体的にどのように違うのかを見ていこう。

例1――眠りに落ちてすぐ、水中を泳ぐ夢を見た。ちょうど、前の日、近所のプールで自分の子供たちと泳いだが、その時と同じ感覚。

例2――宿題があるのに、まったく取りかかれない夢。期限までに終わらないかもしれないという不安に一晩中悩まされる。

例3――広い場所で美しい女性とワルツを踊る夢。顔に見覚えはないが、向こうは私をよく知っている様子。踊っている場所は大きなダンスホールのようでもあり、一〇代の頃によく行った故郷の店のようでもある。その店は楽器を売っていて、外国製の珍しい楽器もたくさんあった。ダンスのパートナーの女性は、私に微笑みかけていたが、私はケースの楽器に気を取られていた。複雑な作りで魅力的な楽器だ。触ってみたいと思うのだが、私が自分の方を向かないので、パートナーが苛立ち始めているということもわかっている。私の態度を見て、彼女は段々、怒りを募らせる。ついには逆上した彼女から、私は走って逃げる。すると突然、景色が変わり、長く続く道に出る。暑い。私は自転車に飛び乗り、必死にペダルを踏む。何とか彼女の追跡からは逃れたようだ。振り返っても、道路に彼女の姿は見えない。ところが、しばらくして、道路がでこぼこするなあと思っていたら、自分が実は生きたヘビに乗っていることがわかる。私が自転車のペダルを踏み、回転とともに足が下に降りる度、ヘビはその足に食いつこうとする。ヘビに食われないよう、私は足を上げ、自転車のフレームにのせる。当然、自転車は推進力を失い、あっという間にスピードが落ちてしまう。自転車はバランスを崩して倒れ、私は道路を絨毯のように覆ったヘビの体の上に投げ出される。

精神分析医（実は私の父もその一人である）が、この夢について何というかはわからない（もしかすると、ヘビに何か特別な意味があると言われるかもしれない）。三つの夢はそれぞれにまったく異なっているが、共通点が二つある。一つは、どれも私自身が主人公であるということ。もう一つは、どれも現在起こっている出来事として認識されていることだ。どちらも、多くの夢に見られる特徴だ。ほとんどの夢は、「現在時制、一人称」の体験として認識される。例1の夢は、入眠直後に見る夢としては典型的なものである。まず短いのが特徴だ。強い感覚を伴ってはいるものの、それが長く続いて、「物語」のようになったりはしない。場面の断片のようなものでしかなく、細部まで描写されることはなく、何かの感情が起こることもない。論理的な矛盾などもなく、覚醒時に経験する現実の出来事との違いはまずない。「幻覚」のような要素がない、ということだ。重要なのは、入眠直後の夢に、前日の出来事を取り入れたものが多いことである。ハーバード大学医学部のロバート・スティックゴールドらは、その点に関し、被験者に数時間、『ダウンヒルレーサーⅡ』というテレビゲームをさせる実験を行った。被験者の九〇パーセント超が、その夜、ゲーム中の場面を夢に見ていたと話した。ただし、それは入眠直後に起こして話を聞いた時だけで、時間が経過してからは、そういうことはなかった。深いノンレム睡眠（ステージⅢ、Ⅳ）やレム睡眠の際には、ゲームの夢は見ていなかったのだ。

例2の夢は、深いノンレム睡眠の際に見る夢として典型的なものである。この種の夢は、特に睡眠の前半に見ることが多い。例1の夢の場合と同様、物語が次々に展開されていくことはない。ただ、例1の夢と異なるのは、「感覚」の要素がほとんど失われていることだ。一方で、「感情」の要素は大きい。強迫的な、負の感情を引き起こすような夢が多くなる。論理に矛盾はなく、基本的には覚醒時の出来事が下敷きになっている。

例3の夢は、レム睡眠時に見る夢として典型的なものだ。特に朝、目覚める直前のレム睡眠の際に、この種の夢をよく見る。物語が次々に展開していくようになるのが特徴だろう。細部の詳細な描写もなされる。まったくかけ離れた複数の場所が融合、混同されることも多い。例3の夢のように、非常に具体的な特定の場所（若い頃に行っていた楽器店）と、どこにでもありそうな場所（想像上のダンスホール。実際に行ったことがあるわけではない）が結びつけられることもある。現実とは異なる要素も夢に多数入り込む。私は現実の世界ではワルツなど少しも踊れない。だが、夢の中では、苦労もせず、完璧に踊っていた。ワルツを踊る、走る、自転車に乗るといった一つ一つの動作が長く続くこともある。夢の物語では場面の転換（ダンスホールから道路へ、など）がよく起こる。出来事の起き方や場所の現れ方に論理的な整合性がないことも多いが、夢を見ている本人は、それを「当たり前のこと」として受け止めてしまう。どれほど非論理的で突飛でも、それをおかしいと思うことがなくなってしまうのだ。幻覚のような要素も多く含まれる。ただし、重要なのは、ほとんどすべてが「見る」要素で、「聴く」「触る」といった要素は含まれないことだ。その他、不安や恐怖が夢の中で徐々に大きくなってくるという面も見逃せない。最初のうちは、ダンスのパートナーを怒らせそう、という普通の人間関係で生じるような比較的穏やかな不安にとどまっているが、ついにはヘビに食い殺されるかもしれないというとてつもない恐怖に襲われる。

日覚めた後にも覚えていることが多く、日頃、会話にのぼることも多いのは、最後の、物語性が強く、感情に訴える夢、非論理的で突飛な夢だろう。そうなる理由としては、もちろん物語として面白いからということも大きいが、この種の夢を見るタイミングも重要である。通常は、目覚める直前のレム睡眠時に見る夢であり、目覚める直前だけに、必然的に記憶されやすいということだ。また、最近の調査では、レム睡眠時でなく、ノンレム睡眠時でも、睡眠時間の最後の三分の一では、起こして話を聞いてみると、やはり同じような物語的な夢を見ていることがあるのがわかった。

現在、行われている夢の研究は、夢日記を基にしたものが大部分だ。夢日記には、文字で書くものと、音声で記録するものとがある。一方、それより数はかなり少ないが、研究室あるいは自宅で、被験者に脳波記録装置をつないで寝てもらい、睡眠のさまざまな段階で起こして夢のことを話してもらうという形の研究も行われている。こうした研究によってわかるのは、全体の傾向として、夢の内容にはかなりの偏りが見られるということだ。負の感情につながるものが実に多い。夢日記に記録される夢の約七〇パーセントが、恐怖や不安を伴い、攻撃的な要素を含んだものなのである。明らかに正の感情につながると思える夢は一五パーセントほどに過ぎない。この傾向は国や地域を問わず共通している。特に多いのが「追いかけられる夢」で、アマゾンの狩猟採集民から、ヨーロッパの都市に暮らす人まで、あらゆる人が見る。興味深いのは、恐怖や不安、敵意などを主たる要素とする夢は、被験者が自主的に起きてつけた夢日記の方に多いことだ。

睡眠時間の最後の三分の一に他人から起こされて、夢の内容を尋ねられるという実験の被験者では、そういう夢は減る（七〇～五〇パーセント程度減少する）。このような差が生じる原因としては、負の感情を伴う夢には、そうでない夢よりも目を覚まさせる力が大きい、ということが考えられる。目を覚ましてしまうため、夢を忘れずに日記につけることができるというわけだ。

これまでの調査によれば、夢の中で、明らかに性に関係していると思われるものは一〇パーセントにも満たない。フロイトが夢をとにかく性に結びつけて解釈していることを考えると面白い。この数字に関しては、男女とも違いはない。先に少し触れたレム睡眠時の性的な反応に関しては、男女とも、性的な夢との関連性は今のところ、ないと考えられている。

前日の活動、特に強い感覚や激しい運動などを伴う活動は、入眠して間もない時の短い夢に入り込むことが多い。しかし、睡眠の後半に見る物語性の高い夢に入り込むことはほとんどない。ある研究では、前日の出来事の記憶をリプレイするような内容が、物語性の強い夢に入り込んだ例は二パーセントに満たないという結果が得られている（ただし、前日の出来事に関係のある人や場所が出てくる可能性はそれより高い）。実際に体験したことは、体験から三～七日くらい後に夢に現れることが最も多いという「タイムラグ効果」を唱える研究者もいる。直感には反するが、感情に強く訴えるような体験ほど、夢に現れるまでに長時間を要するらしい。

ここで、睡眠の後半に見る物語性の強い夢と、覚醒時の現実の出来事の間に、どのような違いがあるかをまとめておこう。違いを列挙すると次のようになる。

- 夢には、複数の場所が一つに融合する、突然、場所が移動する、人が別人に入れ替わる、物理法則が無視される、というような「奇想天外」な要素がある。
- 理屈に合わないことが起きても、どうしてそうなるのかなどとは思わず、当たり前のように受け入れてしまう。
- 運動能力が非常に高まる。感覚情報として得られるのは、ほとんど視覚情報のみ。
- 現実の生活よりも負の感情、特に不安や恐怖を伴う出来事が多く起きる。
- 最近の記憶よりも、古い記憶の方が多く取り入れられる。
- 途中で目が覚めない限り、短時間で忘れてしまう。

空飛ぶ夢とコリン作動性ニューロン

近年は、種々の装置を使用して、睡眠の各段階における脳の活動の様子を調べる研究も行われるようになっている。そうした研究で果たしてどのようなことがわかったのか。物語性の強い夢に先に列挙したような特徴がある理由を、その成果で説明できるだろうか。物語性の強い夢は、ノンレム睡眠時にもレム睡眠時にも見られるが、すでに述べた

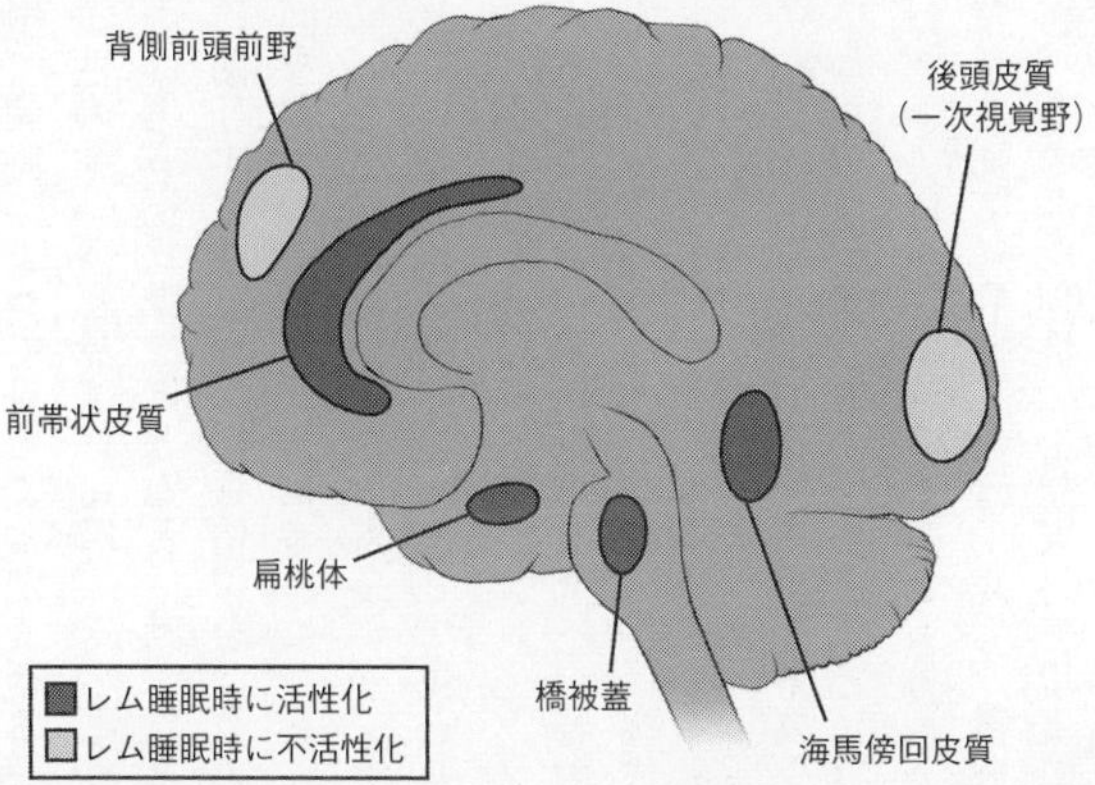

図7-6　PETで調べると、図のように、レム睡眠時に活動が変化する脳内部位がいくつかあることがわかる。ただ、上の図は完全なものとは言えない。たとえば、扁桃体、前帯状皮質に加え、中隔野、下辺縁皮質などの隣接部位（いずれも感情に関わる部位）もやはりレム睡眠時に活性化する。
出典：J. A. Hobson and E. F. Pace-Schott, The cognitive neuroscience of sleep: neuronal systems, consciousness, and learning, *Nature Reviews Neuroscience* 3: 679-693 (2002).（イラスト：Joan M. K. Tycko）

とおり、この種の夢を見るのはほとんどの場合、レム睡眠時である。そこで、ここではレム睡眠時に対象を絞って、物語性の強い夢を見ている際の脳活動について見ていくことにする。図7-6はレム睡眠時の脳活動が、覚醒し、安静にしている時の脳活動とどのように異なるかを簡単にまとめたものである。

動物を使った実験などでもすでにわかっているとおり、レム睡眠時には「脳幹網様体賦活系」と呼ばれる部位が非常に活発になる。その中のコリン作動性ニューロン（「橋被蓋」と呼ばれる部位に位置する）の活動は、ＰＥＴ（ポジトロン断層撮影）装置によって見ることができる。脳活動の様子を観察して驚くのは、たとえば、物語性の強い夢を見ている時、その夢が極めて視覚刺激の強いものであっても、レム睡眠中は第一視覚野にほとんど活動が見られないことである。だが、視覚情報の高度な解析に関与する部位や、視覚情報をはじめ、各種の感覚情報の記憶に関与する部位（海馬傍回など）の活動は非常に盛んになる。夢は、互いに関係なさそうな記憶の断片からできているように思えることも多いが、その事実にうまく合致する。こうした部位に蓄えられているのは長期記憶であり、主として視覚に関連するものだが、そのことも夢の性質と一致しているようだ。

レム睡眠中の脳活動でもう一つ特徴的なのが、感情に関与する部位の活動が非常に盛んになるということだ。特に、扁桃体、前帯状皮質といった感情に活動が盛んになるが、いずれも、恐怖や不安、あるいは「痛み」に伴って生じる感情に関与すると関与するとされる部位だ。これは物語性の強い夢に感情の要素が多く見られ、その大半が恐怖や不安、敵意といった感情を伴うものであることに合致する。反対に、前頭前野、特に背側前頭前野には、レム睡眠中、活動が見られない。これは会社で言えば、「経営者」の役割を果たす部位である。判断、論理的思考、計画などのほか、ワーキングメモリにも大きく関与する。夢の非論理性、奇想天外で現実ではあり得ない状況、筋書きを自然に受け入れてしまうことなどは、この事実によって説明できるかもしれない。夢が非現実的、幻想的なものになりがちなのは、背側前頭前野のはたらきが低下しているため、ということだ。幻覚を伴う統合失調症にかかると、この背側前頭前野のはたらきが低下することは言っておくべきだろう（つまり、患者は、ある意味で、目が覚めていながら夢を見ているような状態にある、と言うこともできる）。

PETでわかるのは、脳の各部位のおおまかな活動の様子だけだ。それでも十分に有用ではあるが、いつ、どこのニューロンが発火したかといった詳細を正確に知ることはできない。夢を見ている間に脳で情報がどのように処理されているかを理解するには、そうした詳しい情報が欠かせない。動物の脳に電極を挿し、脳活動を調べる実験では、レム睡眠中、青斑核のノルアドレナリン含有ニューロン、そして背側縫線核のセロトニン含有ニューロンも不活発になること、反対に脳幹網様体賦活系のコリン作動性ニューロンは非常に活発になることがわかっている。この三つの部位のニューロンはいずれも睡眠を制御する機能を持ち、その軸索は、視床、辺縁系、大脳皮質など、脳の広い範囲につながっている。そのため、レム睡眠中、三つの部位でノルアドレナリン含有ニューロン、セロトニン含有ニューロンが不活発になり、コリン作動性ニューロンが活発になることによって影響を受け、他の部位の活動にも多少の変化が起きる場合もある。それは、脳活動の映像化装置による観察でも確かめられている。

コリン作動性ニューロンが活発になることは、レム睡眠時の筋肉の弛緩、麻痺につながる。物語性の強い夢を見ている時、運動野や、脳幹神経節、小脳といった運動制御に関わる組織からは、運動を起こすための命令が出されるのだが、この命令はブロックされて脊髄に入ることができない。脳幹でコリン作動性ニューロンが盛んに活動し、抑制回路がはたらくためだ。このことは、物語性の強い夢の中で、まったく途切れなく、何にも妨げられずに動ける（空を飛ぶことさえできる）感覚につながると思われる。運動を起こすための命令は出されるのだが、その運動に対する筋肉や感覚器からのフィードバックはないからだ。目が覚めている時ならば、このフィードバックによって、運動が実際にどのように行われているのかが伝わってくるのだが、それが一切ないのだ。

怖い夢が記憶の統合を促す？

まだ完全と言うにはほど遠いが、脳の活動パターンを調べることで、物語性の強い夢が持つ特徴の多くについて一応の説明ができるのは確かだ。とはいえ、この種の夢にどのような目的があるのか、そもそも何か意味があるのか、といった疑問に答えが出せるレベルにはいたっていない。なぜ、私たちは夢を見るのか。悲しいことだが、この問いに一言で答えるとしたら、ただ「わからない」ということになってしまう。しかし、もう少し長い答えが許されるのなら、「わからないが、いくつかそれを知る手がかりはある」ということになるだろう。

いろいろな分野の睡眠研究者に、「なぜ私たちは夢を見るのか」という質問をすると、おそらく、それぞれの関心を反映した答えが返ってくるはずである。つまり、「感情」に最も関心を寄せている研究者なら、夢の主たる役割は気分の調整である、というような答えになるだろう。たとえば、ラッシュ長老派教会聖ルカ医療センター（米シカゴ）のロザリンド・カートライトは、まさに夢の役割は気分の調整であるという理論を提唱している。夢を見ることで、眠っている間に負の感情を処理でき、目覚めた時には、眠る前よりも気分が良くなるというわけだ。精神科医の中には、夢は一種の心理療法のようなもの、という人もいる。タフツ大学のアーネスト・ハートマンは、夢も心理療法も、その主な役割は、人を外界から隔離された安全な環境に置き、その上でばらばらに見えていた経験に関連性を持たせることである、と言っている。

進化への関心が高い生物学者の中には、夢を「リハーサル」のようなものととらえる人もいる。覚醒時の、生存にとって重要な行動を夢でリハーサルし、より完璧にできるようにするということだ。生死に関わる状況を安全にシミュレートするための「ヴァーチャルリアリティ」環境と言ってもいい。生物学者の説明は、先述のハートマンのものと大きくは違わない。まず、どちらも、恐怖や不安を夢の大切な要素と見ている。そして、夢を、外界から保護された安全な環境とみなしている。その環境で、心理的に重要な作業を遂行する、ということだ。

この章ではすでに、睡眠が、記憶の統合、定着、そして断片的な記憶どうしの関連づけに重要な役割を果たしているらしいことは述べてきた。もしそうだとすれば、夢と記憶の処理との間に何らかの関係がある、と見るのもさほど無理なこととは考えられない。その意味で、ロックフェラー大学のジョナサン・ウィンソンが唱える「夢はオフラインの記憶処理」とする説は興味深い。経験したことについての記憶を統合、定着させるためには、相当な「情報処理資源」が必要なはずというのが、この説の根拠だ。もし、統合、定着の処理を覚醒時だけに行おうとすれば、私たちの手持ちの資源では足りない恐れがあるというのだ。そこで、脳の能力を効率的に使うために、夜に作業をシフトさせたというわけである。脳は、戦時の軍需工場のように「不眠不休」で記憶の統合、定着の仕事をする。

夢の役割についていくつか説をあげてみたが、まず注意すべきなのは、ここにあげた説は、必ずしも一つが正しければ、他は正しくないというものでもないことである。夢が、気分の調整をすると同時に、記憶の統合、定着もしている、ということだってあり得るのだ。また、夢の研究に関しては、それがどういうレベルで行われているものなのかによって大きな違いがあるので、注意しなくてはならないだろう。夢を見ている際、脳の活動がどうなっているかを調べるというレベルの研究もあれば、夢を見ている人を夢を見ている途中で起こして、あるいは目覚めた直後にどんな夢を見ていたかを尋ねる、という種類の研究もある。

現時点では、夢の役割に関して唱えられている諸説は、いずれも一理あるが、同時にすべて欠点を抱えていると思われる。まず、夢が気分の調整、もしくは心理療法のような役割を果たすという説。夢に、負の感情を伴うものが多いという事実から見て、これには一応の説得力があるようである。だが、この説は、次の二つの事実と矛盾するように見える。一つは、自分は夢を見ないという人がいるということだ。寝ている時に無理に起こして尋ねれば、夢を見ていたということもあるが、そうでない限り、夢を見たとは決して言わないのだ。それでも、こういう人が、感情や認知の面で何か問題を抱えていると思えるような出来事が起きることはあまりない。ただ、これに関しては、たとえ自分で思い出せなくても、眠っている間に夢は見ており、それで十分に「治療」の効果は得られるという主張はできる。もう一つは、感情に非常に大きな影響を与えたと思われる体験が夢に出てくることがほとんどないという事実である。自分で夢をよく見ると言っている人ですら、それは同じなのだ。これに関して精神科医は、そうした体験はそのままのかたちではなく、象徴的なかたちで夢に現れるため、気づきにくいと反論するかもしれない。

「記憶の統合、定着」説は、さまざまな点から見て、かなり信憑性が高いと考えられる。特に夢の中で、それぞれにまったくかけ離れたばらばらの記憶が結びつくことが多いという現象をうまく説明できる点は強みだろう。この時に、記憶の統合、定着が起きているというわけだ。「記憶の統合、定着」説にはいくつか種類があり、同様の説を唱えている人であっても、その研究手法には大きな違いがあるので注意しなくてはならない。主に、夢を見ている人を途中で起こして、あるいは目覚めた直後に内容を尋ねるという手法で研究をしている人も多い。この手法だと、先の「気分の調整、心理療法」説と同様の批判に応える必要が出てくる。夢をまったく見なかったと自分で言っている人であっても、記憶のテストをしてみると、結果に問題は見られないのが普通だからだ。一方、ハーバード大学のJ・アラン・ホブソンが中心となって主張する説は、同種の説の中でも、特に根拠が明確なものと言える。ホブソンは、レム睡眠とノンレム睡眠から成る睡眠の主たる目的は記憶の統合、定着にあると述べているほか、物語性の強い夢が、通常、（背側前頭前野のはたらきが抑制されているため）論理性を欠いており、多くの場合（扁桃体、前帯状皮質、中隔などの活動が盛んになるため）、強い感情を伴うとも述べている。また、そうした夢の中では、主として視覚に関わる記憶（海馬傍回の活動が盛んになるため）が継ぎ合わされて、物語が形作られているとも述べている。ホブソンの説においては、夢の内容そのものに意味があるとは見なされない。夢は、単に記憶の統合、定着作業の様子が鏡に映るのを見ているようなものであり、フロイト派のように（あるいは古代エジプト人のように）象徴的な解釈をする意味はない、というのである。

私には、これまでに唱えられてきた「記憶の統合、定着」説には、いずれも大きな穴があるように思える。この種の説では、なぜ、夢のほとんどが負の感情を伴うものなのか、ということには触れられない。これについて、私の意見をまとめてみると次のようになる。覚醒時、負の感情（恐怖、不安、敵意など）に関連する部位が活性化すれば、記憶の定着が促されるのはすでによく知られていることだ。つまり、負の感情に関連する部位が活性化すれば、「これは重要、記憶に書き込め」という信号が出される、ととらえることができる。睡眠中にも、記憶を定着させる際には、同様のことが起きるのではないか。夢を見ている時も、負の感情に関わる部位が活性化すれば、「この情報を（長期記憶に）書き込み、他の記憶と統合せよ」という信号が出るのではないだろうか。眠っている時には、何かの感情を引き起こすような外からの刺激はないのだが、記憶の統合、定着を促すために、恐怖や不安、敵意の感情を無理矢理に引き起こしているというわけだ。負の感情に関与する回路が、いわば「ハイジャック」されたような状態なのだが、眠っている時の脳にはそれを察知する能力はない。負の感情が引き起こされると、脳はそれを基に「物語」を組み立ててしまう。それが夢になるということだ。

夢の役割についてのいくつかの説を見てきた。夢の内容に何か意味があるのかないのか、ということに関しては一応、説明ができる。しかし、何のために夢を見るのかということについては一応、説明ができる。しかし、何のために夢を見るのかという問題に決着をつけるまでには至っていない。ただ、私自身は、それを大した問題とは思っていない。もちろん、どの研究者も夢の内容には一定の関心を寄せている。「記憶の統合、定着」説を唱える研究者には、すでに述べたとおり、「夢には解釈は必要ない」という意見がある。だが、夢によって記憶に統合、定着される情報の内容を見れば、その人の心理状況を知るのに役立つということなら、彼らも同意するだろう。問題は、夢の内容に価値を置くか否かではなく、どの程度の価値を置くかだろう。心理療法では、いまだに夢の内容の分析が行われることはあるし、たとえ心理療法を受けなくても、自分で自分の夢を分析してみることは誰にもあるだろう。それでも、夢の内容を分析することで本当に、その人の心がわかるのか、私は確信が持てない（また、それができるという、信じるに足る生物学的根拠もない）。それが、恣意的に作られた象徴の事典に基づいた分析であるならなおさらだ。

夢の内容に執着し過ぎると、夢に関して真に重要なことが見えにくくなってしまう。夢（夢を見ている時の脳活動ではなく、夢そのもの）を研究する上で重要なのは、内容を子細に分析することではないだろう。夢に出てきたのが葉巻なのか靴なのか、父なのか母なのか、そんなことはさほど重要ではない。何より重要なのは、夢を見ている時には、覚醒時のルールがまったく適用されない世界を体験できるということだ（現実の世界では、人が急に別人に変わることや、二人が一人になることなどはない。突然、自分のいる場所が変わることも、重力が失われることもない）。因果律も合理的思考も、認知の枠組みも関係がない。そういうものはすべて消えて、奇想天外で非論理的なストーリーが展開される。そして、夢を見ている間は、そんなストーリーの展開を当たり前のものとして受け入れてしまう。覚醒時の現実世界にはあり得ないような話、あり得ないような物が成立してしまうのだ。日頃から幻想的な世界に興味のある人であろうが、頑固な合理主義者だろうが、両方の要素を持った人（大半の人がそうだ）であろうが、夢を見る時は皆、同じだ。夢のカーテンの後ろでは、誰もが現実世界とは違ったルールで動く世界を作り出すのだ。

第8章 脳と宗教

宗教が存在する理由

こんな夢を見た。悪夢だ。私はニューオーリンズにいる。神経科学学会の年次総会に出席するためだ。世界中から、三万人もの脳研究者が集まる総会である。夜、何人かの研究者とレストランのテーブルを囲んでいる。ワインを飲みながら、皆が楽しそうに話をしている。私は、宗教と脳の機能についての自らの理論を説明し始める。そこへウェイターが大きなエビの皿を運んでくる。茹でたエビで、湯気が上がっている。話を続けるうち、皆が妙に静かなのに気づく。後ろを振り返ってみると、黒いずきんをかぶり、礼服を着た背の高い人物がいる。スティンガーミサイル（長さ一・五メートルほどの携帯用ミサイル）くらいの大きさのコショウ挽きを手に持ち、「いつでも準備はできています」というような態度で立っている。私は再びゆっくりと前を向いて話し始めるが、もうあまり熱心に話す気になれない。

「挽きたての新説をいかがですか」

後ろの人物が言うと、皆の顔がいっせいに私の方を向く。周囲から聞こえていた低い話し声が、やがて甲高い、耳障りな笑い声に変わる。その場で食事をしていた人、全員が笑いながら私の方をゆっくりといっせいに指差す。笑い声は集まり、皿の上の茹でられたエビに命を吹き込む。エビはピクッピクッと元気よく動き始め、ついには私に襲いかかる。小さなキンキン声で“In-a-gadda-da-vida, baby, don't you know I'm in love with you（ねえ、君、ガダダヴィーダだよ。愛してるってわからないのかい）”と歌いながら、私の体をかじる。私は床に倒れてしまう〔ロックバンド、アイアン・バタフライの曲“In-A-Gadda-Da-Vida”を歌っていると思われる。“Gadda-Da-Vida”は“Garden of Eden＝エデンの園”が訛ったもの〕。

こんな悪夢を見るのは私だけではないだろう。宗教と脳の機能の関係について話をしようとする神経生物学者は皆、同じように怯えているからだ。すべての人間には文化があり、それぞれの言語や音楽がある。その神経生物学的な背景については誰もが喜んで学ぼうとする。すべての人間の文化には独自の結婚制度があり、その神経生物学的な背景に関しても誰もが喜んで学ぶ。そして、すべての人間の文化には宗教がある。宗教には（言語や結婚制度と同様に）実にさまざまな種類があるが、宗教の存在自体は、文化や国を超えた普遍的なものだ。現在にいたるまで、宗教という概念が存在しない文化、宗教的な慣習が存在しない文化というのは一つも発見されていない。だが、脳を研究している科学者の中に、これだけ普遍的な「宗教」というものについて語ろうという人がほとんどいないのである（やはり、エビのゾンビが地獄から蘇って歌い出すのを恐れているからではないか）。

しかし、私の手元には「挽きたての新説」があることはあるので、ここでは、それについて触れることにしよう。この章で述べることの一部は、認知人類学者、パスカル・ボイヤーの著書『神はなぜいるのか？（*Religion Explained*）』（鈴木光太郎・中村潔訳、ＮＴＴ出版）にヒントを得て書かれている。

世界各地の宗教では、たとえば次のようなことが言われている。

- 死んだ人の魂は目には見えないが、周囲のいたるところに潜んでいる。食べ物や飲み物を供えて鎮めるようにしないと、私たちを病気にしてしまう恐れがある。
- 処女のまま出産をした女性が歴史上に一人だけ存在する。私たちは、まさにその理由で彼女を崇拝する。
- 私たちは死んだ後、また別の生物としてこの世に戻ってくる。生きている間に戒律にしたがっていたかどうかによって、高等生物に生まれ変わるか、下等生物に生まれ変わるかが決まる。
- 全知全能の神が一人いて、あらゆる人の心の声を聞くことができる。神に祈りを捧げるのは教会でもいいし、別の場所でもいい。

- 黒檀の木が、そばにいた人間の会話を記憶する。どんな会話が記憶されていたかは、その木の枝を燃やして出た灰の積もり方でわかる。
- 我が村のシャーマンは、踊ることで、自分の魂を体から分離させ、死の国に送ることができる。死の国からは、全能の神になった祖先たちのメッセージを携えて戻ってくる。

どれを馴染み深く感じるかは、人それぞれに違うだろう。こうして少し列挙しただけで、この世界に存在する宗教がいかに多様なものかを垣間見ることができる。神は一人だけという宗教もあれば、大勢の神がいる宗教もある。かと思えば、神がまったくいない宗教もある。中には、歴史上の人物や自然物に特殊な力があるとみなされ、そうした人物や物体が信仰の対象になっている宗教や、特殊な儀式を通じて聖なる存在や死者と話をするという宗教もある。

ただ、いくら宗教の種類が多いとは言っても、種類が無限というわけではない。たとえば、「全知全能の神は存在するが、人間の世界とはまったく関わりを持たない」という宗教は皆無である。「祖先の魂の命じるとおりに行動すると、まさにその祖先の魂によって罰せられる」というような宗教もない。「聖職者は未来を見ることができるが、自分がどんな未来を見たかを人に話す前に忘れてしまう」というような宗教も、どこにもない。宗教も夢と同様、幅広い種類はあっても、その範囲には限界があるということだ。人間の認知能力、物語を作る能力によって制約を受けるためだ。

では、どのような文化にも（一人一人を見れば宗教を持たない人もいるが）必ず何かのかたちの宗教が存在するのはなぜだろうか。それについてはボイヤーも「人間はなぜ、ある種の宗教的観念を心に抱きやすいのだろうか。また、それを他人に伝えたがるのはなぜか」と問うている。脳の機能に関する最新知識によって、宗教の文化を超えた遍在について何か説明を加えることはできないだろうか。

もし私が、地元のバーで少しお酒を飲み、宗教が存在する理由について皆に尋ねたとしたら、返ってくる答えはいろいろかもしれないが、それを要約すればおそらく大体、次のようなものになるだろう。

- 宗教は安らぎを与えてくれる。宗教があるおかげで、心安らかに自分の「死」に向き合うことができる。
- 宗教は社会秩序の維持に役立つ。他者と関わる際に道徳上、守るべきルールを教えてくれる。
- 「この世界がどうやってできたのか」など、難しい問いへの答えを与えてくれる。

以上のようなことは、世界の中でも比較的豊かな地域の宗教であれば、ほぼどれにも、少なくともある程度は当てはまるだろう。だが、世界に、こうしたことがまったく当てはまらない宗教が意外に存在するというのも一方では確かである。安らぎを一切与えない宗教は多い。その種の宗教は、多くの場合、邪悪な魂にのみ関心を寄せる。邪悪な魂を絶えずなだめていないと、死んだり、病気になったり、気が狂ったりすると脅すのである。農作物が被害を受ける、狩りに失敗するなどと脅す場合もある。この世の起源や、来世についての物語を持つ宗教は多いが、すべてがそうであるというわけではない。宗教のすべてが救済を約束するわけではない。死者は、生前、どれほど真面目に生きていようと、死後は永遠にさまよい続ける運命にあるとする宗教も多い。秩序を維持するためのルールを持っている社会は多いが、それが宗教とはまったく無関係に定められていることも珍しくはない。つまり、バーで返ってきそうな答えも役に立たないわけではないが、実際に広く世界中の宗教に照らしてみるとどれも妥当性を欠いているということだ。結局、「すべての人間の文化が宗教を持っているのはなぜか」という根本的な問いへの答えにはなっていない。この問いへの答えを得るには、バーで人に尋ねる以外の方法を探す必要があるだろう。

種類はさまざまであるとはいえ、(無神論までをも含めた) 宗教思想、宗教的習慣がこれだけ広く世界に存在するということは、その原因となるような共通の機能がすべての人間の脳に存在する、と考えていいのではないだろうか。ここでは、そのことについて考えてみたいのだが、まず、私が具体的にどのような話をしようと考えているかを明確にしておこう。私は脳のどの部位が、あるいはどの神経伝達物質が宗教を生み出すことに関与しているか、という話をしたいわけではない。ましてや、宗教に関与している遺伝子はどれかという話をしようというのでもない。今、そういう話をしても、得るものが多いとは思えないからだ。かといって、特定の宗教思想を取り出して、その思想がどのような生物学的背景から生まれたかについて話そうというのでもない。宗教的観念を心に抱き、それを人に伝えるという行動を促すような機能が、果たして多くの人間の脳にあるのか否か、私が話したいのはそういうことである。

脳の「物語作り」は止められない

人間の脳は、進化により、首尾一貫した破綻のない物語を作り上げることに適応している。この「物語作り」の性癖は、宗教的観念が生み出される原因の一つになっている。第4章を読むとわかるとおり、脳には、それぞれ独立したいくつかの感覚情報を統合して、一つの知覚を作り上げる能力がある。たとえば、第4章では物を見る時に目がせわしなく動き、あちこち視点を移す「サッカード」と呼ばれる現象について触れた。ここで脳はトリックを弄している。目がせわしなく動いていれば、本来、私たちが見る世界は非常に途切れ途切れの、ぎくしゃくしたものになるはずだ。目が動いている途中は、目から脳への信号が無視されるので真っ暗になってもおかしくない。しかし、実際にはそうならない。脳は眼球から送られた、ぎくしゃくした細切れの映像を編集してしまう。

信号が無視された空白部分は、後から時間を遡って情報の埋め合わせをする。そのため、私たちには常に途切れない映像が見えているように感じられるのだ。途切れなく流れているように見えるものは、実際には脳が作り出した「物語」に過ぎない。

脳の「物語作り」は、単にサッカードのような低次の感覚情報の操作にはとどまらない。もっと高いレベルの知覚、認知においても、物語作りは行われる。脳にそういう機能があることは間違いないが、それについて、人間の脳、それも健常者の脳で子細に研究するのは困難である。この機能の存在は、脳に損傷を受けた患者の観察によって明らかになることが多い。たとえば、「前向性健忘」にかかった人の場合を考えてみよう。第5章で述べたとおり、この病気の患者は、事実や出来事についての記憶を新たに蓄えることができない。だが、ある時点より過去のことに関する記憶には問題がない。重度の前向性健忘で入院している患者に「昨日は何をしていましたか」と尋ねても、呼び出すべき昨日の記憶はまったく持っていないのだ。しかし、多くの場合、患者は、古い記憶の断片を継ぎ合わせ、首尾一貫した、かなり詳細な物語を作り上げる。「昨日のこと」と称して「古い友人を訪ね、一緒にレストランに行って昼食をとった。私はコンビーフサンドとピクルスを食べた。その後、公園まで散歩したら、スケートをしている人がいた」くらいの話をすることはあり得る。この現象は「作話」と呼ばれるが、実は患者は何も体面を保とうとして、こんなことをしているのではない。ほぼすべての健忘症患者が、自分のする話を事実だと信じており、その話が事実であるという前提で行動をする。

前向性健忘の患者にとって「作話」は、自分の意志によってしていることではなく、解決不能な問題に直面した脳が勝手にしていることだ。記憶に残っている経験を少しずつ組み合わせて物語にしていく。これは、前章で触れた「物語性の強い夢」にも似たやり方である。

一貫性のある物語を作ろうとする力の存在は、「分離脳」の患者の事例でも明確にわかる。分離脳というのは、てんかんのひどい発作を抑える目的で、脳梁と前交連が切断された状態のことである。脳の左半球と右半球をつなぐ軸索の束が切断されてしまうわけだ。分離脳の手術は、あくまで最後の手段とはいえ、ある種の発作を抑えることには驚くほど効果的だった。手術により、左右の大脳皮質の間の直接のコミュニケーションが遮断されてしまうが、左、右それぞれの機能自体は基本的にそのまま保たれるし、大脳皮質より低位の脳に関しては、左右の連絡が保たれる。手術を受けた人にもし会ったとしても、そのことに気づく人は少ない。普通に会話をしているだけでは、何も変わったところは見られないからだ。変わったところは、慎重に調べなくてはわからない。調べるのに特殊な器具が必要になることも多い。

分離脳の手術を受けた患者の知覚、認知についての分析は、一九六〇年代にカリフォルニア工科大学の神経生物学者ロジャー・スペリー（第3章では、同じくスペリーの行った、カエルの視覚の発達についての研究を紹介している）によって始められ、その後も、カリフォルニア大学サンタバーバラ校のマイケル・ガザニガなど多数の研究者によって継続されている。左脳は、通常（右利きの人のほぼすべてと左利きの人の半数においては）、抽象的思考、言語（特に言葉の意味に関わる処理）、算術演算などに特化している。そして、右脳は空間把握、幾何、顔の識別などに特化しており、言葉や音楽、表情などから感情を読み取る能力も持っている。これは、主に脳のさまざまな部位に損傷を負った患者の観察や、健常者の脳のスキャニングなどによってわかったことだ。

左脳と右脳の情報処理が独立して行われていることは、分離脳の患者を観察すると非常によくわかる。それに関しては一つ有名な実験が行われている。分離脳患者に特殊なスクリーンを見せる実験だ。このスクリーンは、左脳にニワトリの爪の画像を送り（つまり、視界の右半分にニワトリの爪を映す。脳内では視界の左右が逆転する）、右脳に雪の積もった冬の風景の画像が送られるようになっている（図8－1を参照）。スクリーンの前には絵の描かれたカードが置いてあり、被験者には、見ている画像に合うカードを手にとるよう指示される。すると、右脳に制御される左手では、雪からの連想でショベルの描かれたカードを手にとる。反対に、左脳に制御される右手では、ニワトリの描かれたカードを手にとることになる。これは脳の左右の半球が、それぞれに画像を認識して、適切な連想をしていることを意味する。被験者に、なぜ、そのカードを選んだのか尋ねた場合、その答えは左脳から返ってくる（話ができるのは言語を扱う能力を持った左脳のみ。右脳には話ができない）が、こんな感じの答えになってしまう。「簡単ですよ。ニワトリの爪が見えたからニワトリを選びました。ショベルは、ニワトリ小屋

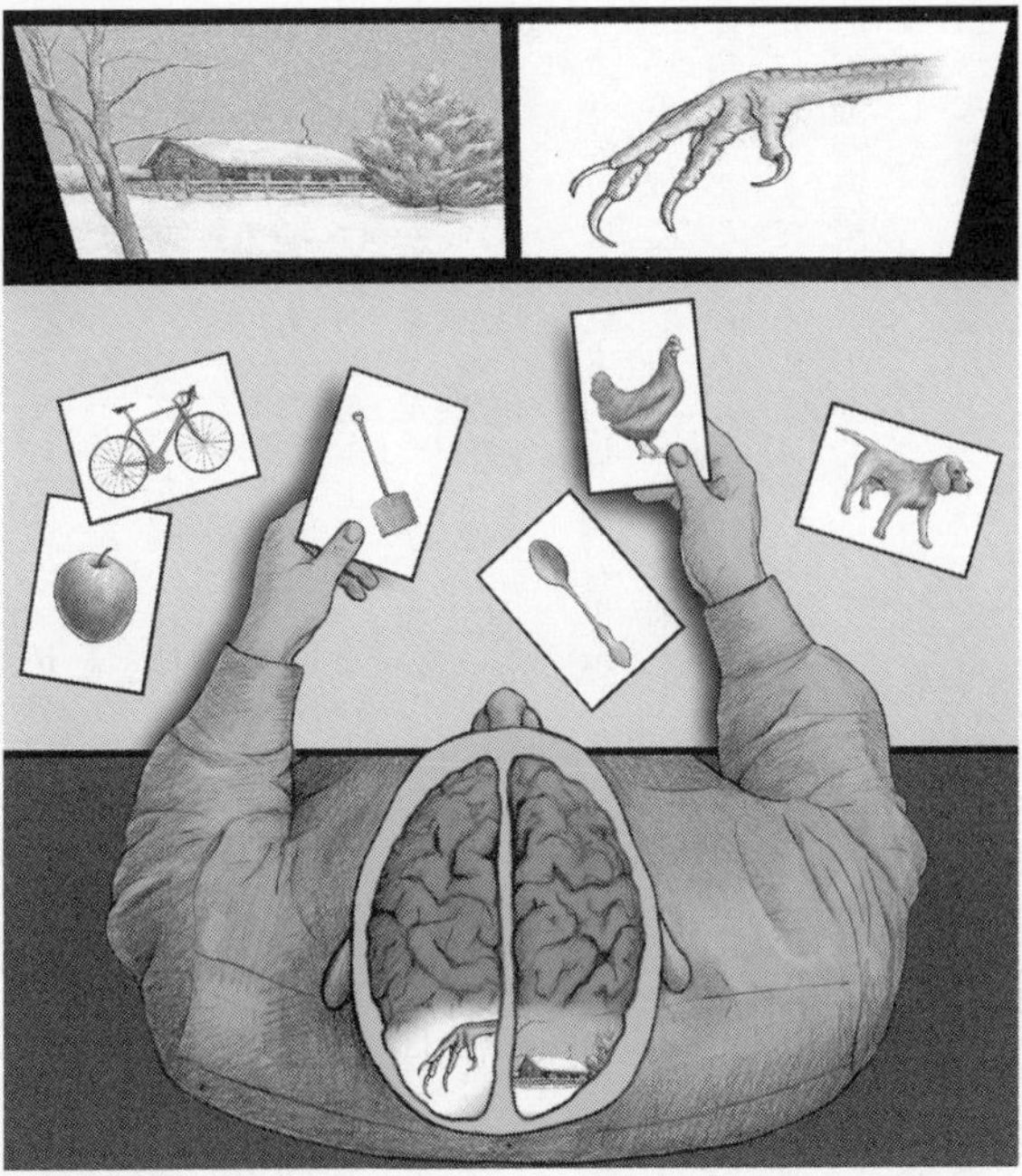

図8-1　分離脳の患者による実験の例。左脳、右脳に違った画像を送り、それぞれに関連するカードを選んでもらう。視界の右半分に映した画像は左脳に、左半分に映した画像は右脳に送られる。つまりニワトリの爪の画像は左脳に、冬の風景の画像は右脳に送られることになる。選んだカードについて、なぜ選んだのかを尋ねると、被験者はショベルのカードに関しては話をでっちあげる。
（イラスト：Joan M. K. Tycko）

の掃除に使いますよね」

いったい何が起きているのか、慎重に考えてみよう。話をしている左脳にはニワトリの爪は見えているが、冬の風景は見えていない。だが、選んだのはショベルとニワトリのカードである。そこで左脳は辻褄を合わせるため、過去に遡って話をでっちあげるのだ。この例は、マイケル・ガザニガの著書『ザ・マインズ・パスト（*The Mind's Past*）』で紹介されていたものだが、ガザニガはこの本の中で「ここで驚くのは、患者の左半球の機能自体には何の問題も生じていない、ということである。本来なら『どうしてショベルを選んだかはまったくわからないですね。バカな質問はやめてください』くらいの答え方をするはずなのだ」と述べている。ところが実際には、被験者はそんな答え方はしない。

ガザニガは他にも同様の例を提示している。分離脳の手術を受けた患者が椅子に座っている状態で、右脳（左耳）に対して「歩き出しなさい」という指示を与えると、患者は椅子を後ろにひき、その場から動こうとするという。この時、左脳（右耳）に「あなたは何をしているのですか」という質問をすると、やはり辻褄を合わせるような一応、筋の通った説明をでっちあげるらしい。「喉の渇きを感じたので、飲み物を取りにいこうとした」「足がつったので動かそうと思った」といった具合である。これは、たまたま一人の患者の場合がそうだったというわけではない。左脳が話をでっちあげる現象が見られることは、それぞれ異なった状況に置かれた一〇〇人以上の患者ではっきりと確認された。

左脳が話をでっちあげるのは、分離脳の患者だけではない。前章で触れた「物語性の強い夢」においては、すべての人の左脳が話のでっちあげをしている。だが、そもそもどうして、夢を物語のようにしなくてはならないのか。夢の目的が記憶の統合、定着にあるのなら、単に記憶の断片をすべてそのまま想起すればいいのではないだろうか。わざわざ、奇想天外な、理屈に合わない物語を展開させる必然性はないように思える。それでも、物語にしてしまうのは、左脳の「物語作成機能」のスイッチを、たとえ睡眠中でも「オフ」にできないからではないだろうか。同じようにスイッチをオフにできない機能は他にもある。小脳に自分の動きによって生じた感覚を弱める機能があることは、本書の第1章で述べたが、この機能もオフにできないものの一つだ。たとえ、その機能がはたらくことが適切でない場面であっても、関係なくはたらき続ける。夢の研究者、デイヴィッド・フォルクスは、『脳は眠らない――夢を生みだす脳のしくみ（*The Mind at Night*）』（伊藤和子訳、ランダムハウス講談社）の著者、アンドレア・ロックに「左脳の物語作成機能は、夢を見ている時、覚醒時よりも華々しい仕事をしている。眠っている時と起きている時とで機能自体に違いはないのだが、物語作りに使う素材が大きく違っているからだ。しかも、自分自身をコントロールできなくなっており、外からの情報も入ってこない。思考を正しい方向に導くものがなくなっている」と話している。

「超自然的な説明」の作用

自分で意識しているか否かにかかわらず、人間が、宗教的観念を抱きやすいのは、左脳の物語作成機能が常にオンになっているため、というのが私の意見だ。宗教的な観念は、その多くが「超自然的な説明」を含んでいる。その観念が、抱いている本人に「信仰」とみなされている場合もあれば、「当たり前の知識」とみなされている場合もある。いずれにしても、日常の知覚や認知の構造、枠組みをはみ出すような特徴を持っている点は共通している。左脳は、わずかな知覚、記憶の断片を継ぎ合わせて物語を作ろうとする。宗教的観念も、やはり物語の一種と言えるだろう。元来、まったく関係のなかった考えや事物がつなぎあわされ、一貫性を持たされた物語だ。一つ一つはごくありふれた物や出来事が物語に姿を変えるのである。パスカル・ボイヤーは、世界各地で実際に信じられている宗教的観念のほとんどは、何らかの超自然的な説明を含んでいると主張している。どれも超自然的な要素を持っているという点を除けば一応、筋の通った説明である。そうした説明はいくつかの種類に分けることができる。たとえば次のような具合だ。

- 処女のまま出産をした女性が歴史上に一人だけ存在する。私たちは、まさにその理由で彼女を崇拝する。

種類——人物に関するもの（処女懐胎）

・全知全能の神が一人いて、あらゆる人の心の声を聞くことができる。

種類——人物に関するもの（全知全能）

・黒檀の木が、そばにいた人間の会話を記憶する。どんな会話が記憶されていたかは、その木の枝を燃やして出た灰の積もり方でわかる。

種類——植物に関するもの（会話の記憶）

元来は互いに無関係の知覚や思考を継ぎ合わせて物語を作ると、自然の法則に逆らうようなものになることが多い。物語性の強い夢では、そのため覚醒時では絶対に起こり得ない出来事が起き、覚醒時とはまったく異なる体験をする。これは左脳の持つ物語作成機能のなせるわざだ。宗教的観念が作られ、社会に広まっていく際にも、同様の機能がはたらくと考えられるのである。この機能は無意識のうちにはたらく。「今、左脳で物語が作られている」などと意識することはない。カーテンの後ろ側で行われていることのように、我々には見えないのだ。

夢は非論理的で、前後のつながり、因果関係もでたらめになる。夢では、超自然的な現象を体験することになるわけだ。覚醒時のような思考の枠組みや、因果律などに拘束されずに事物を作り出し、物語を展開していくことができる。物語を作る機能のはたらきは無意識のものだが、結果としてできる物語は意識にのぼる。

宗教的観念の「物語」も、夢の物語と同じく無意識のうちに作られ、超自然的な要素を持つが、この物語が意識にのぼる際には、「夢」を媒体にすることが多いのではないかと私は考えている。超自然的な夢を見て、それによって、無意識に作り上げられた物語を自分で認識するということだ。意識にのぼった物語を素材にして、まとまった宗教的観念が組み立てられていく。文化を問わず、夢や幻覚剤、トランス状態、踊り、瞑想、音楽などが宗教儀式に関与することが多いのは偶然ではないのだろう。いずれの場合も、通常の覚醒状態から、夢を見ているような状態に移行させ、左脳の作り出した超自然的、宗教的な物語を意識にのぼりやすくしていることになる。

ここで私の意見をさらに明確にしておこう。宗教的な観念はあらゆる文化に存在する。ただし、宗教的観念というのは、結局、どれも極めて個人的なものである。同じ文化に属している人であっても、持っている宗教的観念は一人一人かなり違ってくる。そんなものは一切持たないと主張する人もおそらくいるはずだ。ただし、私は、各人の宗教的観念に対する傾向の違いが、(遺伝的なもの、非遺伝的なものを問わず)一人一人の生物学的な差異によって決定されるとは考えていない。生物学的な差異によって、ある人(またはある集団)が、宗教的観念に対しどのような傾向を持つかが決まってしまうわけではないということだ。確かに宗教的観念自体は個人的なものではあるが、社会、文化からの影響は必ずある。宗教は、人間の脳が進化によって得た構造、機能によって生じたものである。同じ相手と長く夫婦関係を続けること、言語や音楽を持つことなどと同様、人類という種の普遍的な特徴だ。個人のレベルで見ると、細かい違いはあるものの、総じて見れば、人類共通のものであることは間違いない。

「信仰」は、宗教だけの問題ではない。ジョン・ブロックマンは、自身のＷｅｂサイト“edge.org”で、科学者など、学術の世界の人間に対し、「証明はできないが、真実であると信じていることが何かありますか」という質問をした。これには大量の回答が寄せられ、内容も多岐にわたった。そのほとんどは、宗教と直接には関係がない。回答してきた中には、極端な合理主義者、無神論者もいた。どうも人間は、生まれつき、正しいと証明できないことを信じるようにできているらしい。少なくとも、非常にそうなりやすい傾向があるようだ。何かを無条件に信じることが人間の心にとって重要なのだろう。自分を取り巻く世界について理解するためには、どうしても「無条件に何かを信じる」ということが必要なのかもしれない。

科学と宗教の間に軋轢が生じやすいのはなぜだろうか。特に米国では両者の間の軋轢が頻繁に生じている。その理由としてはまず、科学者の宗教に向かう態度があまり謙虚ではないことがあげられるだろう。科学の研究の中には、特定の宗教の基本を成すような「歴史的事実」を真っ向から否定するようなものが多い（ユダヤ教、キリスト教の聖書に出てくる大洪水や、地球の歴史は六〇〇〇年とする説、イブはアダムの肋骨から作られたという話などは、科学によって否定されてしまう）。こうした「歴史的事実」を否定するような発見が科学によってなされたというだけで、宗教の信仰や信者の存在を否定する十分な根拠となる、と考える科学者もいる。だが、科学的に考えて、本当にそれだけで十分な根拠と言えるのだろうか。宗教の聖典に書かれたことがら一つ一つを誤りと証明することは確かに可能だが、宗教の中核となっている人間の信条（神の存在や、不滅の魂の存在を信じることなど）の誤りを証明するなどということは通常、不可能である。宗教の基本となる思想が正しいのか、誤っているのかを証明するのは科学にはできないことなのだ。もし、科学者が、十分な証拠もなしに宗教の信条を否定するようなことをすれば、その行為は科学と宗教の両方に対する冒瀆ということになるだろう。

一方で、宗教の側にも、科学に対する同じような不寛容が見られる。各宗教（たとえば、キリスト教、イスラム教、ユダヤ教、ヒンズー教など）の原理主義者は、聖典に書かれていることを、文字どおりそのまま理解すべきと主張する。彼らにとって科学を否定することは当然であり、強く否定すればするほど良いということになる。強く否定すれば、それだけ自分の信仰心が強いことの証明とみなされるからである。「私には信仰がある。この宗教を心から信じている。誰に何を言われても、何をされても、信仰は揺らぐことはない」と言っていることになるわけだ。彼らは、聖典の文字どおりの解釈と、自然の観察結果との折り合いをつけるため、時折、信じられないことを主張し始める場合がある。たとえば、ケンタッキー州ピーターズバーグの「天地創造博物館」には、ノアの方舟に乗り込もうとする恐竜のつがいが展示されている。

ただし、原理主義者は、科学なら分野を問わず、何にでも目くじらを立てるというわけではない。化学や数学に対しては、まったくと言っていいほど文句を言わない。物理学も同様だ。物理学の何かの学説が基になって教育委員会での議論が白熱したという話はまずない（今後は状況が変わる可能性もある）。議論を呼ぶのは、ほとんどの場合、進化生物学である。進化生物学が、伝統的な創世記に書かれた天地創造神話と矛盾するから、というだけではない。もし、神の介入なしに生命が生み出されたことを認めてしまったら、宗教的な思想をすべて否定することにつながると考えるからだ。宗教が否定されてしまえば、道徳や社会規範といったものが衰退し、その結果、「弱肉強食」の掟だけが世の中を支配するようになると、極論を展開する人もいる。この種の主張をする原理主義者は、信仰が自分と同じでない人間には道徳的な生活を送る能力がないと考えるのである。

残念ながら、それはまったく真実ではない。一人の人が信仰を持ちながら、同時に、進化生物学を含む科学的な世界観も受け入れることは可能だからだ（また、一人の人が、不可知論者、無神論者でありながら、同時に道徳的ということもあり得る）。科学と相容れないのは、原理主義的な宗教だけである。幸い、世界の宗教指導者の大半は、科学思想と宗教思想は必ずしも互いに排他的なものではないと認めている。チベット仏教の最高指導者ダライ・ラマは「仏教が誤っているという証明が科学によってなされた場合には、仏教は変わらなくてはならない」と発言した。イングランド、スコットランド、ウェールズなどでは、カトリックの司教が「我々は聖書の文言が科学的、歴史的に見て完全に正確であるとは考えていない」という、原理主義的なキリスト教徒とは対照的な発言をしている。彼らは、聖書の中でも、人間の救済について触れた部分、魂は神から授かったものであるとする部分は真実であると考えているが、「聖書が、宗教そのものと直接関係のない細々とした部分までを含めてすべて正確であるとは期待していない」とも述べている（英国の出版社カトリック・トゥルース・ソサエティ発行の『ザ・ギフト・オブ・スクリプチャー（*The Gift of Scripture*）』という書籍より引用）。ローマ法王も、科学の世界で多数の合意が得られている進化論が正しいものと認めている。そして一方で、科学が説明するのは、人間の生物としての側面だけであり、人間の精神の神秘に触れているわけではない、と言っている。極めて妥当な態度と言えるだろう。

正しいと証明はできないが信じていること、というのは誰にでもある。何か証明できないことがあると、いい加減な実験や観察をでっちあげて「自分は証明した」と言い張る人間が現れやすくなる。いわゆる「似非《えせ》科学」が生まれやすくなるわけだ。これは宗教の信仰とは違ったものである。ただ、両者には似通った部分もある。原理主義的な宗教指導者も、似非科学者も、共通しているのは、人に何かを信じ込ませようとするところだ。どちらも、人間の脳の持つ特性が背景にある。私たちの脳は、何かを信じるように進化しているのだ。

第9章　脳に知的な設計者はいない

インテリジェント・デザイン論の誤り

長年にわたり、米国の政治、宗教の世界においては、必ず一部に進化生物学を強く敵視する人がおり、それが米国の特徴のようになっている面もある。他の国々では、それほどの敵意は見られないからだ。他国では、宗派を問わず、キリスト教指導者の大半が、すでに進化論との和解を果たしている。「現在地球上に存在する生物は、すべて約三五億年前に発生した共通の生物を祖先としている」、また「生物は、遺伝子のランダムな突然変異と自然選択によってゆっくりと変化していく」という考えを概ね、受け入れているわけだ。ローマ法王の故ヨハネ・パウロ二世は一九九六年、「真実と真実の間に矛盾があってはならない」と題されたローマ法王庁科学アカデミーでの演説において、この点に触れている。演説の中で法王は「あの回勅（ピウス一二世の一九五〇年の声明。進化論とキリスト教の教義の間に対立はまったくないとした）の発表からすでに半世紀近くが過ぎました。新たな知識も得られ、進化論はもはや単なる仮説を越えたものという認識が広まっています」と述べた。

だが、原理主義的なキリスト教徒は、いまだに「創世記」の記述を文字どおり解釈することに固執している。そして長年、生命の起源についての聖書の説明が、米国の公立学校で教えられるよう画策を続けてきた。この試みは、教会と国家の分離を定めた憲法に反するとして、裁判で何度も退けられているのだが、それを受けて「科学的創造論」という新たな戦略も生まれた。原理主義者グループ「アメリカン・クリスチャンズ」は、地質学的、生物学的な記録を注意深く調べると、「創世記」に書かれた物語が正しいとわかるという主張を試みた。つまり、地球の年齢は六〇〇〇歳であり、すべての種は同時に作られていて、絶滅して化石のみが残っている生物が数多く存在するのは、ノアの洪水が原因というわけだ。だが、この試みもやはり失敗に終わった。この主張を科学的に支持する証拠を提示できなかったのである。進化生物学者ジェリー・コインの「米国の裁判官は、表向きは白衣を着ていると見せかけて、下には密かに聖職者用カラーを身に着けているのではないか」といった批判発言もあり、科学的創造論を学校で教えるという構想は挫折した。

一九九〇年代には、また新たな戦略が考え出された。あからさまに宗教に言及すると、裁判所に拒否されてしまうとわかったことから、原理主義者グループ「クリスチャン・アカデミクス」は、あえて一歩退くことにした。実は進化生物学を否定し、聖書の正しさを主張することを目的としているのだが、表面的には「科学的」なものに見えるという理論を打ち立てようとしたのだ。この理論を「インテリジェント・デザイン論（知的設計論）」と呼ぶ。インテリジェント・デザイン論では、創世記の「地球の歴史は六〇〇〇年」「ノアの洪水によって数多くの生物が絶滅した」というような、科学的に見て明らかに受け入れがたい部分を支持するわけではない。インテリジェント・デザイン論の支持者は、広く世の中に語りかける際、神や宗教には一切、言及しないよう細心の注意を払う。ただ、ランダムな突然変異と自然選択のみから生じたにしては、生物はあまりに複雑過ぎ、あまりに巧みに作られ過ぎていると主張するのだ。これだけ洗練され、複雑なものが作られたからには、非常に賢明な設計者がいたとしか考えられないという。それが誰であるかはわからないが、知性を備えた設計者が生物を作ったに違いないというわけだ。この理論では、生物が徐々に変化をしてきたこと、その証拠が化石として残っていることなどは認められる。そして、すべての生物が遺伝的につながっていることも認められる。ただ、生物の変化を促す力についての考え方が進化論とは異なるというわけだ。

しかし、インテリジェント・デザイン論には重大な問題がある。自らは科学理論であると称しているのだが、科学理論になっていないのだ。この点に関しては、ローマ法王の故ヨハネ・パウロ二世が、次のような非常に的を射た発言をしている。「観察の結果として導き出されたものでない理論は、メタ科学的なものと言うべきである。たとえ観察結果と一致していても、観察の結果導き出された理論とは区別される。それぞれに無関係なデータや事実を関連づけ、すべてを一つの理論でまとめて説明するということは確かに可能である。だが、その理論が妥当なものかどうかは、それが反証可能かどうかにかかっている。理論は、絶えず繰り返し事実に照らして検証されなくてはならない。もし、その理論で事実を説明できない場面があったとすれば、それは理論に限界があるか、理論が不適切なものであるということを意味し、再考の必要があるということになる」(ローマ法王庁科学アカデミーでの演説より。一九九六年一〇月二三日)。

進化論は科学理論と言える。反証可能だからだ。もし、ジュラ紀にヒト科の動物が存在していたことを示す骨の化石が発見されたとしたら、進化論が誤りであることが証明される。しかし、インテリジェント・デザイン論はそうではない。生物の設計について主観に基づいて推定しており、実験や観察による反証ができないからだ。宗教団体や政治団体から潤沢な資金を提供されながら、インテリジェント・デザイン運動において、その主張を強化するためのフィールドワークや研究室での実験が行われることはないが、それは驚くにはあたらない。本や論文が書かれ出版もされており、数理モデルも作られていて、「いかにも科学」という体裁は整えられているのだが、本質のところでまったく科学とは言えないのである。

インテリジェント・デザイン運動の目的は、あくまで科学的に進化論に異議を申し立てることとなのだろうか。それとも、単に天地創造説の受け入れられにくいところだけを削って、科学的に見せたいだけなのだろうか。一応、科学的に見えれば、裁判の場で争うことができると考えているだけなのか。インテリジェント・デザイン論の提唱者は、公聴会や公の議論の場では、注意深く宗教については言及しないようにしているが、原理主義的なキリスト教徒相手の演説では様相がかなり違ってくる。インテリジェント・デザイン運動の創始者の一人であるカリフォルニア大学バークリー校のフィリップ・E・ジョンソンは、ＡＦＲ（クリスチャン向けの放送局）の番組で「インテリジェント・デザイン論は、元来、神の実在を主張するものだが、我々の戦略は主張の質を少し変えることで、学問の世界、学校で取りあげてもらえるようにすることだった」と発言している（二〇〇三年一月一〇日放送）。やはりインテリジェント・デザイン運動の有名な提唱者であるサザンバプティスト神学校のウィリアム・デムスキは、「インテリジェント・デザイン論では当然のことながら、この世界への神の関与を認める。実のところ、インテリジェント・デザイン論とは、ヨハネ福音書の神学的な理論を情報理論の用語で再記述したものにすぎない」と述べている（キリスト教雑誌『タッチストーン』一九九九年七月号）。

インテリジェント・デザイン論は、表向きはれっきとした科学理論に見えるよう巧みに作られており、宗教の特定の教義との関係も見えないよう隠蔽されている。そのため、政治家や教育委員が真意を隠して公正さを装い、「非常に興味深い科学論争ですから、生徒には両方の理論を提示しましょう」というような発言をする際の格好の道具になる。

たとえば、二〇〇二年三月、当時上院議員だったリック・サントラム（ペンシルヴァニア州、共和党）は、「インテリジェント・デザイン論の提唱者は、科学を通じて宗教を教えようとしているわけではない。科学的に見てダーウィニズムの代替となり得るよう、彼らの理論の妥当性を確立しようとしているだけだ」と言っている。二〇〇五年八月には、ジョージ・W・ブッシュ大統領（当時）がこの問題に介入し、「両方の理論を学校で教えるべきだろう……どこが論点なのか皆がよく理解できるようにすべきだ」と述べた。

仮に、生物を設計したのが本当に知性を持った存在（ユダヤ教、キリスト教で言う神でもいいし、天使でも、イスラム教のアッラーでも、地球外生物でもいい）であるとしよう。そうだとすれば、理性、道徳、信仰が宿る場所である「人間の脳」を見れば、その設計がどのようなものか非常によくわかると考えていいだろう。人間の脳は、重さ一・五キログラムほどの組織だが、認識、分類、他人とのコミュニケーションなど多様な処理ができ、世界最高のスーパーコンピュータにも不可能な芸当を難なくやってのける。極めて優秀なハードウェア、ソフトウェアのエンジニアによって設計、プログラミングされたスーパーコンピュータにも、ある面では勝っているわけだ。これは、脳が、さらに優れたエンジニアによって作られたことを意味しているのではないだろうか。

インテリジェント・デザイン論者の言うことは主に次の二つだ。まず、先に触れたとおり、ダーウィンの言うような進化によって生物が生じることはあり得ないということ。

彼らは生物の構造が「還元不可能なくらい複雑」であることを重視している。「還元不可能」というのは、「部分に分けることができない」という意味である。たとえば、生物の構造（ニューロンのイオンチャネルや、バクテリアの鞭毛など）からある一部分を取り除いたとしたら、その構造は少し機能が落ちるのではなく、まったく機能しなくなってしまう。こんな複雑な構造が、ランダムな突然変異や自然選択によって徐々に生じてきたなどということが想像できるだろうか、ある構造を完成させようとしても、その途上で挫折してしまうのではないか、と彼らは言いたいわけだ。インテリジェント・デザイン論者の主張の二つ目は、ランダムな突然変異と自然選択では、DNAの既存の情報が別のものに入れ替わることはあっても、新たな情報が追加されることがないということだ。DNAの情報が増えなければ、環境に適応するのに必要なだけの複雑さを生み出すことはできないというのである。こうした問題を回避して今日あるような生物を作り出せるのは、知性を持った存在だけというのが彼らの考え方だ。

分子進化、情報理論の専門家（私はそのどちらでもないが）は、インテリジェント・デザイン論者の主張の誤りを、精緻な論理で証明している（詳しくは、本書の「参考文献」にあげた資料で確認して欲しい）。私は、生物の「還元不可能性」を根拠とした主張への反論として最も説得力があるのは、「生物は複雑とはいっても、還元不可能というわけではない」というものだと考えている。注意深く観察すれば、それがわかるのだ。たとえば、バクテリアの鞭毛（むちのような形の毛で、バクテリアは、この鞭毛を動かして液体の中を移動する）だが、後に現れたバクテリアほど複雑な構造の鞭毛を持つということがわかっている。多くの場合、鞭毛のような複雑な構造は、元々他の構造（イオンポンプなど）に関与していた遺伝子がランダムに複製されることによって生じる。複製が起き、遺伝子の突然変異が蓄積することにより、徐々に新しい構造（鞭毛の構成部品など）が作られていくのである。

もう一つの、「DNAのランダムな突然変異と自然選択では、環境適応に必要な複雑さを生み出せない」という主張はもっともらしいように見えるが、実はそうではない。この主張が正しいとすれば、それは、進化の過程が、ある種「パターンマッチング」の作業〔あらかじめ設定したパターンに当てはまるものを探していく作業のこと〕のようなものになっている場合だけである。実際にはそんなことはない。進化は、目や腎臓、脳などの複雑な構造をあらかじめ定められたとおりに作ろうと努めるわけではないのだ。進化には特定の目標はない。進化は、遺伝子の複製と淘汰によって結果として生じるだけのものだ。子孫をうまく残せるか否かで結果が決まるということだ。複雑な構造ができることで、環境への適応度が向上し、遺伝子がうまく複製できるようになれば、その構造は淘汰されずに残ることになる。だが、もしその構造を破壊した方が適応度の向上ができるのであれば、構造はすぐに破壊、もしくは改造される（洞窟で暮らしている魚の目がまったく機能しないのはそういう理由からである）。

インテリジェント・デザイン論者の言いたいのは、要するにこういうことだ。「見てみろ。生物は実によくできているじゃないか。こんなものがちゃんとした設計もなしにできるわけはない」。生化学者、マイケル・ベへは、ニューヨーク・タイムズ紙のコラム（二〇〇五年二月七日号）でインテリジェント・デザイン論を擁護して、「生物には、これだけ明確に設計の痕跡があるのだから、話は呆れるくらいに簡単なのではないだろうか。アヒルのように見え、アヒルのように歩き、アヒルのように鳴くのなら、そして、そうでないことを示す説得力ある証拠がないのなら、私たちはそれをアヒルであると結論づけてよいのではないだろうか。設計の痕跡も、あるのは明白なのだから、見過ごすわけにはいかないだろう」と書いている。べへは、インテリジェント・デザイン論こそ、生物の構造に対する当然の説明であり、もしそれとは異なる説明をしたいのであれば、その説明が成り立つことを証明する必要があると言いたいわけだ（図9－1を参照）。

だが、生物の構造に設計の痕跡があるというのは、果たしてそれほど明白なことなのだろうか。この場合、脳を例にとるのが最も良いと思うが、脳はさまざまな側面から見て、もし誰かが設計をしたのだとしたら、「悪夢」と言えるくらい酷いものである。なぜそう言えるかは本書ですでに話したが、ここでもう一度振り返ってみよう。たとえば人間の脳を他の脊椎動物の脳と比べてみると、脳は、ほぼ単なる「継ぎ足し」「寄せ集め」の産物であることがよくわかる。トカゲの脳とネズミの脳には違いがあるが、その違いは「全面的な設計のし直し」によって生じたものではない。ネズミの脳は、基本的にはトカゲの脳を土台に、新たな部品を継ぎ足しただけのもの、と言ってかまわない。

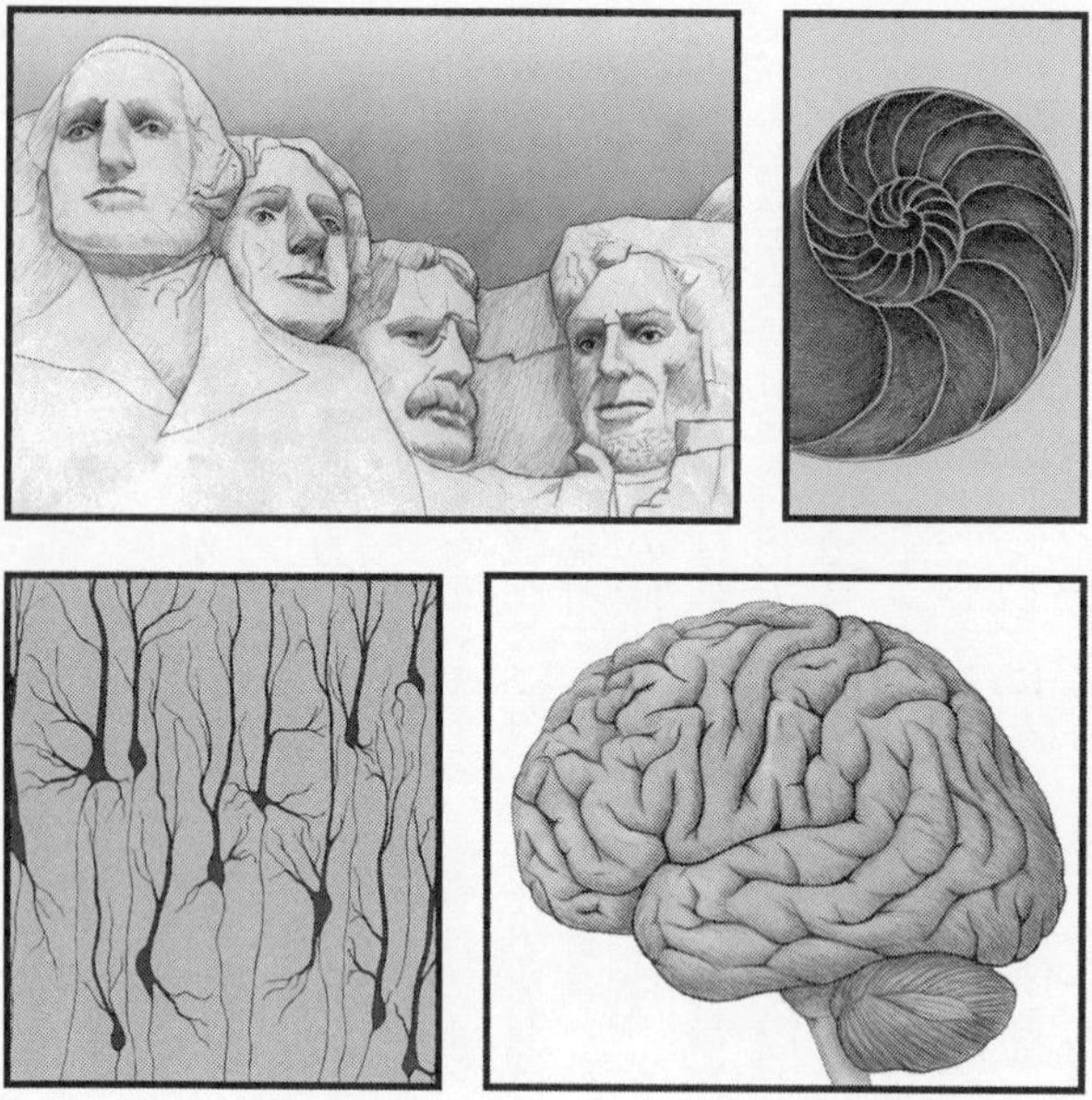

図 9-1　知的な設計者がいるのはどれか。インテリジェント・デザイン論者は、ラシュモア山の大統領の彫像（左上）を好んで例に使う。「この彫像に知的な設計者が存在することは、特別な実験をしなくてもわかるではないか」と言うのである。生物の構造にも、同様に知的な設計者がいることは、実験などしなくても、オウムガイの殻（右上。ここに示したのは断面）、大脳皮質のニューロン（左下）、脳（右下）などを一目見ればわかる、と言いたいわけだ。
（イラスト：Joan M. K. Tycko）

同様に、人間の脳も、基本的にネズミの脳を土台に、部品を継ぎ足しただけのものと言える。こういう事情から、我々人間の脳には、二つの視覚システム、二つの聴覚システム（一方は古いもの、もう一方は新しいもの）が詰め込まれることになってしまった。脳は、進化の各段階で一すくいずつ積み重ねられてきたアイスクリームのような構造になっているのだ。

脳が誰かの意図的な設計によって作られたものでなく、単なる偶然の産物であるということは、細胞レベルで見るとさらに明らかになる。ニューロンの仕事は、電気信号を受け取り、他へ伝達することである。だが、この点に関して、ニューロンはどう見ても良い仕事をしているとは言えない。まず信号の伝達速度は遅い（銅線の一〇〇万分の一程度）。信号の周波数帯域も狭い（一秒間に〇〜一二〇〇スパイク程度の帯域しかない）。しかも、信号が周辺に漏れるということも起きる。平均すると、信号を目的地に到達させられる確率は三〇パーセントほどである。電気機器として、ニューロンは極めて非効率なものと言わざるを得ない。

インテリジェント・デザイン論者にとって、人間の脳は、地球上で最も高度に設計された構造なのかもしれない。しかし、実際には、システム全体のレベルでも、細胞のレベルでも、とてもそんなものではない。むしろ、「ルーブ・ゴールドバーグ・マシン（単純な作業をわざと回りくどく行うような装置のこと。米国の漫画家ルーベン・ルーシャス・ゴールドバーグの名にちなむ）」の一種とでも呼ぶべきものだ。当然のことながら、インテリジェント・デザイン論者の中には、この点に関して逃げ道を用意している人もいる。マイケル・ベへは、この点に関し「設計には、奇妙に見える部分もあるかもしれないが、それも理由があって設計者が意図的にしたことだ。芸術上の理由なのか、趣向を凝らしたのか、能力の誇示のためか、それとも、まだ我々には察知できない、想像もできない何か実用的な理由があるのかもしれないし、そうでないかもしれない」と書いている。この発言は、こう言っているようにも聞こえる。もし生物システムが一見して素晴らしい作りになっていれば、それは知的な存在が設計したものに違いない。また、よくよく調べてみて、それが珍妙で非効率な仕掛けになっていたとしても、やはりそれは知的な存在が設計したものと考えて間違いない。ユーモアのセンスで少し変わったことをしただけだ。

まったく逆の真実

ではいったい、本当のところはどうなのか。現在では、人間、マウス、線形動物、ハエなどについてはゲノムの配列が完全にわかっている。ゲノムの配列を見ると、実は進化論にとって非常に有利なことがわかるのだ。遺伝子がランダムに複製され、突然変異が生じることが、やがて新しい構造を発生させるのにつながる、ということは先に述べたが、今なら遺伝子が複製される場面を目撃することも可能である。突然変異の結果、もはやタンパク質をつくれない状態になってしまった機能不全の遺伝子（「偽遺伝子」と呼ばれる）なども見ることができる。そして、突然変異によって、その種に新たな機能をもたらすようになった遺伝子も見ることができる。

今はまだ、ゲノムの配列がわかるようになってから、ほんの数年しか経っておらず、遺伝子のはたらきについては、わかっていないことが多い。遺伝子が組織の構造や機能をどう決めるのか、遺伝子の表現に環境がどう影響するかについてもわからないことは多い。遺伝子と環境の関係、遺伝子と脳の構造、機能の関係などについての我々の知識は、まだごく初期の段階にある。とはいえ、遺伝子の変異が脳の構造に与える影響が顕著にわかる例がいくつか見つかっていることも確かだ。中でも、最も顕著なのがASPM遺伝子である（この遺伝子については第3章でも触れた）。先述のとおり、この遺伝子は細胞分裂に関与するタンパク質を作る。このタンパク質は、細胞の分裂にとって重要な「紡錘体（細胞分裂時、染色体の形成に使用される構造）」と呼ばれる構造の生成を助けるものだ。皮質幹細胞が皮質ニューロンになるまでに何度の細胞分裂をするかは、このASPM遺伝子が決める。つまり、大脳皮質のサイズの決定に重大な影響を与える遺伝子なのである。ASPM遺伝子に突然変異が起きると、小頭症になる。また、これもすでに述べたが、ASPM遺伝子によって作られるタンパク質の中でも重要なのは、「カルモジュリン」と呼ばれるメッセンジャー分子を結合させる部分である。カルモジュリンの結合に関わる領域は、線虫のASPM遺伝子には二つ（どちらも同じもの）存在する。ショウジョウバエだと、同じものが二四個、人間では七四個存在する。チンパンジー、ゴリラ、オランウータン、マカクザルのASPM遺伝子を丹念に調べると、ASPM遺伝子の進化、特にカルモジュリンの結合に関わる領域の進化が、とりわけ大型類人猿で加速されていることがわかる。したがって、ASPM遺伝子が、大脳皮質を大きくする進化において重要な役割を果たしている可能性は高いだろう。今後、数年のうちには、脳の構造の進化に関わる遺伝子がすべてわかり、推測で話をする必要はなくなるかもしれない。

脳の進化を含め、進化の存在を強く裏付けるゲノム情報がすでに見つかっている状況を、インテリジェント・デザイン論者はどう説明するのだろうか。ベへの説明はこうである。生命の設計者は、はるかな昔、何種類かの単純な生命体だけを作り、手を出すのをやめてしまった。そして、その後は進化が起きるのに任せたというのだ。彼の説明だと、人間は、チンパンジー、ネズミ、ハエ、線虫など、あらゆる生物と同じ祖先から進化したのを認めたことになり、設計者の作業は少なくとも六億年以上前に完了していたことになる。設計者による創造と進化の両方が起きたとすると、設計者の意図がどこにあったのかがよくわからなくなる。すべては悪い冗談だったということにもなりかねない。ベへの主張はかなり無理があり、苦しいものと言わざるを得ないだろう。いくつかの理論の寄せ集めでしかなく、攻撃することもできないが、かと言って、そこから何かがわかるというものでもない。反証不可能なので、言うまでもなく正確には科学理論と呼ぶこともできない。だが、驚くにはあたらないが、これでも他のインテリジェント・デザイン論者（ウィリアム・デムスキやフィリップ・E・ジョンソンを含む）に比べれば譲歩した方だと言える。彼らは相変わらず、ダーウィンの言うような進化では生物など生み出せるはずがない、という考えに固執している。

おそらく、何より問題なのは、生物に「驚異」の要素があることだろう。実際、人間の脳のような組織は存在自体に深く驚嘆させられる。この組織が「人間らしさ」を生み出していること、そのことがまさに驚異である。なので、そこに神が関わっていると考える人がいても、何も不思議はない。脳に心が宿る理由の説明を、（検証可能、反証可能な）科学的なものでなく、（検証も反証も不可能な）宗教、信仰に基づいたものにしようとする人がいるのは当然かもしれない。ここで面白いのは、誤った物語にもいろいろと種類はあるにもかかわらず、インテリジェント・デザイン論の誤り方は、その中でも最もあからさまな誤り方であることだ。一八〇度、間違っていると言ってもいい。我々人間には確かに並外れた能力がある、感情を持ち、外界で起きていることの認知もできる。だが、こうした能力が、一人の「偉大なエンジニア」によって与えられるというのは、最もあり得ないことなのだ。我々の脳は完璧なものでも、非のうちどころのないものでもないし、ゼロから十分な吟味の上で作られたものでもない。実際には、すべてが間に合わせ、その場しのぎ、寄せ集め、次善の策の産物なのだ。我々が最も「人間らしさ」を象徴すると思っている特徴（愛すること、記憶すること、夢を見ること、宗

［脳の設計の進化上の制約］

1. 脳をゼロから設計し直すことはできない。必ず既存のものに新たな部分を付け加える、という方法を採らなくてはならない。
2. 脳にいったん持たせてしまった機能を「オフ」にするのは非常に難しい。たとえ、その機能が負の効果をもたらすような状況でも、なかなか「オフ」にはできない。
3. 脳の基本をなすプロセッサであるニューロンは処理速度が遅く、信頼性も低く、信号の周波数帯域も狭い。

脳に高い処理能力を持たせるには、ネットワークを複雑にし、サイズを大きくしなくてはならない。そのため、誕生時、胎内で十分に成熟してしまうと、産道を通り抜けられなくなる。

500兆のシナプスを持つネットワークはあまりに複雑すぎ、その構造をすべてゲノムで指定することは不可能。

脳内のネットワークの構造の多くの部分が、経験によって決まる。

経験によってニューロンの配線を決める仕組みは、成長後も残り、少し修正されて記憶の蓄積に使われる。［記憶］

記憶を有用なものにするためには、古い記憶と新しい記憶の統合や、感情との関連づけが必要。記憶の統合、定着は、夜間、感覚情報があまり入ってこない睡眠中に行うのが最良。

非論理的で、奇想天外な物語が夢の中で展開される。［夢］

人間の子供は、脳が非常に未熟な状態で生まれて来ざるを得ない。

人間の子供時代は長く、長期にわたり、親からのさまざまな援助を必要とする。

人間は、排卵周期のどの時期でも性交し、長期にわたり夫婦関係を維持する。［愛情］

左脳の物語作成機能は常に「オン」になっている

左脳の物語作成機能は常にオンになっており、わずかな知覚、記憶の断片をつなぎあわせて物語を作ろうとする。その物語は夢の中などで、時に超自然的なものになる。これが宗教的観念を生む。［神］

図9-2　愛情、記憶、夢、神は、脳に対する進化上の制約から生じた（この表は、本書で述べてきたことの要約になっている）。

教を持つことなど。図9－2を参照）は、どれも、何百万年という進化の歴史の中で「その場しのぎの対策」が無数に積み重ねられてきた結果として生じたものなのである。だが、進化の道筋が曲がりくねっていたにもかかわらず、その場しのぎの対策だけで作られたにもかかわらず、我々はこれだけの思考力と感情を持ち得た、などと考えるのは正しくない。真実はまったくの逆で、進化の道筋が曲がりくねっていたからこそ、その場しのぎの対策の寄せ集めだったからこそ、我々は今のような姿になったと考えるべきなのである。

エピローグ――「中間部分」の欠落

脳に関しては、本書で取りあげた以外にも、言語、脳の老化、病気、向精神薬、催眠、プラシーボ効果など、魅力的なトピックが数多くある。どれも簡単に書いて済ませるわけにはいかないものなので、本書をとんでもない大著にしないためには、自制心を発揮してトピックを慎重に選ぶ必要があった。また、すでにおわかりのとおり、重要なのは現在の生物学のレベルでは、脳の高次の機能に関してはまだ十分に説明できない場合が多いということだ。しかし、脳で起きていることを、分子レベル、細胞レベルから、意識のレベルに至るまで、切れ目なくほぼ完全に説明できるトピックも増えてきている。それに興味を惹かれる人は多いだろう。中でも私が気に入っているのは、トウガラシを食べた（または触った）時に我々が得る感覚の話である。トウガラシを食べた（触った）時に得られる感覚は、熱い物を食べた（熱い物に触った）時に得られる感覚と同等なものだ。英語のように「辛い」と「熱い」を同じ単語（どちらも“hot”）で表現する言語もあるくらいなので、比喩的に言っているのだろうと思うかもしれないが、そうではない。どんな言語を使っているか、どんな文化に属しているかにかかわらず、人間がトウガラシの「有効成分」であるカプサイシンに触れた時、それによって得られる感覚は「熱さ」である。生物学的に言えば、そういうことになるのだ。「口の中に、温度を感じる神経細胞とカプサイシンを検知する神経細胞があり、両方の神経細胞が脳内の同じ部位につながっていて、その部位が活性化すると『熱い』という感覚が生じるのではないか」などと考える読者がいるかもしれない。だが、その説明はまったく正しくないことがわかっている。真相はこうだ。口の中へとつながる（ただし一部は皮膚など別の場所にもつながる）神経には、カプサイシンやそれに類した化合物に対応する受容体がある。この受容体は、「バニロイド受容体」と呼ばれる（バニロイドは、カプサイシンやそれに類する化学物質の総称）。バニロイド受容体は、カプサイシンによって活性化するが、それだけでなく、熱することによっても活性化し、どちらの場合も同様に「熱い」という感覚情報を生じさせる。この受容体の存在で、我々が日頃、カプサイシンに関連して経験することはほぼすべて説明できる。辛い物を食べた後に熱いお茶を飲むと実際よりも熱く感じる理由もすぐにわかる。受容体が、熱とカプサイシンの両方で異常に活性化されているわけだ。同じようなことは、メントール受容体（冷感受容体）にも言える。各国共通で、メントールを含む物を食べた時などに「冷たい」と表現するのは、このメントール受容体が冷たさとメントールの両方によって活性化されるためである。

残念ながら、我々の日頃の行動や経験について、これほど完璧に、簡単に生物学的な説明ができることは、まだ珍しい部類に入る。ほとんどの場合は、完璧にはほど遠い説明しかできない。たとえば、本書の第5章では、学習や記憶について触れた。海馬に損傷を受ければ、事実や出来事に関して新しい記憶を蓄えられなくなるということはわかっている。また、記憶の蓄積のためには、海馬のシナプスで、ある化学変化が起こり、それによって生じたニューロンの活動パターンにより、NMDA型グルタミン酸受容体が活性化されなくてはならないこともわかっている。この受容体が活性化されると、何段階かの化学変化を経て、活動したシナプスの強度が下がる、あるいは上がるということが起き、強度が上がった状態、または下がった状態が長期間持続する現象が生じる。この現象を、LTP（Long-Term synaptic Potentiation＝長期シナプス増強）、LTD（Long-Term synaptic Depression＝長期シナプス抑制）と呼ぶ。この分子レベルでの現象が宣言的記憶に関与していることまでは現在でもすでにわかっている。動物に、NMDA型グルタミン酸受容体の活性化を阻害する薬剤を投与すると、事実や出来事に関する記憶を新たに蓄積できなくなるからだ。

一見、これで十分な説明のようにも思えるが、そうではない。中間の部分がすっぽりと抜けているからだ。海馬でシナプスの強度が変わったことから、どうやって事実や出来事の記憶が生じるのだろうか。我々が日頃、何気なく思い出している記憶が、どうやって生じるのか。シナプスの強度が上がる、下がるという時、分子レベルでどんなことが起きているのかは説明できる。そして、シナプス強度の変化を阻害してみれば、確かに記憶障害が起きるのでそれが記憶に関係があることはわかる（ただ他にも、おそらく、阻害することで記憶障害が起きるような現象はある）。だが、シナプス強度の変化から、記憶の発生にいたるまでの間にどのような現象が起きるのか、それについての知識は今のところないに等しい。こうした「中間部分」が、脳科学者にとって大変な曲者、厄介者なのである。困ったことに、この中間部分の問題は、何も学習や記憶に限った話ではない。複雑な認知、知覚の現象には、同じように理解の欠落が見られることが多い。

これは少々、気の滅入る話なので、本の最後にするべきではないかもしれない。脳科学は、急速に進歩しており、我々の行動や日常の経験の背後にある化学反応、細胞のはたらきなどは、かなり特定できるようになってきている。ただ、すでに述べたとおり、そうした化学反応のレベル、細胞のはたらきのレベルから、行動、経験のレベルまで、中間部分の欠落なしに説明できるケース、システムや回路が完璧に理解できているケースはまだ稀だ。この「中間部分」は、脳科学者にとっての「聖杯」のようなものかもしれないが、聖杯が見つかる見込みのあるケース、欠落のない説明ができそうなケースもないわけではない。次にそうした例を見てみよう。目の筋肉の制御に関わる、ある種の「学習」についての例である。

ここで紹介する例は、有名な「パブロフの犬」の実験に似ている。パブロフの犬の実験では、まず犬にベルの音を聞かせる。その音に対し、犬は取り立てて何の反応も示さない。だが、犬にえさを与えると、反射的に唾液が出る。ベルの音を聞かせ、その直後にえさを与えるということを何度も繰り返すと、犬は学習し、二つの刺激を関連づけるようになる。そして、ただベルの音を聞いただけで、唾液が出るようになるのだ。心理学者は、この簡単な形態の学習を「古典的条件づけ」と読んでいる。これは、非宣言的記憶の一種だ。仮に人間（ラット、マウス、ウサギでもよい）を実験室に連れて行き、ほどほどの大きさのベルの音（当たり障りのない音ならば、他の音でもよい）を聞かせても、特別な反応は何も見られないだろう。だが、急に強い風が目に当たったら、反射的に瞬きをするはずだ。本人がそうしようと思うわけではないが、自動的にそうなってしまう。健康診断で、膝をハンマーで軽くたたくという検査があるが、あの時、足がひとりでに上がってしまうのと同じだ。では、ベルの音を〇・五秒間聞かせた後、目に風をあてるとどうなるか。これを繰り返すと、パブロフの犬のえさと同様、ベルの音と風を関連づける学習が行われる。つまり、ベルの音の後、目に風ということを何度も繰り返すと、やがてベルの音を聞くだけで、風が来ることを予期して瞬きをするようになるのだ。これは「連想瞼条件づけ」と呼ばれるが、学習のさせ方が極めて重要である。ベルの音だけをずっと聞いていても、目に風だけをあてていても無意味だ。また、たとえベルの音と風の両方があっても、タイミングが大きくずれていれば学習は行われない。学習後、瞼は完全に無意識に動くようになり、本人には制御できない。ベルの音がすると、どうしても瞬きをしてしまうのである。

なぜこの種の学習が起きるのか、それについては長年、数多くの研究機関で調べられており、かなりの成果があがっている。たとえば、目に風があたる時には、脳内の「下オリーブ（本当にこういう名前なのである。昔の解剖学者には、随分とかわいらしいところがある）」と呼ばれる部位の一群のニューロンが活性化する。ウサギの脳で、電極を使い、この部位を人為的に活性化させれば、風をあてる代わりになり、それを学習に使うことができる。一方、ベルの音は、脳幹の一群の細胞を活性化させる。「苔状線維」と呼ばれる軸索がのびる細胞だ。風の場合と同様、この苔状線維を電極で人為的に活性化させれば、ベルの音を聞かせる代わりになる。条件づけ学習のためには、ベルの音についての信号と、風についての信号が脳内のどこかで出会う必要がある。そして、両方の信号（どちらか一方ではいけない）が出会うことで、ニューロンの回路に変更が起きる必要がある。ベルの音に反応して自動的に瞬きをする、という回路になる必要があるのだ。

図E－1は、それがどのように起きるかを示した図である。ベルの音の信号と、風の信号は、どちらも小脳（球に近いかたちの部位で野球のボールくらいの大きさ。脳の後ろ側に位置し、運動の制御に重要な役割を果たす）に入る。二つの信号は、特に小脳の「プルキンエ細胞」と呼ばれる扇形のニューロンを活性化させる。風の信号が、登上線維を通って直接、プルキンエ細胞に送られるのに対し、ベルの音の信号の送られ方は間接的だ。まず苔状線維が小脳の顆粒状細胞を活性化し、そして「平行線維」と呼ばれる顆粒状細胞の軸索がプルキンエ細胞を活性化させるのである。ベルの音を聞かされて、

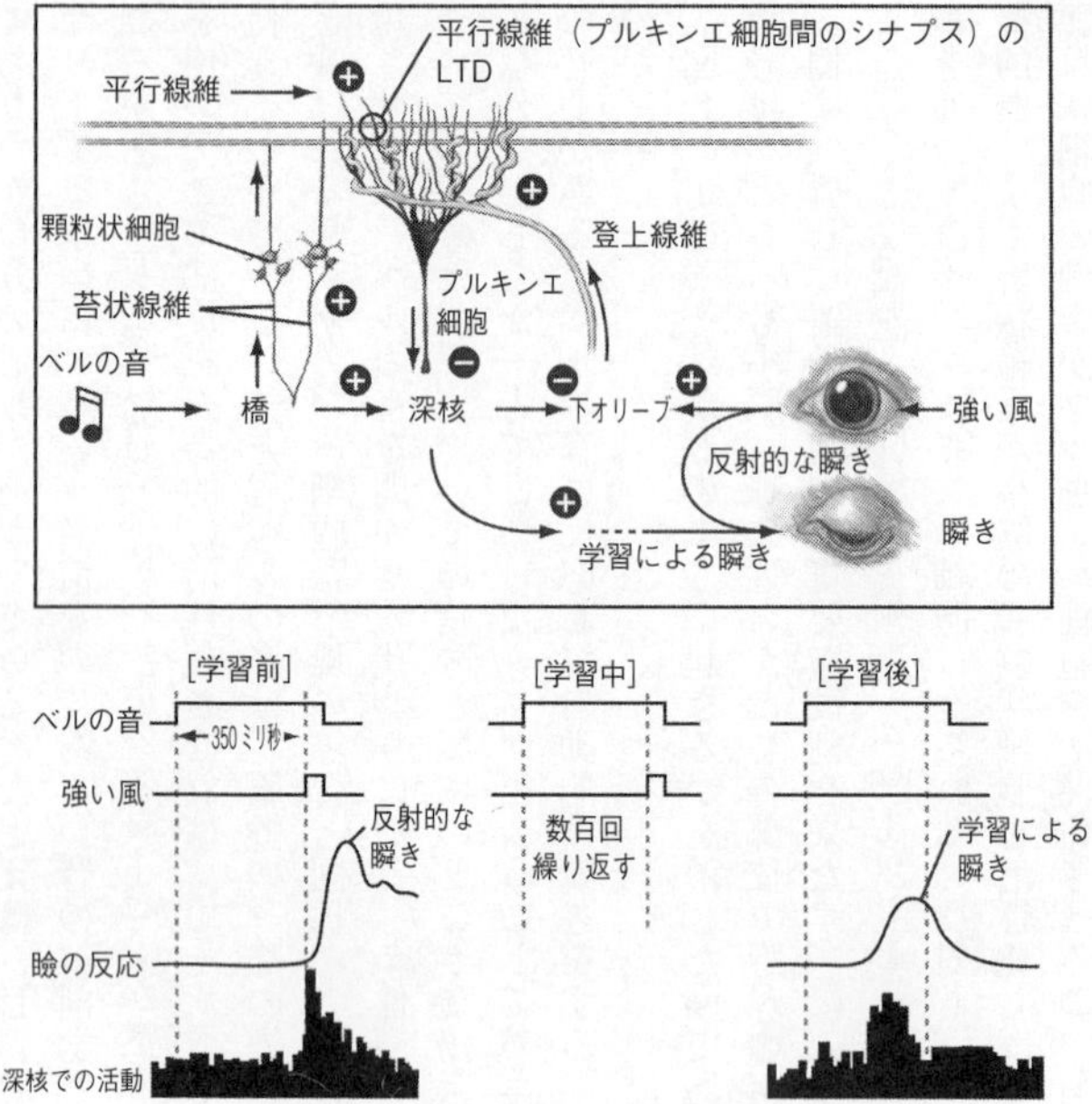

図 E-1 「連想瞼条件づけ」と呼ばれる簡単な学習の際の、脳内での動きについての説明。詳細については本文を参照。ベルの音を聞かせた後に目に強い風をあてるということを何度も繰り返すと、動物は学習し、ベルの音を風の予兆と捉えるようになる。すると、ベルの音を聞いただけで、反射的に瞬きをするようになる。この学習では、平行線維とプルキンエ細胞の間の興奮性シナプスで、LTD（長期シナプス抑制）が生じると考えられている。これにより、深核の細胞のベルの音への反応が活性化され、条件反射による瞬きを引き起こす。

出典：D. J. Linden, From molecules to memory in the cerebellum, *Science* 301: 1682–1685 (2003).
（イラスト：Joan M. K. Tycko）

風をあてられるというように、登上線維と平行線維の両方が同時に活性化することが繰り返されると、ベルの音によって活性化する平行線維とプルキンエ細胞の間の興奮性シナプスの強度が下がり、その状態が長期間持続するようになる。この現象を、「小脳LTD（小脳長期シナプス抑制）」と呼ぶ。

小脳LTDが起きる時、分子レベルでどのような変化が生じているかは、すでにかなりわかっている。シナプス強度の低下は、信号を受け取る側のニューロンで神経伝達物質の受容体が細胞の内側に入ってしまい、細胞表面で神経伝達物質（この場合はグルタミン酸塩）の結合ができなくなることによって起きる。この現象に関しては、ここですべて説明するのが困難なほど、細かい部分まで理解が進んでいる。たとえば、このシナプスでは、グルタミン酸塩受容体が主に、883アミノ酸の鎖で構成されていること。受容体が内側に入る際には、「タンパク質キナーゼC」と呼ばれる酵素により、リン酸基を880アミノ酸（セリン）に転移させる、という現象が重要な役割を果たすこともわかっている。

では、小脳LTDがどのようにして、「音を聞いて瞬きをする」という反応につながるのか。ベルの音と風を組み合わせた学習によって平行線維のシナプスの強度が低下すると、プルキンエ細胞が興奮しにくくなる。これは、プルキンエ細胞の発火が減るということだ。プルキンエ細胞は抑制性なので、これによりプルキンエ細胞の軸索と接触のある細胞は、逆に活動を抑制されなくなり、ベルの音に反応してより活発に発火するようになる。この現象は、「小脳挿入核」と呼ばれる部位で起きる。ウサギのニューロンの活動を記録した研究では、ベルの音と風による学習を行った場合、音が聞こえ始める時点から風があたり始める時点までの間、発火の頻度が徐々に上がっていくという結果が得られている。さらに、挿入核の適切な部位に、人為的に刺激を与えることによって、瞬きを起こせることもわかった。

ここまでの説明は、まだ仮説の段階で、さらに実験を重ねていくと、少なくとも部分的には不完全あるいは誤っているとわかるかもしれない。だが、素晴らしいのは、この説明に「欠落した中間部分」がないことだ。脳の研究において、これは非常に珍しい例である。非宣言的記憶が生じる状況に関して、シナプスにおける変化から、神経ネットワークでの現象、そして外から見てわかる行動への影響に至るまで、欠落なしに詳しく説明できる。分子レベルでの説明から、解剖学的、行動学的な説明まで、一貫性を持たせることができるのだ。ただ、これは非宣言的記憶（ここでの例のような「条件反射」についての記憶の他、技術、習慣に関する記憶なども含まれる）が、脳に関するトピックの中でも比較的単純なものに属するためだろう。宣言的記憶（事実や出来事に関する記憶）などの場合は、やはりもっと問題が複雑になってくるため、中間部分の欠落を埋めるのは困難になる。

「中間部分」という聖杯を追い求める旅は、まだ続きそうだが、単純な現象の場合には、中間部分の説明ができるものも徐々に増えてきている。今後も急速に同様の理解ができる現象が増えていくだろう。私も含めた神経生物学者には、元々、楽観的な人間が多いが、そう信じるのはまったく不当なこととは思われない。「連想瞼条件づけ」のような簡単な現象の説明を足がかりに、いずれはより複雑な現象にまで、中間部分の欠落のない完璧な理解、説明ができるようになる可能性が非常に高いだろう。

政治家の中には、脳科学に関して誤解している人が少なくない。「インテリが象牙の塔にこもって何をしているのかと思えば、ウサギの瞬きを調べるのに血税を費やしていたとは」というような、脳科学を厳しく非難する発言がいつ聞かれても不思議はない。そんな政治家には、認知の仕組みを分子レベルから一貫して理解する上で、この種の研究がいかに重要かを訴えなくてはならない。これがいずれ、記憶障害などの病気について解明することにもつながるのだ。科学の次のフロンティアを切り拓く第一歩というわけだ。

謝辞

ありがたいことに、私は常日頃、刺激的な、活気に満ちた環境で仕事することができている。本書は、そうした絶えず知的興奮の得られる環境の中から生まれてきた本だと言えるだろう。誰よりもまず感謝したいのは、私の妻、エリザベス・トルバート教授だ。彼女は、この地球上で最も賢く、最も面白い人間である、と私は断定できる。真の学者であり、恐れ知らずの思想家でもある。科学の本流の仕事から、私がほんのわずかとはいえ、外に踏み出せたのは、彼女が背中を押してくれたおかげだ。本書の大部分は、我々二人の今も継続中のディスカッションから刺激を受けて書いたものだ（友人からは、二つの岩がぶつかっているみたいだと言われている。逆に、その友人は、禅僧みたいで少々、落ち着き過ぎのようだが……）。

ジョンズ・ホプキンス大学医学部の才能豊かで気さくな仲間たちのことも忘れてはいけない。私の仕事がいつも喜ばしいものになっているのは、彼らがいてくれるからだ。特に感謝しなくてはいけないのは、「神経科学ランチ・クルー」の面々、デイヴィッド・ギンティ、シャン・ソッカネイサン、アレックス・コロドキン、リック・ヒューガニア、ドワイト・バーグルズ、ポール・ワーレイ、そして「ランチ・クルーの名誉教授」と呼ばれるファビオ・ラップだ。皆、何年にもわたり、研究者として友人として私を支えてくれている。私の研究室にかつて在籍していた人たちには、いまだにその深い洞察力と勤勉さに感心させられることが多い。彼らとの友情はずっと変わらない。カルヤニ・ナルシムハン、カンジ・タカハシ、カルロス・アイゼンマン、クリスチャン・ハンセル、アンヘレス・パーレン、ドリット・ガーフェル、シャニダ・モリス・ナタラジャ、ユン・フン・シン、イン・シン、アンドレイ・スロルラ、ユー・シン・キム、ウェイ・チャン、ローランド・ボック、ヒロシ・ニシヤマ、サン・チョン・キム、サンモク・キム、ジュー・ミン・パク、皆に感謝している。

デパートメント・ディレクターとして優れた手腕を発揮しているソル・スナイダーにも多方面で協力をしてもらった。お礼を言わなくてはならない。本書は幸運にも、一年間の有給休暇を利用して書くことができた。その間、拠点とさせてもらったのは、ケンブリッジ大学のウォルフソン・カレッジだ。イアン・クロス、ジェーン・ウッズの二人には特に感謝している。私と家族を歓迎してくれ、心からもてなしてくれた。ロンドン大学ユニバーシティ・カレッジ生理学部の研究者たちにも感謝している。特に、私を励ましてくれ、セミナー期間中、頻繁に訪ねた私を寛大に迎えてくれたパオラ・ペダルザニ、本当にありがとう。

私の原稿に関しては、たくさんの親切な人たちがいろいろなアドバイスをくれ、苦言を呈してくれた。エレイン・レヴィン（母だ）、キース・ゴールドファーブ、サスカ・ドゥ・ラック、エリック・エンダートン、スティーヴン・シャオ、ネリー・カイナネン、ハーブ・リンデン（父だ）、スー・リード、ジュリア・キム・スミス、そして、「陰鬱王子」ことアダム・サピルシュタイン、感謝している。忙しいスケジュールの中、時間を割き、図版を用意してくれた研究者、曖昧だった箇所に関して参考資料を探してくれた研究者も大勢いる。ニコ・トロジェ、クリステン・ハリス、アンソニー・ホルトマート、ヤオ・チャン・チュアン、ウルリッヒ・ワグナー、フランク・シーバー、そして「驚異のWeb探偵」ことローランド・ボック、感謝している。

もちろん、出版界のプロフェッショナルたちも、本書で才能を発揮している。私のとんでもなく下手なラフスケッチ、中途半端なアイデアを見事なイラストに変身させたのが、ジョーン・M・K・チコである。ハーバード・ユニバーシティ・プレス編集長、マイケル・フィッシャーは、その高い見識で、本書の制作、出版に関わるすべての工程において支柱となってくれた。ナンシー・クレメンテは、私のまずい文章が少しでも良くなるよう骨を折ってくれた。

最後に、ジェイコブ・リンデン、ナタリー・リンデンの与えてくれた愛情とインスピレーションがなければ、この仕事をやり遂げることはできなかっただろう、とつけ加えておく。

訳者あとがき

ＮＨＫ Ｅテレに「ピタゴラスイッチ」という番組がある。この番組には毎回、複雑な装置が出てくる。ボールが転がって落ち、それによってあるレバーが押され、それによって歯車が回り、歯車の回転によってまた別の何かが動く、というふうに次々に色々なことが起きていく。そして最後に「ピタゴラスイッチ」という番組タイトルが何らかのかたちで現れるようになっている。つまり、この装置は、途中で色々なことをしてはいるけれど、結局は番組タイトルを見せる、という単純な仕事をするだけのものということになる。ごく単純な仕事を、極めて複雑な装置によって成し遂げているわけだ。本書にも言及があるが、この「ピタゴラ装置」は、全世界的には「ルーブ・ゴールドバーグ・マシン」と呼ばれている。一つの山を登るにも無数のルートがあると言われるが、まさにそれを証明するような装置だろう。

本書『脳はいいかげんにできている』は、*The Accidental Mind* という本の全訳だ。二〇〇九年にインターシフトから『つぎはぎだらけの脳と心』というタイトルで刊行された本の文庫化である。タイトルのとおり、脳と心について書いた本だが、同時に、「進化」について書いた本でもある。脳のような器官がどのようにして進化したか、ということが重要なテーマになっている。

地球上の生物には、驚くような機能が多く備わっている。たとえば、「視覚」。光や色を自在に見分ける能力はとても複雑で精巧に思える。これが何もないところから自然に生じたとは、なかなか思えない。全知全能の神がいて、それを創造した、と信じたくなるのも無理はない。視覚をはじめとする複雑で精巧（と思える）機能が神の存在なしにいかに生じたか、それを説明することは、ダーウィンが進化論を唱えてからずっと大変な難題とされてきた。反対に、神の存在を信じたい人にとっては、そうした機能が進化によって生じたように見えないことが拠り所となってきた。

脳、特に高度な知性を備えた人間の脳は、説明の難しいものの筆頭とされてきた。宇宙船を飛ばし、コンピュータを作り、自らの構造や発生の謎にまで関心を持つ、これほど高度な知性がひとりでに生じるものだろうか。神が特別に工夫をこらして造ったとでも言うしかないのではないか、そう主張したがる人は根強くいた（いる）。

しかし、本書は、脳も知性も神の存在なしに容易に生じ得ると主張する。そのためにまず、脳という器官が皆の思うほど精巧ではなく、実に「いいかげん」なものであると説く。精巧なものがいかに生じたか、ではなく、「元々、いいかげんなものなので、いいかげんに造ることができる。だから神の存在なしに自然に生じても何も不思議はない」というわけだ。

脳が「いいかげん」と言われても、一般の通念、直感に反する意見なので、すぐには信じられない人が多いだろう。だが、本書ではなぜ「いいかげん」と言えるのかを、いいかげんではなくとても丁寧に説明してくれる。

仮に全知全能の神がいて、その神が自らの意思で脳を造ったとしたら、きっとあらかじめ詳細な設計をしたはずだ。どのような構造をもたせ、個々の部品をどのようなものにするのが最適かをよく考えて設計したはずだろう。しかし、実際の脳はそうなっていない。遠い昔に偶然、生まれた部品、しかも脳を造るのに最適とは言えない極めて不効率な部品が場当たり的に組み合わされたことで偶然、生まれたのが脳で、知性や心もその脳から偶然、生まれた、それが真相だという。いわば脳は一種のピタゴラ装置（ルーブ・ゴールドバーグ・マシン）であり、しかも誰も意図しないのに偶然、生まれたピタゴラ装置だということだ。

そう言われて傷つく人がいるかもしれない。だが、何十億年という気の遠くなるような長い時間が流れるうちに、このようなものが偶然、生まれてしまう自然界の不思議に心打たれる人も必ずいると思う。読者の中に一人でも多くそういう人がいれば、訳者としてはこれほどの喜びはない。

最後になったが、本書の翻訳にあたっては、インターシフトの宮野尾充晴氏に、文庫版制作にあたっては、河出書房新社の九法崇氏に大変お世話になった。この場を借りてお礼を言いたい。

二〇一七年二月

夏目大

意見を詳しく知ることができる。
Stickgold, R. 2005. Sleep-dependent memory consolidation. *Science* 437: 1272-1278.
Wagner, U., Gais, S., Haider, H., Verleger, R., and Born, J. 2004. Sleep inspires insight. *Nature* 427: 304-305.

第8章　脳と宗教

[一般の読者向け]
Boyer, P. 2001. *Religion Explained.* Basic Books, New York. パスカル・ボイヤー『神はなぜいるのか？』(鈴木光太郎・中村潔訳、NTT出版)
――認知人類学者が、さまざまな文化、進化に目を向けながら「人間はなぜ宗教というものを持つのか」という問いに挑む。
Brockman J., ed. 2006. *What We Believe but Cannot Prove: Today's Leading Thinkers on Science in the Age of Certainty.* New York, Harper Perennial.
Gazzaniga, M. S. 1998. *The Mind's Past.* University of California Press, Berkeley.
――元はばらばらだった記憶から物語が作られていく過程に、左脳の特定の部位がどう関わるかといったことに触れた興味深い本。会話体で書かれ、ひねりとウィットが効いている。ただ、脳の可塑性、経験による脳の構造変化に関して触れた箇所には賛成できない。行動主義者が伝統的に唱える「生まれた時の脳は白紙状態」という説に異を唱えているのは正しいが、少々、熱が入りすぎている。

第9章　脳に知的な設計者はいない

[一般の読者向け]
Brockman, J., ed. 2006. *Intelligent Thought: Science versus the Intelligent Design Movement.* New York, Vintage.
――インテリジェント・デザイン論を論駁した、著名な科学者による文章を集めたもの。最も優れているのはジェリー・コインの文章だろう。よく知られた化石を基に論を進めていて、簡潔にまとまっている。
Pennock, R. T., ed. 2001. *Intelligent Design, Creationism, and Its Critics.* MIT Press, Cambridge.
――大著だが、進化論、インテリジェント・デザイン論の双方について詳しく知りたいと思った場合、本書を最初に手に取るのがいいだろう。

第7章　睡眠と夢

［一般の読者向け］

Martin, P. 2003. *Counting Sheep: The Science and Pleasures of Sleep and Dreams*. Flamingo, London. ポール・マーティン『人生、寝たもの勝ち』（奥原由希子訳、ソニー・マガジンズ）
――やや厚いが、詳細に書かれており、読むに値する本。文章は明瞭で、理解しやすく、正確。

Rock, A. 2004. *The Mind at Night*. Basic Books, New York. アンドレア・ロック『脳は眠らない：夢を生みだす脳のしくみ』（伊藤和子訳、ランダムハウス講談社）
――眠り全般というより、夢に焦点をあてた本。主に著名な睡眠研究者たちへのインタビューに依っている。著者が、科学にまつわる個人的な話をする部分も非常に面白い。

［科学論文、レビューなど］

Frank, M. G., Issa, N. P., and Stryker, M. P. 2001. Sleep enhances plasticity in the developing visual cortex. *Neuron* 30: 275–287.

King, D. P., and Takahashi, J. S. 2000. Molecular genetics of circadian rhythms in mammals. *Annual Review of Neuroscience* 23: 713–742.

Louie, K., and Wilson, M. A. 2001. Temporally structured replay of awake hippocampal ensemble activity during rapid eye movement sleep. *Neuron* 29: 145–156.

Nikaido, S. S., and Johnson, C. H. 2000. Daily and circadian variation in survival from ultraviolet radiation in *Chlamydomonas reinhardtii*. *Photochemistry and Photobiology* 71: 758–765.

Pace-Schott, E. F., and Hobson, J. A. 2002. The neurobiology of sleep: genetics, cellular physiology, and subcortical networks. *Nature Reviews Neuroscience* 3: 591–605.

Ribiero, S., Gervasoni, D., Soares, E. S., Zhou, Y., Lin, S.-C., Pantoja, J., Levine, M., and Nicolelis, M. A. L. 2004. Long-lasting novelty-induced neuronal reverberation across slow-wave sleep in multiple forebrain areas. *PLoS Biology* 2: 126–137. *"PLoS Biology"* は、Web上で無料で読める雑誌（URL: www.plos.org）

Siegel, J. M. 2005. Clues to the function of mammalian sleep. *Science* 437: 1264–1271.
――このレビューでは、レム睡眠が記憶の定着、統合に寄与しているという仮説に対して非常に批判的である。下の論文も併せて読むと両方の

──著名な神経解剖学者による、脳と性に関する現状についての非常にわかりやすい解説。ただ、残念なのは、この分野が本書執筆時点から急速に進歩したため、内容が少し古いこと。改訂が待たれる。

［科学論文、レビューなど］

Allen, L. S., and Gorski, R. A. 1992. Sexual orientation and the size of the anterior commissure in the human brain. *Proceedings of the National Academy of Science of the USA* 89: 7199-7202.

Arnow, B. A., Desmond, J. E., Banner, L. L., Glover, G. H., Solomon, A., Polan, M. L., Lue, T. F., and Atlas, S. W. 2002. Brain activation and sexual arousal in healthy, heterosexual males. *Brain* 125: 1014-1023.

Bailey, J. M., Dunne, M. P., and Martin, N. G. 2000. Genetic and environmental influences on sexual orientation and its correlates in an Australian twin sample. *Journal of Personality and Social Psychology* 78: 524-536.

Bartels, A., and Zeki, S. 2000. The neural basis of romantic love. *NeuroReport* 11: 3829-3834.

Chuang, Y. C., Lin, T. K., Lui, C. C., Chen, S. D., and Chang, C. S. 2004. Tooth-brushing epilepsy with ictal orgasms. *Seizure* 13: 179-182.

Holstege, G., Georgiadis, J. R., Paans, A. M., Meiners, L. C., van der Graaf, F. H., and Reinders, A. A. 2003. Brain activation during human male ejaculation. *Journal of Neuroscience* 23: 9185-9193.

Hu, S., Pattatucci, A. M., Patterson, C., Li, L., Fulker, D. W., Cherny, S. S., Kruglyak, L., and Hamer, D. H. 1995. Linkage between sexual orientation and chromosome Xq28 in males but not in females. *Nature Genetics* 11: 248-256.

Karama, S., Lecours, A. R., Leroux, J. M., Bourgouin, P., Beaudoin, G., Joubert, S., and Beauregard, M. 2002. Areas of brain activation in males and females during viewing of erotic film excerpts. *Human Brain Mapping* 16: 1-13.

Mustanski, B. S., Dupree, M. G., Nievergelt, C. M., Bocklandt, S., Schork, N. J., and Hamer, D. H. 2005. A genomewide scan of male sexual orientation. *Human Genetics* 116: 272-278.

Pillard, R. C., and Weinrich, J. D. 1986. Evidence of familial nature of male homosexuality. *Archives of General Psychiatry* 43: 808-812.

Young, L. J., and Wang, Z. 2004. The neurobiology of pair bonding. *Nature Neuroscience* 7: 1048-1054.

Malenka, R. C., and Bear, M. F. 2004. LTP and LTD: an embarrassment of riches. *Neuron* 44: 5-21.

Morris, R. G., Moser, E. I., Riedel, G., Martin, S. J., Sandin, J., Day, M., and O'Carroll, C. 2003. Elements of a neurobiological theory of the hippocampus: the role of activity-dependent synaptic plasticity in memory. *Philosopical Transactions of the Royal Society of London, Series B, Biological Science* 358: 773-786.

Nakazawa, K., McHugh, T. J., Wilson, M. A. and Tonegawa, S. 2004. NMDA receptors, place cells, and hippocampal spatial memory. *Nature Reviews Neuroscience* 5: 361-372.

O'Keefe, J., and Nadel, L. 1978. *The Hippocampus as a Cognitive Map*. Oxford University Press, Oxford.

Zhang, W., and Linden, D. J. 2003. The other side of the engram: experience-dependent changes in neuronal intrinsic excitability. *Nature Reviews Neuroscience* 4: 885-900.

第6章 愛とセックス

［一般の読者向け］

Diamond, J. 1998. *Why Is Sex Fun?* Basic Books, New York. ジャレド・ダイアモンド『セックスはなぜ楽しいか』（長谷川寿一訳、草思社）
——性に関わる人間の生理機能、行動に関し、進化生物学の観点から書いた優れた本。

Judson, O. 2003. *Dr. Tatiana's Sex Advice to All Creation*. Owl Books, New York. オリヴィア・ジャドソン『ドクター・タチアナの男と女の生物学講座：セックスが生物を進化させた』（渡辺政隆訳、光文社）
——ふざけた感じなのに、詳しいことを教えてくれて、ちゃんと役に立つという、なかなかお目にかかれない科学本。著者ジャドソンは、セックス・コラムニスト「タチアナ先生」というキャラクターを生み出し、彼女に、性の進化生物学という高度で微妙な問題について語らせるという手法をとった。本書からは、ディスカバリー・チャンネル・カナダ製作のテレビ番組も生まれている。番組中には、凝った衣裳でミュージカル風に歌う場面などもある。ペニスの形状の進化を歌った『ポケット・ロケット』などはその例だ。実際に見てみないとどういうものか、想像しにくいかもしれない。

Le Vay, S. 1993. *The Sexual Brain*. MIT Press, Cambridge. サイモン・ルベイ『脳が決める男と女：性の起源とジェンダー・アイデンティティ』（新井康允訳、文光堂）

tions into the neural basis of synaesthesia. *Proceedings of the Royal Society: Biological Sciences* 268: 979–983.

Rizzolatti, G., and Craighero, L. 2004. The mirror-neuron system. *Annual Review of Neuroscience* 27: 169–192.

Thilo, K. V., and Walsh, V. 2002. Chronostasis. *Current Biology* 12: R580–581.

Villemure, C., and Bushnell, M. C. 2002. Cognitive modulation of pain: how do attention and emotion influence pain processing? *Pain* 95: 195–199.

Yarrow, K., and Rothwell, J. C. 2003. Manual chronostasis: tactile perception precedes physical contact. *Current Biology* 13: 1134–1139.

第5章　記憶と学習

［一般の読者向け］

Le Doux, J. 2002. *Synaptic Self.* Penguin, New York. ジョゼフ・ルドゥー『シナプスが人格をつくる：脳細胞から自己の総体へ』（谷垣暁美訳、みすず書房）

――細胞レベルでの記憶の仕組みについて、現状でどこまで解明されているか、十分な調査を基に書いた本。著者の専門なだけに、扁桃体が恐怖の記憶にどう関わるか、といった記述は特に充実している。

Schacter, D. L. 2001. *The Seven Sins of Memory.* Houghton Mifflin, Boston. ダニエル・L・シャクター『なぜ、「あれ」が思い出せなくなるのか：記憶と脳の７つの謎』（春日井晶子訳、日本経済新聞社）

――健康な人間であっても記憶に誤りが生じることはある。なぜそうなのかを明快に書いた本。ただ、記述は、行動観察や脳スキャンのレベルにとどまり、分子レベル、細胞レベルの記述ではない。

Squire, L. R., and Kandel, E. R. 1999. *Memory: From Mind to Molecules.* Scientific American Library, New York.

――本書の細胞レベル、分子レベルでの記述には、首をかしげる部分もあるが、記憶についての研究を概観するという意味においては、極めて素晴らしい作品と言える。『サイエンティフィック・アメリカン』誌らしいイラストも魅力。

［科学論文、レビューなど］

Holtmaat, A. J., Trachtenberg, J. T., Wilbrecht, L., Shepherd, G. M., Zhang, X., Knott, G. W., and Svoboda, K. 2005. Transient and persistent dendritic spines in the neocortex in vivo. *Neuron* 45: 279–291.

Stafford, T., and Webb, M. 2004. *Mind Hacks.* O'Reilly, Sebastopol, CA. トム・スタッフォード、マット・ウェブ『MIND HACKS：実験で知る脳と心のシステム』（夏目大訳、オライリー・ジャパン）
──主としてコンピュータ分野の書籍を手がけるオライリーが、"Hacksシリーズ"の一冊として出した本（他に、Google Hacks、Linux Hacksなどがある）。これは、稀に見る素晴らしい本である。コンピュータを使う上でのコツなどを紹介するのと同じ体裁で作られているにもかかわらず、中身は脳の本ということで一見、妙なのだが、読んでみると、非常に魅力的だ。家庭でも簡単にできる実験が数多く紹介されており、試してみることで脳の仕組みがよくわかるようになっている。特に感覚系に関する記述は充実している。内容の理解を助けるWebサイト（Javaアプレット、Flashアニメーションなどが多用されている）へのリンクも多く載せられている。

www.michaelbach.de/ot/
──50例以上の錯視が紹介されたWebサイト。多くがアニメーションになっている。錯視の背景にある神経現象などに関する説明も非常に良い。その錯視について最初に取りあげた科学論文も紹介されている。

www.prosopagnosia.com/
──相貌失認についてのWebサイト。サイトの筆者であるセシリア・バーマン自身がこの病気にかかっている。相貌失認を抱えて生活するというのがどういうことなのか、彼女が社会生活に適合するためにどのように工夫しているのかがよくわかり興味深い。

［科学論文、レビューなど］

Beeli, G., Esslen, M., and Jancke, L. 2005. Synaesthesia: when coloured sounds taste sweet. *Nature* 434: 38.

Eisenberger, N. I., and Lieberman, M. D. 2004. Why rejection hurts: a common neural alarm system for physical and social pain. *Trends in Cognitive Science* 8: 294-300.

Nunn, J. A., Gregory, L. J., Brammer, M., Williams, S. C., Parslow, D. M., Morgan, M. J., Morris, R. G., Bullmore, E. T., Baron-Cohen, S., and Gray, J. A. 2002. Functional magnetic resonance imaging of synesthesia: activation of V4/V8 by spoken words. *Nature Neuroscience* 5: 371-375.

Ramachandran, V. S. 1996. What neurological syndromes can tell us about human nature: some lessons from phantom limbs, Capgras syndrome, and anosognosia. *Cold Spring Harbor Symposium in Quantitative Biology* 61: 115-134.

Ramachandran, V. S., and Hubbard, E. M. 2001. Psychophysical investiga-

へ：細胞・分子生物学から脳へのアプローチ』（金子章道・他共訳、廣川書店／ただし、これは第三版の邦訳。原書では第四版を紹介）。
――一般読者向けということで、分子神経生物学、細胞神経生物学などに関する説明はさほど詳細ではないが、大学でのテキストには最適と思われる。

第3章　脳を創る

［一般の読者向け］

Ridley, M. 2003. *Nature via Nurture.* Harper Perennial, New York. マット・リドレー『やわらかな遺伝子』（中村桂子・斉藤隆央訳、紀伊國屋書店）
――人間の脳に関する「氏か育ちか」論争に触れた傑作。著者自身は中立のようだ。読み出したら止まらないタイプの本。

［科学論文、レビューなど］

Bouchard, T. J., Jr., and Loehlin, J. C. 2001. Genes, evolution, and personality. *Behavioral Genetics* 31: 243-273.

Bradbury, J. 2005. Molecular insights into human brain evolution. *PLoS Biology* 3: E5. *"PLoS Biology"* は、Web 上で無料で読める雑誌（URL: www.plos.org）

Kouprina, N., Pavlicek, A., Mochida, G. H., Solomon, G., Gersch, W., Yoon, Y. H., Collura, R., Ruvolo, M., Barrett, J. C., Woods, C. G., Walsh, C. A., Jurka, J., and Larionov, V. 2004. Accelerated evolution of the ASPM gene controlling brain size begins prior to human brain expansion. *PLoS Biology* 2: E126.

Meyer, R. L. 1988. Roger Sperry and his chemoaffinity hypothesis. *Neuropsychologia* 36: 957-980.

Verhage, M., Maia, A. S., Plomp, J. J., Brussaard, A. B., Heeroma, J. H., Vermeer, H., Toonen, R. F., Hammer, R. E., van den Berg, T. K., Missler, M., Geuze, H. J., and Sudhof, T. C. 2000. Synaptic assembly of the brain in the absence of neurotransmitter secretion. *Science* 287: 864-869.

第4章　感覚と感情

［一般の読者向け］

Ramachandran, V. S., and Hubbard, E. M. 2003. Hearing colors, tasting shapes. *Scientific American* 288: 52-59.

参考文献

第1章　脳の設計は欠陥だらけ？

[一般の読者向け]

Carter, R. 1998. *Mapping the Mind.* University of California, Press, Berkeley. リタ・カーター『思考・感情・意識の深淵に向かって』(藤井留美訳、原書房)

──脳の機能について書かれた、いわゆる「コーヒーテーブル・ブック(大型豪華本)」。値段が手頃でわかりやすく、科学的にも正確。イラストが魅力的。

Ramachandran, V. S., and Blakeslee, S. 1998. *Phantoms in the Brain.* William Morrow, New York. V・S・ラマチャンドラン、サンドラ・ブレイクスリー『脳のなかの幽霊』(山下篤子訳、角川書店)

──神経学の研究で得られた実際の事例を基に、脳のはたらきを解き明かしていくタイプの本は何冊かあるが、これはその中でも特に高く評価できる。研究室での実験についての記述も巧みに取り入れられているし、哲学、歴史の要素も取り入れられている。

[科学論文、レビューなど]

Blakemore, S. J., Wolpert, D., and Frith, C. 2000. Why can't you tickle yourself? *Neuro-Report* 11: 11-16.

Corkin, S. 2002. What's new with the amnesic patient H. M.? *Nature Reviews Neuroscience* 3: 153-160.

Shergill, S. S., Bays, P. M., Frith, C. D., and Wolpert, D. M. 2003. Two eyes for an eye: the neuroscience of force escalation. *Science* 301: 187.

Weiskrantz, L. 2004. Roots of blindsight. *Progress in Brain Research* 144: 229-241.

第2章　非効率な旧式の部品で作られた脳

[一般の読者向け]

Nicholls, J. G., Wallace, B. G., Fuchs, P. A., and Martin, A. R. 2001. *From Neuron to Brain*, 4th ed. Sinauer, Sunderland, MA. J・G・ニコルス、B・G・ウォレス、P・A・フックス、A・R・マーチン『ニューロンから脳

＊本書は二〇〇九年九月、インターシフトより『つぎはぎだらけの脳と心』として刊行されました（文庫化にあたり『脳はいいかげんにできている』と改題）。

脳《のう》はいいかげんにできている

その場《ば》しのぎの進化《しんか》が生《う》んだ人間《にんげん》らしさ

二〇一七年 五 月一〇日 初版印刷
二〇一七年 五 月二〇日 初版発行

著 者 デイヴィッド・J・リンデン
訳 者 夏目《なつめ》大《だい》

発行者 小野寺優
発行所 株式会社河出書房新社
〒一五一―〇〇五一
東京都渋谷区千駄ヶ谷二―三二―二
電話〇三―三四〇四―八六一一（編集）
〇三―三四〇四―一二〇一（営業）
http://www.kawade.co.jp/

ロゴ・表紙デザイン 粟津潔
本文フォーマット 佐々木暁
本文組版 株式会社創都
印刷・製本 中央精版印刷株式会社

Printed in Japan ISBN978-4-309-46443-5

FBI捜査官が教える「しぐさ」の心理学

ジョー・ナヴァロ／マーヴィン・カーリンズ　西田美緒子〔訳〕　46380-3

体の中で一番正直なのは、顔ではなく脚と足だった！「人間ウソ発見器」の異名をとる元敏腕FBI捜査官が、人々が見落としている感情や考えを表すしぐさの意味とそのメカニズムを徹底的に解き明かす。

心理学化する社会

斎藤環　40942-9

あらゆる社会現象が心理学・精神医学の言葉で説明される「社会の心理学化」。精神科臨床のみならず、大衆文化から事件報道に至るまで、同時多発的に生じたこの潮流の深層に潜む時代精神を鮮やかに分析。

世界一やさしい精神科の本

斎藤環／山登敬之　41287-0

ひきこもり、発達障害、トラウマ、拒食症、うつ……心のケアの第一歩に、悩み相談の手引きに、そしてなにより、自分自身を知るために——。一家に一冊、はじめての「使える精神医学」。

「困った人たち」とのつきあい方

ロバート・ブラムソン　鈴木重吉／峠敏之〔訳〕　46208-0

あなたの身近に必ずいる「とんでもない人、信じられない人」——彼らに敢然と対処する方法を教えます。「困った人」ブームの元祖本、二十万部の大ベストセラーが、さらに読みやすく文庫になりました。

人生に必要な知恵はすべて幼稚園の砂場で学んだ 決定版

ロバート・フルガム　池央耿〔訳〕　46421-3

本当の知恵とは何だろう？　人生を見つめ直し、豊かにする感動のメッセージ！　“フルガム現象”として全米の学校、企業、政界、マスコミで大ブームを起こした珠玉のエッセイ集、決定版！

ザ・マスター・キー

チャールズ・F・ハアネル　菅靖彦〔訳〕　46370-4

『人を動かす』のデール・カーネギーやビル・ゲイツも激賞。最強の成功哲学であり自己啓発の名著！　全米ベストセラー『ザ・シークレット』の原典となった永遠普遍の極意を二十四週のレッスンで学ぶ。

快感回路

デイヴィッド・J・リンデン　岩坂彰〔訳〕　46398-8

セックス、薬物、アルコール、高カロリー食、ギャンブル、慈善活動……数々の実験とエピソードを交えつつ、快感と依存のしくみを解明。最新科学でここまでわかった、なぜ私たちはあれにハマるのか？

スパイスの科学

武政三男　41357-0

スパイスの第一人者が贈る、魅惑の味の世界。ホワイトシチューやケーキに、隠し味で少量のナツメグを……いつもの料理が大変身。プロの技を、実例たっぷりに調理科学の視点でまとめたスパイス本の決定版！

内臓とこころ

三木成夫　41205-4

「こころ」とは、内臓された宇宙のリズムである……子供の発育過程から、人間に「こころ」が形成されるまでを解明した解剖学者の伝説的名著。育児・教育・医療の意味を根源から問い直す。

生命とリズム

三木成夫　41262-7

「イッキ飲み」や「朝寝坊」への宇宙レベルのアプローチから「生命形態学」の原点、感動的な講演まで、エッセイ、論文、講演を収録。「三木生命学」のエッセンス最後の書。

生物学個人授業

岡田節人／南伸坊　41308-2

「体細胞と生殖細胞の違いは？」「DNA って？」「プラナリアの寿命は千年？」……生物学の大家・岡田先生と生徒のシンボーさんが、奔放かつ自由に謎に迫る。なにかと話題の生物学は、やっぱりスリリング！

人間はどこまで耐えられるのか

フランセス・アッシュクロフト　矢羽野薫〔訳〕　46303-2

死ぬか生きるかの極限状況を科学する！　どのくらい高く登れるか、どのくらい深く潜れるか、暑さと寒さ、速さなど、肉体的な「人間の限界」を著者自身も体を張って果敢に調べ抜いた驚異の生理学。

科学以前の心

中谷宇吉郎　福岡伸一〔編〕　41212-2

雪の科学者にして名随筆家・中谷宇吉郎のエッセイを生物学者・福岡伸一氏が集成。雪に日食、温泉と料理、映画や古寺名刹、原子力やコンピュータ。精密な知性とみずみずしい感性が織りなす珠玉の二十五篇。

宇宙と人間　七つのなぞ

湯川秀樹　41280-1

宇宙、生命、物質、人間の心などに関する「なぞ」は古来、人々を惹きつけてやまない。本書は日本初のノーベル賞物理学者である著者が、人類の壮大なテーマを平易に語る。科学への真摯な情熱が伝わる名著。

科学を生きる

湯川秀樹　池内了〔編〕　41372-3

“物理学界の詩人”とうたわれ、平易な言葉で自然の姿から現代物理学の物質観までを詩情豊かに綴った湯川秀樹。「詩と科学」「思考とイメージ」など文人の素質にあふれた魅力を堪能できる28篇を収録。

「科学者の楽園」をつくった男

宮田親平　41294-8

所長大河内正敏の型破りな采配のもと、仁科芳雄、朝永振一郎、寺田寅彦ら傑出した才能が集い、「科学者の自由な楽園」と呼ばれた理化学研究所。その栄光と苦難の道のりを描き上げる傑作ノンフィクション。

空飛ぶ円盤が墜落した町へ

佐藤健寿　41362-4

北米に「エリア51」「ロズウェルＵＦＯ墜落事件」の真実を、南米へナチスＵＦＯ秘密基地「エスタンジア」の存在を求める旅の果てに見つけたのは……。『奇界遺産』の著者による“奇”行文学の傑作！

ヒマラヤに雪男を探す

佐藤健寿　41363-1

『奇界遺産』の写真家による“行くまでに死ぬ”アジアの絶景の数々！世界で最も奇妙なトラベラーがヒマラヤの雪男、チベットの地下王国、中国の謎の生命体を追う。それは、幻ではなかった——。

新教養主義宣言

山形浩生　40844-6

行き詰まった現実も、ちょっと見方を変えれば可能性に満ちている。文化、経済、情報、社会、あらゆる分野をまたにかけ、でかい態度にリリシズムをひそませた明晰な言葉で語られた、いま必要な〈教養〉書。

都市のドラマトゥルギー　東京・盛り場の社会史

吉見俊哉　40937-5

「浅草」から「銀座」へ、「新宿」から「渋谷」へ——人々がドラマを織りなす劇場としての盛り場を活写。盛り場を「出来事」として捉える独自の手法によって、都市論の可能性を押し広げた新しき古典。

増補　地図の想像力

若林幹夫　40945-0

私たちはいかにして世界の全体をイメージすることができるのか。地図という表現の構造と歴史、そこに介在する想像力のあり様に寄り添い、人間が生きる社会のリアリティに迫る、社会学的思考のレッスン。

古代文明と気候大変動　人類の運命を変えた二万年史

ブライアン・フェイガン　東郷えりか〔訳〕　46307-0

人類の歴史は、めまぐるしく変動する気候への適応の歴史である。二万年におよぶ世界各地の古代文明はどのように生まれ、どのように滅びたのか。気候学の最新成果を駆使して描く、壮大な文明の興亡史。

歴史を変えた気候大変動

ブライアン・フェイガン　東郷えりか／桃井緑美子〔訳〕　46316-2

歴史を揺り動かした五百年前の気候大変動とは何だったのか？　人口大移動や農業革命、産業革命と深く結びついた「小さな氷河期」を、民衆はどのように生き延びたのか？　気候学と歴史学の双方から迫る！

謎解きゴッホ

西岡文彦　41475-1

わずか十年の画家人生で、描いた絵は二千点以上。生前に売れたのは一点のみ……当時黙殺された不遇の作品が今日なぜ名画になったのか？　画期的鑑賞術で現代絵画の創始者としてのゴッホに迫る決定版！

謎解きモナ・リザ　見方の極意　名画の理由

西岡文彦　41441-6

未完のモナ・リザの謎解きを通して、あなたも“画家の眼”になれる究極の名画鑑賞術。愛人の美少年により売り渡されていたなど驚きの新事実も満載。「たけしの新・世界七不思議大百科」でも紹介の決定版！

謎解き印象派　見方の極意　光と色彩の秘密

西岡文彦　41454-6

モネのタッチは“よだれの跡”、ルノワールの色彩は“腐敗した肉”…今や名画の代表である印象派は、なぜ当時、ヘタで下品に見えたのか？　究極の鑑賞術で印象派のすべてがわかる決定版。

デザインのめざめ

原研哉　41267-2

デザインの最も大きな力は目覚めさせる力である——。日常のなかのふとした瞬間に潜む「デザインという考え方」を、ていねいに掬ったエッセイたち。日本を代表するグラフィックデザイナーによる好著。

日曜日の住居学

宮脇檀　41220-7

本当に住みやすい家とは、を求めて施主と真摯に関わってきた著者が、個々の家庭環境に応じた暮しの実相の中から、理想の住まいをつくる手がかりをまとめたエッセイ集。

カタカナの正体

山口謠司　41498-0

漢字、ひらがな、カタカナを使い分けるのが日本語の特徴だが、カタカナはいったい何のためにあるのか？　誕生のドラマからカタカナ語の氾濫まで、多彩なエピソードをまじえて綴るユニークな日本語論。

日本語のかたち

外山滋比古　41209-2

「思考の整理学」の著者による、ことばの姿形から考察する、数々の慧眼が光る出色の日本語論。スタイルの思想などから「形式」を復権する、日本人が失ったものを求めて。

アーティスト症候群　アートと職人、クリエイターと芸能人
大野左紀子　41094-4

なぜ人はアーティストを目指すのか。なぜ誇らしげに名乗るのか。美術、芸能、美容……様々な業界で増殖する「アーティスト」への違和感を探る。自己実現とプロの差とは？　最新事情を増補。

憂鬱と官能を教えた学校 上　【バークリー・メソッド】によって俯瞰される20世紀商業音楽史　調律、調性および旋律・和声
菊地成孔／大谷能生　41016-6

二十世紀中盤、ポピュラー音楽家たちに普及した音楽理論「バークリー・メソッド」とは何か。音楽家兼批評家＝菊地成孔＋大谷能生が刺激的な講義を展開。上巻はメロディとコード進行に迫る。

憂鬱と官能を教えた学校 下　【バークリー・メソッド】によって俯瞰される20世紀商業音楽史　旋律・和声および律動
菊地成孔／大谷能生　41017-3

音楽家兼批評家＝菊地成孔＋大谷能生が、世界で最もメジャーな音楽理論を鋭く論じたベストセラー。下巻はリズム構造にメスが入る！　文庫版補講対談も収録。音楽理論の新たなる古典が誕生！

M／D 上　マイルス・デューイ・デイヴィスIII世研究
菊地成孔／大谷能生　41096-8

『憂鬱と官能』のコンビがジャズの帝王＝マイルス・デイヴィスに挑む！東京大学における伝説の講義、ついに文庫化。上巻は誕生からエレクトリック期前夜まで。文庫オリジナル座談会には中山康樹氏も参戦！

M／D 下　マイルス・デューイ・デイヴィスIII世研究
菊地成孔／大谷能生　41106-4

最盛期マイルス・デイヴィスの活動から沈黙の六年、そして晩年まで——『憂鬱と官能』コンビによる東京大学講義はいよいよ熱気を帯びる。没後二十年を迎えるジャズ界最大の人物に迫る名著。

服は何故音楽を必要とするのか?
菊地成孔　41192-7

パリ、ミラノ、トウキョウのファッション・ショーを、各メゾンのショーで流れる音楽＝「ウォーキング・ミュージック」の観点から構造分析する、まったく新しいファッション批評。文庫化に際し増補。

マーラー

吉田秀和　41068-5

マーラー生誕百五十年から没後百年へ。マーラーを戦前から体験してきた著者が、その魅力をあまさずまとめた全一冊。ヴァルターからシノーポリまで、演奏解釈、ライヴ評ＣＤ評も充実。

フルトヴェングラー

吉田秀和　41119-4

フルトヴェングラー生誕百二十五年。吉田秀和が最も傾倒した指揮者に関する文章を初めて一冊に収攬。死の前年のパリの実演の印象から、シュナイダーハンとのヴァイオリン協奏曲まで。

ビートルズ原論

和久井光司　41169-9

ビートルズ、デビュー50周年！　イギリスの片隅の若者たちが全世界で愛されるグループになり得た理由とは。音楽と文化を一変させた彼らの全てを紐解く探究書。カバーは浦沢直樹の描き下ろし！

音楽を語る

W・フルトヴェングラー　門馬直美〔訳〕　46364-3

ドイツ古典派・ロマン派の交響曲、ワーグナーの楽劇に真骨頂を発揮した巨匠が追求した、音楽の神髄を克明に綴る。今なお指揮者の最高峰であり続ける演奏の理念。

西洋音楽史

パウル・ベッカー　河上徹太郎〔訳〕　46365-0

ギリシャ時代から二十世紀まで、雄大なる歴史を描き出した音楽史の名著。「形式」と「変容」を二大キーワードとして展開する議論は、今なお画期的かつ新鮮。クラシックファン必携の一冊。

聴いておきたい　クラシック音楽50の名曲

中川右介　41233-7

クラシック音楽を気軽に楽しむなら、誰のどの曲を聴けばいいのか。作曲家の数奇な人生や、楽曲をめぐる興味津々のエピソードを交えながら、初心者でもすんなりと魅力に触れることができる五十曲を紹介。